"十四五"职业教育国家规划教材

"十三五"职业教育国家规划教材

建筑工程招投标与合同管理

第 2 版

主　编　张红梅
副主编　柳书峰　刘泽玲
参　编　张菊芳　倪保敬
主　审　张玉威

机械工业出版社

本书从职业教育教学需要出发，基于模块化项目教学需要编制。全书共分为5个项目、17个学习任务和3个实训。以某工程项目的工程报建→招标→投标→评标→定标→签订施工合同为主线贯穿全书。全书根据实际招标投标与合同管理工作的典型环节，设置了17个典型学习任务和3个实训：认识建筑市场，认识建设工程招投标，招标准备，选择招标方式，招标工作流程，编制招标公告，资格审查，编制招标文件，招标文件编制实训，投标决策，申请投标资格审查，编制投标文件，投标文件编制实训，制定评标规则，组织开标、评标，定标及签发中标通知书，开标、评标、定标模拟实训，签订建设工程施工合同，施工合同管理和施工索赔。每个任务都由引例引出本任务的相关学习，并附有相应的引例解析和习题及知识交流与拓展。

本书可作为职业院校建筑工程技术、工程造价、工程管理等相关专业的教材，也可作为招标代理员的培训教材，还可作为有关技术人员的自学参考书。

为方便读者学习，本书配套有电子课件以及书中所需各类表单、资料、规范文件［包括招标投标法、建筑法、民法典、建筑工程施工合同（示范文本）等部分资料］，凡使用本书作为教材的老师可登录机械工业出版社教育服务网 www.cmpedu.com 注册下载。教师也可加入"机工社职教建筑 QQ 群：221010660"索取相关资料，咨询电话：010-88379934。

图书在版编目（CIP）数据

建筑工程招投标与合同管理／张红梅主编. -- 2版. 北京：机械工业出版社，2024. 11（2025.8重印）. --（"十四五"职业教育国家规划教材）. -- ISBN 978-7-111-76871-5

Ⅰ. TU723

中国国家版本馆 CIP 数据核字第 2024CC1295 号

机械工业出版社（北京市百万庄大街22号　邮政编码100037）
策划编辑：沈百琦　　　　　　责任编辑：沈百琦　陈将浪
责任校对：张　薇　陈　越　　封面设计：马精明
责任印制：单爱军
北京中兴印刷有限公司印刷
2025 年 8 月第 2 版第 2 次印刷
184mm×260mm · 15.25 印张 · 376 千字
标准书号：ISBN 978-7-111-76871-5
定价：48.00 元

电话服务　　　　　　　　　　网络服务

客服电话：010-88361066　　　机　工　官　网：www.cmpbook.com
　　　　　010-88379833　　　机　工　官　博：weibo.com/cmp1952
　　　　　010-68326294　　　金　书　网：www.golden-book.com
封底无防伪标均为盗版　　　机工教育服务网：www.cmpedu.com

关于"十四五"职业教育
国家规划教材的出版说明

为贯彻落实《中共中央关于认真学习宣传贯彻党的二十大精神的决定》《习近平新时代中国特色社会主义思想进课程教材指南》《职业院校教材管理办法》等文件精神，机械工业出版社与教材编写团队一道，认真执行思政内容进教材、进课堂、进头脑要求，尊重教育规律，遵循学科特点，对教材内容进行了更新，着力落实以下要求：

1. 提升教材铸魂育人功能，培育、践行社会主义核心价值观，教育引导学生树立共产主义远大理想和中国特色社会主义共同理想，坚定"四个自信"，厚植爱国主义情怀，把爱国情、强国志、报国行自觉融入建设社会主义现代化强国、实现中华民族伟大复兴的奋斗之中。同时，弘扬中华优秀传统文化，深入开展宪法法治教育。

2. 注重科学思维方法训练和科学伦理教育，培养学生探索未知、追求真理、勇攀科学高峰的责任感和使命感；强化学生工程伦理教育，培养学生精益求精的大国工匠精神，激发学生科技报国的家国情怀和使命担当。加快构建中国特色哲学社会科学学科体系、学术体系、话语体系。帮助学生了解相关专业和行业领域的国家战略、法律法规和相关政策，引导学生深入社会实践、关注现实问题，培育学生经世济民、诚信服务、德法兼修的职业素养。

3. 教育引导学生深刻理解并自觉实践各行业的职业精神、职业规范，增强职业责任感，培养遵纪守法、爱岗敬业、无私奉献、诚实守信、公道办事、开拓创新的职业品格和行为习惯。

在此基础上，及时更新教材知识内容，体现产业发展的新技术、新工艺、新规范、新标准。加强教材数字化建设，丰富配套资源，形成可听、可视、可练、可互动的融媒体教材。

教材建设需要各方的共同努力，也欢迎相关教材使用院校的师生及时反馈意见和建议，我们将认真组织力量进行研究，在后续重印及再版时吸纳改进，不断推动高质量教材出版。

机械工业出版社

前　言

为响应国家深入实施科教兴国战略，加快构建职普融通、产教融合的职业教育体系，进行全方位人才培养的号召，本书编者在总结多年教学经验的基础上，修订了本书。本次修订融入了育人元素，反映了国家意志，丰富了数字化资源，更新了与现行的法律法规相关的内容。

在职业教育教学改革的背景下，为培养德才兼备的建筑工程招投标与合同管理技术技能人才，本书围绕职业教育的知识目标、技能目标、素养目标展开，遵循职业教育教学规律，满足学生学习需要，在课程结构、教学内容、教学方法等方面进行了探索与创新。本书内容突出育人导向，立足新时代新征程，注重用习近平新时代中国特色社会主义思想铸魂育人，全面贯彻落实党的二十大精神，融入社会主义核心价值观，适应社会需求和职业教育发展的新需要。

本书融入新知识、新技术，强化思想政治教育，同时注重专业技能的培养和训练，涵盖了立德树人根本任务的落实、课程改革的深化、育人功能的发挥、国家对教材建设的要求以及适应社会需求和职业教育发展的需要等多个方面。本书具体特色如下：

1. 以典型工作任务为载体

本书依据建筑工程招投标与合同管理工作中的典型工作任务设置了 17 个学习任务和 3 个实训任务，由每个学习任务引出相关的法律法规以及相关知识，本着知识够用、任务会做、淡化原理的原则编写。

2. 以工作过程为导向

本书由引例引出学习任务，以工作过程为导向完成学习任务，主要步骤为：一在任务准备阶段搜索完成该任务的任务依据并学习相关知识；二在任务内容中明确需要完成的学习任务；三在任务实施阶段按照工作步骤完成学习任务或深入学习相关知识；四在任务总结阶段总结知识点，展示任务成果；五在巩固与练习阶段对引例进行解析并进行巩固练习；六在交流与拓展环节对接高阶知识；七在"启示角"融入育人元素。

3. 理论联系实际

本书选用的引例均由工程实际案例改编而成，更能展示真实的工作情境；任务实施阶段中的学习任务也是由实际工作提炼而成的；书中设置的 3 个实训任务，真实模拟实际工作内容，零距离对接工作岗位。

4. 注重法律法规的时效性

本书以二维码的形式提供书中所需学习资料、习题答案、操作视频，并将国家现行的《中华人民共和国民法典》《中华人民共和国招标投标法》《中华人民共和国招标投标法实施条例》等相关法律、条例、规范、标准文本的部分内容和书中所需各类表单以配套资源的形式提供给读者，便于学生查找、学习、使用，使学习更便捷、更高效。

5. 服务数字化教学需求

为服务当前职业教育数字化教学需要，本书建设有对应的省级在线精品课（课程网址：https://mooc.icve.com.cn/cms/courseDetails/index.htm? classld = 79e6cda08f6ded6d98d1db9ea46f9b8a），用书教师或学生可根据需要进行在线学习。

6. 提供详细的课时分配

本书建议总学时为 68 课时，根据不同任务的重难点进行分配，各任务再以理论教学、实践教学、模拟现场教学进行详细分配，注重理论教学与实践经历的相互融合。详细课时分配见各项目内容。

本书由河北城乡建设学校张红梅任主编，柳书峰、刘泽玲任副主编，张菊芳、倪保敬参编，张玉威主审。全书编写工作分工如下：张红梅编写项目二和项目四，柳书峰编写项目五，刘泽玲编写项目三，倪保敬编写项目一的任务一，张菊芳编写项目一的任务二。全书由张红梅统稿及定稿。

在本书编写过程中，编者得到了相关企业和学校领导、同事的支持与帮助。河北新奔腾软件有限公司王艳提供了教学案例以及招投标与评标信息技术支持，河北省第二建筑工程有限公司、河北华恒工程项目管理咨询有限公司的专家给予了实践指导，学校领导和同事陈志会、吴培、党云龙也给予了大力帮助，在此一并致谢！

由于建筑工程招投标与合同管理的内容随着国家法律法规、政策和工程实践不断发展需随时完善，加之编者水平有限，书中难免存在疏漏之处，诚望读者、同行提出批评和改进建议。

编　者

本书配套资源

序　号	名　称
1	中华人民共和国民法典
2	中华人民共和国建筑法
3	中华人民共和国招标投标法（2017年修订版）
4	中华人民共和国招标投标法实施条例
5	FIDIC土木工程施工合同条件（红皮书）
6	建设工程施工合同（示范文本）
7	建设工程施工合同（示范文本）解读
8	咨询合同范本
9	建设工程质量管理条例
10	启示角
11	建筑工程招投标合同管理　课件
12	项目二任务五工作成果：资格预审评审报告
13	项目二任务五：房屋建筑和市政工程标准施工招标资格预审文件
14	项目二任务五：招标人资格预审文件格式（工程类）
15	项目二任务六：中华人民共和国房屋建筑和市政工程标准施工招标文件（2010年版）
16	项目二任务六：中华人民共和国简明标准施工招标文件（2012年版）
17	项目二实训一实训资料：公开招标+经评审的最低投标价法
18	项目二实训一实训资料：邀请招标+综合评估法
19	项目二实训一招标文件案例参考
20	项目四实训三：公开招标+经评审的最低投标价法
21	项目四实训三：邀请招标+综合评估法
22	项目五任务一、任务二工作依据
23	项目五任务二任务实施所用表格

本书二维码清单

序号	名　称	图　形	所在页码	序号	名　称	图　形	所在页码
1	认识建筑市场		3	9	项目报建流程		35
2	项目一 任务一 简答题		11	10	建筑工程招标 方式的选择		36
3	工程承发包模式分类		11	11	项目二 任务二 简答题		39
4	思维导图的绘制		11	12	项目二 任务二 案例分析		39
5	认知招投标		12	13	项目二 任务三 案例分析		51
6	项目一 任务二 简答题		22	14	招投标交易流程图		52
7	项目一 任务二 试一试		23	15	项目二 任务四 简答题		58
8	项目二 任务一 简答题		35	16	项目二 任务五 简答题		75

（续）

序号	名　称	图　形	所在页码	序号	名　称	图　形	所在页码
17	项目二 任务五 案例分析		76	26	项目三 任务三 简答题		129
18	项目二 任务六 简答题		84	27	项目三 任务三 实训练习第一题		129
19	河北省建筑工程招投标 交易管理系统介绍		85	28	电子投标文件制作系统		130
20	招标文件制作系统 ZB2005 使用		86	29	国际工程招投标 相关知识		130
21	工程投标程序		88	30	项目三 实训二 实训资料		131
22	项目三 任务一 简答题		97	31	废标条件		141
23	项目三 任务一 实训练习		97	32	项目四 任务一 简答题		144
24	项目三 任务二 简答题		108	33	合理次低价评标的 综合评估法		144
25	项目三 任务二 实训练习		108	34	开标		147

（续）

序号	名　　称	图　形	所在页码	序号	名　　称	图　形	所在页码
35	项目四 任务二 简答题		154	39	施工索赔		215
36	项目四 任务二 案例分析		155	40	索赔报告编制案例背景材料		227
37	工程评标报告		159	41	项目五 任务三 简答题		231
38	招标投标相关罚则		163	42	项目五 任务三 案例分析		232
本书对应的省级在线精品课程							

目　　录

1

项目一
学习建筑市场相关内容

【知识目标】

1. 了解建筑工程承发包的相关知识。
2. 了解建筑市场的基本知识。
3. 认识建设工程交易中心的运作模式。
4. 掌握建设工程招标投标的概念、分类、特点。
5. 掌握建设工程招标投标的主体及其权利、义务。
6. 了解招标投标的发展历程及发展趋势。

【技能目标】

1. 具备编制工程承发包内容思维导图的能力。
2. 具备分辨建筑市场主体、客体的能力。
3. 初步具备按照建设工程交易中心的交易流程组织招（投）标的能力。
4. 具备界定招标人、投标人、招标投标代理人及其权利和义务的能力。
5. 具备编制招（投）标人权利和义务思维导图的能力。

【素养目标】

1. 通过我国招投标历史的学习，认识"中国实力"，提升爱国热情，树立职业自豪感和使命感。
2. 通过全国建筑市场运行规律的学习，认识中国特色社会主义市场经济体制统筹全局、宏观调控的优越性，加强道路自信、理论自信、制度自信和文化自信。

【任务分解】

项目名称	任务分解	知 识 点	学时分配		
			理论教学	实践教学	模拟现场教学
项目一　学习建筑市场相关内容	任务一 认识建筑市场	建筑工程承发包的概念及内容	1	1	
		建筑市场的主客体			
		建设工程交易中心简介			
	任务二 认识建设工程招投标	建设工程招标投标的概念	1	1	
		建设工程招标投标的分类			
		建设工程招标投标的特点			
		建设工程招标投标的主体及其权利、义务			
		招标投标发展趋势			
		BIM 技术在招标投标中的应用			

任务一　认识建筑市场

引例

上海某房地产开发商甲与承包人乙签订了工程总承包合同，约定由承包人乙承包甲开发的某高层住宅小区的施工工程。工程范围包括桩基、基础围护等土建工程和室内电器排管、排线等安装工程。合同中双方还约定，开发商甲可以指定分包大部分安装工程及部分土建工程。对于不属于总包单位乙承包的范围，但需要乙进行配合的项目，乙可以收取2%的配合费。工程工期为455天，质量必须全部达到优良。反之，开发商则按未达优良工程建筑面积每平方米10元处罚承包人。分包单位的任何违约或疏忽，均视为总包单位的违约或疏忽。

总包单位乙如约进场施工，甲也先后将包括塑钢门窗、铸铁栏杆、防水卷材在内的24项工程分包出去。然而在施工过程中，由于双方对合同中关于某些工程"一部分工程可以由甲指定分包"的理解发生争执，甲拖延支付进度款，乙也相应停止施工。数次协商未果后，乙起诉到上海市某区人民法院，要求甲给付工程款并赔偿损失，同时要求解除工程承包合同。

试问法院应如何判决？

一、任务准备

【任务依据】

《中华人民共和国建筑法》*（可在本书配套资源中查看）*（以下简称《建筑法》）对建筑工程发承包、建筑许可、建筑监理、安全生产、质量管理等方面进行了明确规定。

第十五条：建筑工程的发包单位与承包单位应当依法订立书面合同，明确双方的权利和义务。

第七条：建筑工程开工前，建设单位应当按照国家有关规定向工程所在地县级以上人民政府建设行政主管部门申请领取施工许可证；但是，国务院建设行政主管部门确定的限额以下的小型工程除外。

第二十四条：提倡对建筑工程实行总承包，禁止将建筑工程肢解发包。建筑工程的发包单位可以将建筑工程的勘察、设计、施工、设备采购一并发包给一个工程总承包单位，也可以将建筑工程的勘察、设计、施工、设备采购的一项或者多项发包给一个工程总承包单位；但是，不得将应当由一个承包单位完成的建筑工程肢解成若干部分发包给几个承包单位。

第三十条：国家推行建筑工程监理制度。国务院可以规定实行强制监理的建筑工程的范围。

第三十六条：建筑工程安全生产管理必须坚持安全第一、预防为主的方针，建立健全安全生产的责任制度和群防群治制度。

第五十二条：建筑工程勘察、设计、施工的质量必须符合国家有关建筑工程安全标准的要求，具体管理办法由国务院规定。

【相关知识】

认识建筑市场

1. 建筑工程承发包的概念

承发包是一种经营方式，是指交易的一方负责为交易的另一方完成某项工作或供应某批货物，并按一定的价格取得相应报酬的一种交易行为。工程承发包是指根据协议，作为交易方的建筑施工企业，负责为交易另一方的建设单位完成某一项工程的全部或其中的一部分工作，并按一定的价格取得相应的报酬。委托任务并负责支付报酬的一方称为发包人（建设单位、业主），接受任务并负责按时保质保量完成而取得报酬的一方称为承包人（建筑施工企业、承包商）。发包人与承包人通过依法订立书面合同明确双方的权利和义务。

建筑工程发包相对于建筑工程的承包而言，是指建设单位（或总承包单位）将建筑工程任务（勘察、设计、施工等）的全部或一部分通过招标或其他方式，交付给具有从事建筑活动的法定从业资格的单位完成，并按约定支付报酬的行为。

建筑工程承包相对于发包而言，是指具有从事建筑活动的从业资格的单位，通过投标或其他方式，承揽建设工程任务，并按约定取得报酬的行为。

2. 建筑工程承发包方式分类

建筑工程承发包制度是我国建筑经济活动中的一项基本制度。建筑工程承发包方式是建筑工程承发包双方之间经济关系的形式，其分类如图 1-1 所示。

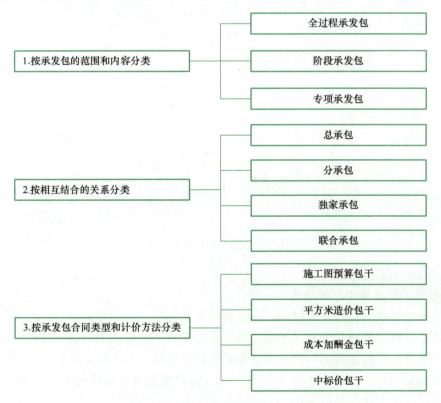

图 1-1　建筑工程承发包方式分类

3. 建筑市场

(1) 建筑市场的概念

市场是商品经济交换的产物。凡是有商品生产和商品交换的地方，就必然有市场，市场是商品交换的场所。

建筑市场是建筑工程市场的简称，它是指建筑产品及其相关要素交换的场所，并体现建筑商品交换关系的总和，是整个市场系统中的一个相对独立的子系统。

建筑市场有广义和狭义之分。狭义的建筑市场一般指有形建筑市场，有固定的交易场所。广义的建筑市场包括有形建筑市场和无形建筑市场。有形建筑市场，如建设工程交易中心，它主要收集与发布工程建设信息，办理工程报建手续、承发包工程合同及委托质量安全监督和建设监理等手续，提供政策法规及技术经济等咨询服务。无形建筑市场是指与工程建设有关的技术、租赁、劳务等各种要素市场，以及为工程建设提供专业服务的中介组织机构或经纪人等通过广告、通信等媒介进行买卖或通过招标投标等多种方式成交的各种交易活动。可以说，广义的建筑市场是工程建设生产和交易关系的总和。

(2) 建筑市场的主体和客体

建筑市场的主体是指参与建筑市场交易活动的主要各方，即发包人（建设单位）、承包人、咨询服务机构、市场组织管理者等。建筑市场的客体包括有形建筑市场（建筑物、构筑物等）和无形建筑市场（技术服务、场所服务等）。

建筑市场体系，如图 1-2 所示。

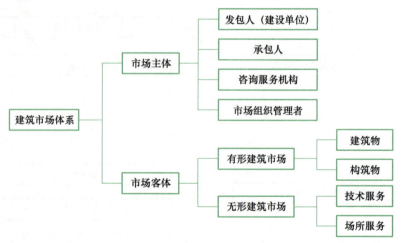

图 1-2 建筑市场体系图

4. 建设工程交易中心

(1) 建设工程交易中心的概念

建设工程交易中心是服务性机构，不是政府管理部门，也不是政府授权的监督机构，本身并不具备监督管理职能。但建设工程交易中心又不是一般意义上的服务机构，其设立需要得到政府或政府授权的主管部门的批准，并非任何单位和个人可随意成立。它不以营利为目的，旨在为建立公开、公正、平等竞争的招标投标制度服务，只可经批准收取一定的服务费，工程交易行为不能在场外发生。

（2）建设工程交易中心的作用

按照我国有关规定，对于全部使用国有资金投资，以及国有资金投资占控股或主导地位的房屋建筑工程项目和市政工程项目，必须在建设工程交易中心内报建、发布招标信息、合同授予、申领施工许可证。招标投标活动都需在场内进行，并接受政府有关管理部门的监督。应该说建设工程交易中心的设立，对国有投资的监督制约机制的建立、规范建设工程承发包行为、将建筑市场纳入法制化的管理轨道有着重要的作用，是符合我国特点的一种好形式。建设工程交易中心建立以来，由于实行集中办公、公开办事的制度和程序及提供一条龙的"窗口"服务，不仅有力地促进了工程招标投标制度的推行，而且遏制了违法违规行为，对防止腐败、提高管理透明度有显著的成效。

（3）我国建设工程交易中心的基本功能

1）信息服务功能：包括收集、存储和发布各类工程信息、法律法规信息、造价信息、设备及材料价格信息、承包人信息、咨询单位和专业人士信息等。在设施上配备有大型电子墙、计算机网络工作站，为承发包交易提供广泛的信息服务。建设工程交易中心一般要定期公布工程造价指数和建筑材料价格、人工费、机械租赁费、工程咨询费以及各类工程指导价等，指导业主、承包人和咨询单位进行投资控制和投标报价。但在市场经济条件下，建设工程交易中心公布的价格指数仅是一种参考，投标最终报价需要依靠承包人根据本企业的经验或企业定额、企业机械装备、生产效率、管理能力和市场竞争需要来决定。

2）场所服务功能：对于政府部门、国有企业、事业单位的投资项目，我国明确规定，一般情况下必须进行公开招标，只有特殊情况下才允许邀请招标。所有建设项目招标投标必须在有形建筑市场内进行，由有关管理部门进行监督。按照这个要求，建设交易中心必须为工程承发包交易双方包括建设工程的招标、评标、定标、合同谈判等提供设施和场所服务。住房和城乡建设部《建设工程交易中心管理办法》规定，建设工程交易中心应具备信息发布大厅、洽谈室、开标室、会议室及相关设施以满足业主和承包人、分包人、设备材料供应商之间的交易需要。同时，要为政府有关管理部门进驻集中办公，办理有关手续和依法监督招标投标活动提供场所服务。

3）集中办公功能：由于众多建设项目要进入有形建筑市场进行报建、招标投标交易和办理有关批准手续，这样就要求政府主管部门进驻建设工程交易中心集中办理有关审批手续和进行管理，建设行政主管部门的各职能机构也要进驻建设工程交易中心。受理申报的内容一般包括：工程报建、招标登记、承包人资质审查、合同登记、质量报监、施工许可证发放等。进驻建设工程交易中心的相关管理部门集中办公，公布各自的办事制度和程序，既能按照各自的职责依法对建设工程交易活动实施有力监督，又方便当事人办事，有利于提高办公效率。

（4）建设工程交易中心的运行原则

为了保证建设工程交易中心能够有良好的运行秩序和市场功能，必须坚持市场运行的一些基本原则，主要原则如下：

1）信息公开原则：有形建筑市场必须充分掌握政策法规，承包人、工程发包单位和咨询单位的资质，造价指数，招标规则，评标标准，专家评委库等各项信息，并保证市场各方主体都能及时地获得所需要的信息资料。

2）依法管理原则：建设工程交易中心应严格按照法律、法规开展工作，尊重建设单位依照法律规定选择投标单位和选定中标单位的权利。尊重符合资质条件的建筑业企业提出的投标要求和接受邀请参加投标的权利。任何单位和个人不得非法干预交易活动的正常进行。监察机关应当进驻建设工程交易中心实施监督。

3）公平竞争原则：建立公平竞争的市场秩序是建设工程交易中心的一项重要原则。进驻的有关行政监督管理部门应严格监督招标、投标单位的行为，防止行业、部门垄断和不正当竞争，不得侵犯交易活动各方的合法权益。

4）属地进入原则：按照我国有形建筑市场的管理制度，建设工程交易实行属地进入。每个城市原则上只能设立一个建设工程交易中心，特大城市可以根据需要设立区域性分中心，在业务上受中心领导。对于跨省、自治区、直辖市的铁路、公路、水利等工程，可在政府有关部门的监督下，通过公告由项目法人组织招标、投标。

5）办事公正原则：建设工程交易中心是政府建设行政主管部门批准建立的服务性机构，须配合进场的各行政管理部门做好相应的工程交易活动管理和服务工作。要建立监督制约机制、公开办事规则和程序，制定完善的规章制度和工作人员守则，发现建设工程交易活动中的违法违规行为，应当向政府有关部门报告，并协助处理。

（5）建设工程交易中心运作的一般程序

按照有关规定，建设项目进入建设工程交易中心后，一般按如图1-3所示的程序运行。

招标人应在立项批文下达后在规定的时间内，持立项批文向进驻有形建筑市场的建设行政主管部门进行报建登记。登记完后，招标人持报建登记表向有形建筑市场索取交易登记表并填写完毕后，在有形建筑市场办理交易登记手续。对于按规定必须进行招标的工程，进入法定招标流程；对于不需要招标的工程，招标人只需向进驻有形建筑市场的有关部门办理相关备案手续即可。当招标程序结束后，招标人或招标代理机构按我国招标投标法及有关规定向招标投标监管部门提交招标投标情况的书面报告，招标投标监管部门对招标人或招标代理机构提交的招标投标情况的书面报告进行备案。招标人、中标人需缴纳相关费用。有形建筑市场按统一格式打印中标（交易成交）或未中标通知书，招标人向中标人签发中标（交易成交）通知书，并将未中标通知送达未中标的投标人。如果涉及专业分包，劳务分包，材料、设备采购招标的，转入分包或专业市场按规定程序发包。招标人、中标人还应向进驻有形建筑市场的有关部门办理合同备案、质量监督、安全监督等手续，并且招标人或招标代理机构应将全部交易资料的原件或复印件在有形建筑市场备案一份。最后，招标人向进驻有形建筑市场的建设行政主管部门办理施工许可证。

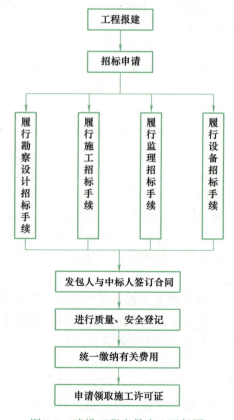

图1-3　建设工程交易中心运行图

二、任务内容

1）学习工程承发包的内容。
2）学习建筑市场的主体。
3）学习建筑市场的客体。

三、任务实施

1. 学习工程承发包的内容

工程承发包的内容非常广泛，可以对工程项目建设的全过程进行总承发包，也可以分别对工程项目的项目建议书、可行性研究、勘察设计、材料及设备的采购供应、建筑安装工程施工、生产职工培训和建设工程监理等进行阶段性承发包。

（1）项目建议书

项目建议书是建设单位向国家提出要求建设某一项目的建设文件，主要内容为项目的性质、用途、基本内容、建设规模及项目的必要性和可行性分析等。项目建议书可由建设单位自行编制，也可委托工程咨询机构代为编制。

（2）可行性研究

项目建议书经批准后，应进行项目的可行性研究。可行性研究是国内外广泛采用的一种研究工程建设项目的技术先进性、经济合理性和建设可能性的科学方法。

可行性研究的主要内容是对拟建项目的一些重大问题，如市场需求，资源条件，原料、燃料、动力供应条件，厂址方案，拟建规模，生产方法，设备选型，环境保护，资金筹措等，从技术和经济两方面进行详尽的调查研究，分析计算和进行方案比较，并对这个项目建成后可能取得的技术效果和经济效益进行预测，从而提出该项工程是否值得投资建设和怎样建设的意见，为投资决策提供可靠的依据。此阶段的任务，可委托工程咨询机构完成。

（3）勘察设计

勘察与设计两者之间既有密切联系，又有显著区别。

1）工程勘察主要内容为工程测量、水文地质勘察和工程地质勘察，其任务是查明工程项目建设地点的地形地貌、地层土壤岩性、地质构造、水文条件等自然地质条件，做出鉴定和综合评价，为建设项目的选址、工程设计和施工提供科学的依据。

2）工程设计是工程建设的重要环节，它是从技术上和经济上对拟建工程进行全面规划的工作。大中型项目一般采用两阶段设计，即初步设计和施工图设计。重大项目和特殊项目，采用三阶段设计，即初步设计、技术设计和施工图设计。对一些大型联合企业、矿区和水利水电枢纽工程，为解决总体部署和开发问题，还需进行总体规划设计和总体设计。

该阶段可通过方案竞选、招标投标等方式选定勘察设计单位。

（4）材料及设备的采购供应

建设项目所需的材料和设备，涉及面广、品种多、数量大，材料及设备的采购供应是工程建设过程中的重要环节。建筑材料的采购供应方式有：公开招标、询价报价、直接采购等。设备供应方式有：委托承包、设备包干、招标投标等。

（5）建筑安装工程施工

建筑安装工程施工是工程建设过程中的一个重要环节，是把设计图纸付诸实施的决定性阶段。其任务是把设计图纸变成物质产品，如工厂、矿井、电站、桥梁、住宅、学校等，使预期的生产能力或使用功能得以实现。建筑安装工程施工内容包括施工现场的准备工作，永久性工程的建筑施工、设备安装及工业管道安装等。此阶段采用招标投标的方式进行工程的承发包。

（6）生产职工培训

基本建设的最终目的，是形成新的生产能力。为了使新建项目建成后投入生产、交付使用，在建设期间就要准备合格的生产技术工人和配套的管理人员。因此，需要组织生产职工培训。这项工作通常由建设单位委托设备生产厂家或同类企业进行；在实行总承包的情况下，则由总承包单位负责，委托适当的专业机构、学校、工厂去完成。

（7）建设工程监理

建设工程监理是指监理单位受项目业主的委托，依据国家批准的工程项目建设文件、有关工程建设的法律法规和工程建设监理合同及其他工程建设合同，对工程建设实施的监督和管理。监理是专门从事工程监理的机构，其服务对象是建设单位，接受建设主管部门委托或建设单位委托，对建设项目的可行性研究、勘察设计、材料及设备的采购供应、工程施工、生产准备直至竣工投产，实行全过程监督管理或阶段监督管理。监理单位代表建设单位与设计、施工各方打交道，在设计阶段选择设计单位，提出设计要求，估算和控制投资额，安排和控制设计进度等；在施工阶段组织招标选择施工单位，协助建设单位签订施工合同并监督检查其执行，直至工程竣工验收。

2. 学习建筑市场的主体

（1）业主

业主是指拥有相应的建设资金，办妥项目建设的各种准建手续，以建成该项目达到其经营使用目的的政府部门、事业单位、企业单位和个人。在我国，业主又通常称为建设单位，只有在发包工程或组织工程建设时才成为市场主体，故又称为发包人或招标人。

（2）承包人

承包人是指有一定生产能力、技术装备、流动资金，具有承包工程建设任务的营业资格，在建筑市场中能够按照业主的要求，提供不同形态的建筑产品，并获得工程价款的建筑业企业。上述各类型的业主，只有在其从事工程项目的建设全过程中才成为建筑市场的主体，但承包人在其整个经营期间都是建筑市场的主体。因此，国内外一般只对承包人进行从业资格管理。

（3）工程咨询服务机构

国际上，工程咨询服务单位一般称为咨询公司，在国内则包括勘察公司、设计院、工程监理公司、工程造价公司、招标代理机构和工程管理公司等。其主要向建设项目发包人提供工程咨询和管理等智力型服务，以弥补发包人对工程建设业务不了解或不熟悉的不足。咨询单位并不是工程承包的当事人，但受发包人聘用，与发包人订有协议书或合同，从事工程咨询或监理等工作，因而在项目的实施中承担重要的责任。咨询任务可以贯穿于从项目立项到竣工验收乃至使用阶段的整个项目建设过程，也可只限于其中某个阶段，如可行性研究咨询、施工图设计、施工监理等。

3. 学习建筑市场的客体

市场客体是指一定量的可供交换的商品和服务，它包括有形的物质产品和无形的服务，以及各种商品化的资源要素，如资金、技术、信息和劳动力等。市场活动的基本内容是商品交换，若没有交换客体，就不存在市场，具备一定量的可供交换的商品，是市场存在的物质条件。

建筑市场的客体一般称为建筑产品，它包括有形的建筑产品——建筑物，无形的产品——各种服务。客体凝聚着承包商的劳动，业主以投入资金的方式取得它的使用价值。在不同的生产交易阶段，建筑产品表现为不同的形态。它可以是中介机构提供的咨询报告、咨询意见或其他服务，可以是勘察设计单位提供的设计方案、设计图纸、勘察报告，可以是生产厂家提供的混凝土构件、非标准预制构件等产品，也可以是施工企业提供的最终产品——各种各样的建筑物或构筑物。

四、任务总结

【知识总结】

1）承发包双方之间存在着经济上的权利与义务关系，这种关系双方要通过签订书面合同或协议的方式予以明确，且具有法律效力。

2）建筑工程开工前，建设单位应当按照国家有关规定向工程所在地县级以上人民政府建设行政主管部门申请领取施工许可证；申请领取施工许可证应当具备一定的条件。

3）《建筑法》提倡对建筑工程实行总承包，禁止将建筑工程肢解发包。

4）工程承发包的内容非常广泛，可以对工程项目建设的全过程进行总承包，也可以分阶段进行阶段性承发包。

5）工程承发包存在多种方式分类。

6）建筑市场有狭义和广义之分。

7）建筑市场主客体的概念。

8）我国的建设工程交易中心的基本功能：信息服务功能、场所服务功能、集中办公功能。

9）建设工程交易中心的运行原则：信息公开原则、依法管理原则、公平竞争原则、属地进入原则、办事公正原则。

【任务成果】

1. 工程承发包内容思维导图

将工程承发包的内容制作成思维导图，如图1-4所示。

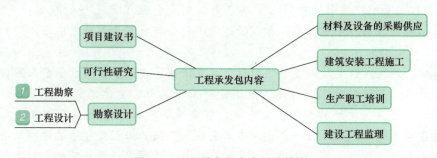

图1-4　工程承发包内容思维导图

2. 建筑市场主体和客体思维导图

将建筑市场的细分制作成思维导图，如图1-5所示。

图1-5 建筑市场主体和客体思维导图

五、巩固与练习

1. 引例解析

法庭调查发现，甲分包出去的24项工程分别为：塑钢门窗，铸铁栏杆，防水卷材，保温工程，防火防盗门，分户门，消防室内立管，干挂大理石，伸缩缝不锈钢板，屋顶水箱，锻钢栏杆，污水处理池，底层公用部位地砖，下水道，绿化，商场大理石及楼梯踏步、扶手，喷锚施工，小区道路，商场地下室配电箱、柜安装，地下室水泵房控制柜出线安装，各单元用户配电箱出线安装，母线槽到各楼层控制箱电线及金属软管安装，各单元住宅和灯箱安装，地下室水泵房镀锌钢管安装。

法院认为，除绿化项目外，其他项目都在或应在总承包项目中，所以甲在没有经过承包人同意的情况下就擅自剥离直接发包，并非真正意义上的指定分包，而是肢解发包的行为。因此，双方在合同中约定的"一部分工程可以由甲指定分包"的条款，由于违反法律法规有关"建设单位不得指定分包"的规定而被法院确认无效。甲的肢解发包行为，使得乙在没有与其他施工单位签订任何分包合同的情况下，无任何依据约束相关单位的行为。因此，乙仅需在自己的施工范围内承担责任，无须就开发商肢解发包的项目承担责任。最终甲诉讼失败，除归还拖欠的工程款外，还要支付拖欠工程款利息和赔偿总包单位乙因此造成的损失。

《中华人民共和国建筑法》第二十四条规定："提倡对建筑工程实行总承包，禁止将建筑工程肢解发包。建筑工程的发包单位可以将建筑工程的勘察、设计、施工、设备采购一并发包给一个工程总承包单位，也可以将建筑工程勘察、设计、施工、设备采购的一项或者多项发包给一个工程总承包单位；但是，不得将应当由一个承包单位完成的建筑工程肢解成若干部分发包给几个承包单位。"

《建设工程质量管理条例》中第七十八条对肢解发包做了定义性的规定："肢解发包，是指建设单位将应当由一个承包单位完成的建设工程分解成若干部分发包给不同的承包单位的行为。"

在本案中，法院在认定肢解发包的问题上主要依据了建设单位与总承包人签订的工程承包合同中对于施工范围的约定，即施工范围已将基础工程、主体工程、装修工程等包含其中，而建设单位又自行将结构加固、铝合金门窗安装等项目发包出去，所以认定为肢解发包。如果建设单位将不属于工程承包合同中约定施工范围的工程发包给其他施工企业，将不被视作肢解发包。法院在本案中认定开发商的行为属于肢解发包是正确的，但主要依赖工程总承包合同来进行认定未免不尽合理。因为即使建设单位发包的某些工程不在总承包人的施工范围内，但依然有可能构成肢解发包，关键是看所发包的工程能否分包给不同的施工企业，分包之后是否会导致建筑工程的质量责任不明确、安全隐患及工期延误等问题。

2. 练习

3. 简答题

1）简述工程承发包的概念。

2）简述我国建设工程交易中心的基本功能。

练习题

项目一任务一
简答题

六、交流与拓展

1. 公共资源交易中心简介

公共资源交易中心是负责公共资源交易和提供咨询、服务的机构，是公共资源统一进场交易的服务平台。工程建设招标投标、土地和矿业权交易、企业国有产权交易、政府采购、公立医院药品和医疗用品采购、司法机关罚没物品拍卖、国有的文艺品拍卖等所有公共资源交易项目全部纳入中心集中交易。

公共资源交易管理体制改革是政府行政管理体制改革的一项重要内容，是建设服务型政府的重要举措。公共资源交易中心的成立，整合并规范了公共资源交易的流程，形成了统一、规范的业务操作流程和管理制度。实行"八统一"，即统一受理登记、统一信息发布、统一时间安排、统一专家中介抽取、统一发放中标通知、统一费用收取退付、统一交易资料保存、统一电子监察监控。

附：全国公共资源交易平台网址：http：//www.ggzy.gov.cn/

工程承发包
模式分类

2. 工程承发包模式分类

3. 思维导图的绘制

思维导图
的绘制

任务二　认识建设工程招投标

引例

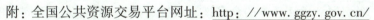

　　××学校拟建办公楼项目，建设资金来自中央预算内资金及自筹，项目出资比例为政府70%，自筹30%。项目已具备招标条件，现对该项目的施工进行公开招标。因业主不具备自主招标条件，故业主委托招标代理机构——××工程项目管理有限公司编制该项目的招标控制价，并采用公开招标方式代理项目施工招标。要求投标人须具备建筑工程施工总承包三级及以上资质。符合资质要求的××建筑公司和其他10家建筑公司参加了投标。在这个案例中，谁是工程招标人、投标人、第三方中介机构？

一、任务准备

【任务依据】

《中华人民共和国招标投标法》*（可在本书配套资源中查看）*是我国关于招标投标的第一部法律。法律明确规定了招标人、投标人、招标代理机构的概念、资格及各自的权利和义务。

第八条：招标人是依照本法规定提出招标项目、进行招标的法人或者其他组织。

第十二条：招标人有权自行选择招标代理机构，委托其办理招标事宜。任何单位和个人不得以任何方式为招标人指定招标代理机构。招标人具有编制招标文件和组织评标能力的，可以自行办理招标事宜。任何单位和个人不得强制其委托招标代理机构办理招标事宜。依法必须进行招标的项目，招标人自行办理招标事宜的，应当向有关行政监督部门备案。

第十三条：招标代理机构是依法设立、从事招标代理业务并提供相关服务的社会中介组织。

第二十五条：投标人是响应招标、参加投标竞争的法人或者其他组织。依法招标的科研项目允许个人参加投标的，投标的个人适用本法有关投标人的规定。

【相关知识】

认知招投标

1. 建设工程招标投标的概念

（1）招标投标

招标投标是在市场经济条件下进行工程建设、货物买卖、财产出租、中介服务等经济活动的一种竞争形式和交易方式，是引入竞争机制订立合同（契约）的一种法律形式。它是指招标人对工程建设、货物买卖、中介服务等交易业务，事先公布采购条件和要求，吸引愿意承接任务的众多投标人参加竞争，招标人按照规定的程序和办法择优选定中标人的活动。

（2）建设工程招标投标

建设工程招标投标，是指建设单位（即业主或项目法人）通过招标的方式，将工程及与工程建设有关的货物、服务等业务，一次或分步发包，由具有相应资质的承包单位通过投标竞争的方式承接的活动。工程是指建设工程，包括建筑物和构筑物的新建、改建、扩建及其相关的装修、拆除、修缮等。与工程建设有关的货物是指构成工程不可分割的组成部分，且为实现工程基本功能所必需的设备、材料等。与工程建设有关的服务是指为完成工程所需的勘察、设计、监理等服务。

从法律意义上讲，建设项目招标一般是建设单位（或业主）就拟建的工程发布公告，用法定方式吸引建设项目的承包单位参加竞争，进而通过法定程序从中选择条件优越者来完成工程建设任务的法律行为。建设项目投标一般是经过资格审查而获得投标资格的建设项目承包单位，按照招标文件的要求，在规定的时间内向招标单位填报投标书，并争取中标的法律行为。

2. 建设工程招标投标的分类

建设工程招标投标的类型多种多样，按照不同的标准，建设工程招标投标可以进行不同的分类，如图 1-6 所示。

应当强调的是，为了防止任意肢解工程发包，我国一般不允许分部工程招标投标、分项工程招标投标，但允许特殊专业及劳务工程招标投标。

图 1-6　建设工程招标投标的分类

3. 各类建设工程招标投标的特点

建设工程招标投标的目的是在工程建设中引入竞争机制，择优选定勘察、设计、设备安装、施工、装饰装修、材料设备供应、监理和工程总承包单位，以保证缩短工期、提高工程质量和节约建设资金。

工程招标投标总的特点是通过竞争机制，实行交易公开；鼓励竞争、防止垄断、优胜劣汰，实现投资效益；通过科学合理和规范化的监管机制与运作程序，有效地杜绝不正之风，保证交易的公正和公平。但由于各类建设工程招标投标的内容不尽相同，因而它们有不同的招标投标意图或侧重点，在具体操作上也有细微的差别，并呈现出不同的特点，见表 1-1。

表1-1　各类建设工程招标投标的特点

区　别	种　类				
	勘察招标投标	设计招标投标	施工招标投标	监理招标投标	材料采购招标投标
招标条件	项目报建完成	项目报建完成	强调建设资金的充分到位	项目报建完成	一般要求做标底
招标范围	主要实行勘察方案招标。单项合同估算价在100万元以上	主要实行设计方案招标。单项合同估算价在100万元以上	必须招标的范围见《中华人民共和国招标投标法》。施工单项合同估算价400万元	通常是施工监理。单项合同估算价在100万元以上	大宗的而不是零星的建设工程材料设备采购，如锅炉、电梯、空调等的采购。单价合同估算价在200万元以上
招标方式	公开招标或邀请招标	公开招标或邀请招标	强调公开招标，严格限制邀请招标，议标方式被禁止	公开招标或邀请招标	公开招标或邀请招标。优先考虑在国内招标
评标定标	着重考虑勘察方案的优劣，综合考虑进度的快慢、收费的合理性，以及勘察资质和社会信誉等	着重考虑设计方案的优劣，综合考虑设计经济效益的好坏、设计进度的快慢、设计费报价的高低及设计资质和社会信誉等因素	着重考虑价格因素，综合考虑价格、工期、技术、质量、安全、信誉等因素	着重考虑人员素质，综合考虑监理规划（或监理大纲）、人员素质、监理业绩、监理取费、检测手段等因素	着重考虑质量，综合考虑价格、供货速度等

4. 建设工程招标投标活动的主体

建设工程招标投标活动的主体包括：建设工程招标人、建设工程投标人、建设工程招标代理机构、建设工程招标投标行政管理机关。

（1）建设工程招标人

按照《中华人民共和国招标投标法》第八条规定，招标人通常为该建设项目的投资人，即项目业主或建设单位。建设工程招标人在建设工程招标投标活动中起主导作用。

（2）建设工程投标人

投标人分为三类：一是法人，二是其他组织，三是自然人（科研项目）。

法人是指依法注册登记，具有独立的民事权利能力和民事行为能力，依法独立享有民事权利和承担民事义务的组织，包括企业法人、机关法人、事业单位法人及社会团体法人。

其他组织是指依法成立，有一定组织机构和财产，但又不具备法人资格的组织。例如依法登记领取营业执照的合伙组织、企业的分支机构等。

投标人应具备的条件如下：

1）必须有与招标文件要求相适应的人力、物力、财力。

2）必须有符合招标文件要求的资质证书和相应的工作经验与业绩证明。

3）符合法律、法规、规章和政策规定的其他条件。

（3）建设工程招标代理机构

按照《中华人民共和国招标投标法》第十三条规定，招标代理机构是依法设立、从事招标代理业务并提供相关服务的社会中介组织。

建设工程招标代理机构是指受招标人的委托，代为从事工程的勘察、设计、施工、监理以及与工程建设有关的重要设备（进口机电设备除外）、材料采购招标业务的中介组织。它必须是依法成立，从事招标代理业务并提供相关服务，实行独立核算、自负盈亏，具有法人资格的社会中介组织，如工程招标公司、工程咨询公司等。

建设工程招标代理机构应当具备下列条件：

1）是依法设立的中介组织，具有独立法人资格。

2）与行政机关和其他国家机关没有行政隶属关系或者其他利益关系。

3）有固定的营业场所和开展工程招标代理业务所需设施及办公条件。

4）有健全的组织机构和内部管理的规章制度。

5）具备编制招标文件和组织评标的相应专业力量。

6）拥有一定数量的取得招标职业资格的专业人员。

7）具有可以作为评标委员会成员人选的技术、经济等方面的专家库。

8）法律、行政法规规定的其他条件。

由于建设工程项目招标必须在固定的建设工程交易场所进行，因此该固定场所（即建设工程交易中心）所设立的专家库，可以作为各类招标代理人直接利用的专家库，招标代理人一般不需另设专家库。

5. 工程招标投标的发展趋势

公开、公平、公正和诚实信用是工程招标投标市场的核心价值目标，开放、互联、透明、共享是互联网的优势特征，这两者之间的先天优势决定了两者需要相互融合，只有这样才能建立一体化开放共享的市场信息体系。

电子招标投标是以先进的计算机网络技术为支撑，以"方便、节约、公开、有效防止腐败行为"为基本特征的一种先进的招标投标方式，是传统招标投标方式与现代网络技术相融合的产物，也是招标投标的必然发展趋势。推行电子招标投标在工程建设中的应用，对于提高交易效率、调整招标投标行业的发展结构以及遏制招标投标过程中产生的腐败、推进行业诚信建设等具有重要的促进作用。并且，推行电子招标投标对于实现招标投标市场信息公开、转变政府监督方式、健全社会监督机制、规范招标投标市场秩序将发挥更加重要的作用。

6. BIM 技术在招标投标中的应用

BIM 是以建筑工程项目的各项相关信息数据作为基础，建立起三维的建筑模型，通过数字信息仿真模拟建筑物所具有的真实信息。

搭建 BIM 协同平台，将各种信息整合于一个三维模型数据库中，设计团队、施工单位、设施运营部门和业主等各方人员可以基于同一 BIM 平台协同工作，可以有效提高工作效率、节省资源、降低成本，以实现可持续发展。

此外，搭建 BIM 协同平台，还极大地促进了招标投标管理的精细化程度和管理水平。

（1）建立三维模型

在项目的招标阶段，可以通过 BIM 技术建立起相关的三维模型，对工程量进行合理的统计和分析，最终形成准确的项目清单。模型的建立可以通过招标单位自身的力量实现，也可以通过投标单位建立和提交，这样有利于检测出图纸中出现的问题，及时采取措施提前解决。

同时，通过模型的建立，也可以对工程量实现精确化的统计，这个过程需要注意的是建模的精度。例如，传统的手工计算量可能要使用15天左右的时间才能完成，CAD导图的实现时间大约需要3天，而建立符合精度要求的BIM模型后只需要半小时就可以完成。

（2）快速计算工程量清单

在项目招标阶段，招标方可以在招标投标过程中根据BIM模型编制准确的工程量清单。导入BIM模型之后，可以将与工程量有关的数据信息导入模型之中，例如构件的编号、数量、材质、重量、规格等，利用自动化功能生成工程量，减少了大量重复性工作。而且，BIM模型具有实时联动的特性，即便数据有变也会根据联动特点自动调整，始终保持与实际项目相符，提高了准确率及工作效率，可以达到清单完整、快速算量、精确算量的目的，有效地避免了漏项和错算等情况，最大限度减少施工阶段因工程量问题而引起的纠纷。

投标方则可以在BIM模型中得到准确的工程量、材料、成本、进度等信息；根据BIM模型快速编制施工组织设计，优化施工方案，精准地确定投标报价，从而制订更好的投标策略。

（3）优化投标评审

引入BIM技术，用三维模型代替传统的纯电子文档评审方式，有效解决了传统电子评标的阅读难度大、投标方案不直观、方案对比难、周围环境无法呈现等诸多问题。同时，以BIM三维模型为基础，将成本、进度相结合，集成项目相关数据和大数据研究成果，使商务标、技术标深度融合与联动，进一步提升了招标投标的准确性和专业性，提升了评标的智能化与科学性。

（4）利于签证与变更

利用BIM技术，完善现场签证和工程变更等数据信息，极大地提高了工程项目的结算质量和速度，对于减少工作人员的工作量和实现高效率的工作有重要的作用。同时，利用BIM技术，还可以增加审核的透明度，这在减少双方矛盾、节省双方的结算成本方面发挥着重要的作用。

（5）利于工期控制

目前，在招标投标和施工阶段，利用BIM技术可以进行4D模拟（3D+时间）和5D模拟（4D+造价），从而实现成本控制。

工程招标投标是建设工程全生命周期中的一个重要环节，是建筑行业各从业主体协作的桥梁。通过在工程招标投标阶段应用BIM技术，可以有效地促进建筑行业各主体和从业人员对BIM技术的掌握与应用，推动建设工程设计、施工及运维阶段的有机衔接，使行业监督管理更加便捷，从而提高整个建筑行业精细化管理水平。

二、任务内容

1）了解建设工程招标人。
2）了解建设工程投标人。
3）了解建设工程招标代理人。

三、任务实施

1. 了解建设工程招标人

建设工程招标人是提出招标项目，并进行招标的法人或者其他组织。法人包括企业法人、机关法人、事业单位法人、社会团体法人。

引例中的招标人为××学校，属于事业单位。

（1）建设工程招标人的招标资格

建设工程招标人的招标资格是指建设工程招标人能够自己组织招标活动所必须具备的条件和素质。建设工程招标人自行办理招标应当具备相应的条件。

拟自行组织招标的，招标人应当向招标投标管理机构报批备案。招标投标管理机构可以通过报建备案制度，审查招标人是否符合条件。招标人不符合条件的，不得自行组织招标，只能委托工程建设项目招标代理机构代理组织招标。

（2）建设工程招标人的权利

1）自行组织招标或者委托招标的权利：招标人是工程建设项目的投资责任者和利益主体，也是项目的发包人。招标人发包工程项目，凡具备招标资格的，有权自己组织招标，自行办理招标事宜；不具备招标资格的，则应委托具备相应资质的招标代理人代理组织招标，代为办理招标事宜。招标人委托招标代理机构进行招标时，享有自由选择招标代理机构的权利，同时仍享有参与整个招标过程的权利，招标人代表有权参加评标组织。任何机关、社会团体、企事业单位和个人不得以任何理由为招标人指定或变相指定招标代理机构，招标代理机构只能由招标人选定。招标人对招标代理机构办理的招标事务要承担法律后果，因此不能委托了事，还必须对招标代理机构的代理活动，特别是评标、定标代理活动进行必要的监督，这就要求招标人在委托招标时仍需保留参与招标全过程的权利，其代表可以进入评标组织，作为评标组织的组成人员之一。

2）进行投标资格审查的权利：对于要求参加投标的潜在投标人，招标人有权要求其提供有关资质情况的资料，进行资格审查、筛选，拒绝不合格的潜在投标人参加投标。

3）择优选定中标人的权利：招标的目的是通过公开、公平、公正的市场竞争，确定最优中标人。招标过程其实就是一个优选过程。要想择优选定中标人，就要根据评标组织的评审意见和推荐建议，根据招标人要求的质量、工期、价格等方面综合考虑，确定最理想的中标人。这是招标人最重要的权利。

4）享有依法约定的其他各项权利：招标人还有编制或委托招标代理机构编制招标文件的权利；有组织潜在投标人踏勘项目现场的权利；有对已发出的招标文件进行澄清或者修改的权力；有主持开标会议的权利；有依法组建评标委员会的权利；有向中标人发中标通知书的权利。建设工程招标人的权利应依法实施。法律、法规无规定时则依双方约定。

（3）建设工程招标人的义务

1）遵守法律、法规、规章和方针、政策的义务：建设工程招标人的招标活动必须依法进行，违法或违规、违章的行为不仅不受法律保护，而且还要承担相应的法律责任。遵纪守法是建设工程招标人的首要义务。

2）接受招标投标管理机构管理和监督的义务：为了保证建设工程招标投标活动公开、公平、公正，建设工程招标投标活动必须在招标投标管理机构的行政监督管理下进行。

3）不侵犯投标人合法权益的义务：招标人、投标人是招标投标活动的双方，他们在招标投标中的地位是完全平等的，因此招标人在行使自己权利的时候，不得侵犯投标人的合法权益，妨碍投标人公平竞争。

4）委托代理招标时向代理人提供招标所需资料、支付委托费用等的义务。招标人委托招标代理机构进行招标时，应承担的义务主要有以下四点：

① 招标人对于招标代理机构在委托授权的范围内所办理的招标事务的后果直接接受并承担民事责任。

② 招标人应向招标代理机构提供招标所需的有关资料。

③ 招标人应向招标代理机构支付委托费或报酬。

④ 招标人应向招标代理机构赔偿招标代理机构在执行受托任务中非因自己过错所造成的损失。

5）保密的义务：建设工程招标投标活动应当遵循公开原则，但对可能影响公平竞争的信息，招标人必须保密。招标人设有标底的，标底必须保密。

6）与中标人签订合同并履行合同的义务：招标投标的最终结果，是择优确定出中标人，与中标人签订并履行合同。

7）承担依法约定的其他各项义务：在建设工程招标投标过程中，招标人与他人依法约定的义务，也应认真履行。

2. 了解建设工程投标人

建设工程投标人是建设工程招标投标活动的另一主体，是指响应招标并购买招标文件参加投标竞争的法人或者其他组织。投标人参加投标活动必须具备一定的条件，要求如下：

(1) 投标人应具备的基本条件

1）必须有与招标文件要求相适应的人力、物力、财力。

2）必须有符合招标文件要求的资质证书和相应的工作经验与业绩证明。

3）符合法律、法规、规章和政策规定的其他条件。

建设工程投标人主要是指勘察设计单位，施工企业，建筑装饰装修企业，工程材料设备供应（采购）单位，工程总承包单位及咨询单位、监理单位等。投标人必须依法取得相应等级的资质证书，并在其资质等级许可的范围内从事相应的工程建设活动。在招标时，招标人通常会对投标人进行资质审查，严禁无相关资质的企业进入工程建设市场。

(2) 建设工程投标人的权利

1）有权平等地获得和利用招标信息：招标信息是投标决策的基础和前提。投标人掌握的招标信息是否真实、准确、及时、完整，对投标工作具有非常重要的影响。投标人获得招标信息主要通过招标人发布的招标公告，也可以通过政府主管机构公布的工程报建登记。保证投标人平等地获取招标信息，是招标人和政府主管机构的义务。

2）有权按照招标文件的要求自主投标或组成联合体投标：当招标人招标公告或投标邀请书中载明接受联合体投标时，投标人为了更好地把握投标竞争机会，提高中标率，可以根据招标文件的要求和自身的实力，自主决定是否与其他投标人组成一个联合体，以一个投标人的身份共同投标。招标人不得强制投标人必须组成联合体共同投标，不得限制投标人之间的竞争。投标人组成投标联合体是一种联营方式，与串通投标是两个性质完全不同的概念。组成联合体投标，联合体各方均应当具备承担招标项目的相应能力和相应的资质条件，并按照共同投标协议的约定就中标项目向招标人承担连带责任。

联合体投标是两个或两个以上的法人或者其他组织组成一个联合体，以一个投标人的身份共同投标。联合体各方均应当具备承担招标项目的相应能力；国家有关规定或者招标文件对投标人的资质条件有规定的，联合体各方均应当具备规定的资质条件。由同一专业的单位组成的联合体，按照资质等级较低的单位确定资质等级。

联合体各方应当签订共同投标协议，明确约定各方拟承担的工作和责任，并将共同投标协议连同投标文件一并提交招标人。联合体中标的，联合体各方应当共同与招标人签订合同，就中标项目向招标人承担连带责任。

联合体各方在签订共同投标协议后，不得再以自己的名义单独投标，也不得组成新的联合体或参加其他联合体在同一项目中投标。

3）有权要求招标人或招标代理人对招标文件中的有关问题进行答疑：投标人参加投标，必须编制投标文件。编制投标文件的基本依据就是招标文件。只有正确理解招标文件，才能正确把握招标意图。对招标文件中不清楚的问题，投标人有权要求招标人或招标代理人予以澄清，以利投标。

4）有权确定自己的投标报价：投标人参加投标，是一场重要的市场竞争，投标竞争是投标人自主经营、自负盈亏、自我发展的强大动力。因此，招标投标活动必须按照市场经济的规律办事。投标人的投标报价，由投标人依法自主确定，任何单位和个人不得非法干预。投标人根据自身经营状况、利润和市场行情，科学合理地确定投标报价，是整个投标活动中非常关键的一个环节。

5）有权参与投标竞争或放弃参与竞争：在市场经济条件下，投标人参加投标竞争的机会应当是均等的。参加投标是投标人的权利，放弃投标也是投标人的权利。对投标人来说，是否参加投标，完全是自愿的。任何单位或个人不能强制、胁迫投标人参加投标，更不能强迫或变相强迫投标人陪标，也不能阻止投标人中途放弃投标。

6）有权要求优质优价：价格（包括取费、酬金等）问题，是招标投标中的一个核心问题。为了保证工程安全和质量，必须防止和克服只为争得项目中标而不切实际的盲目降级压价现象，要实行优质优价，避免投标人之间的恶性竞争。

7）有权控告、检举招标过程中的违法、违规行为：投标人和其他利害关系人认为招标投标活动不合法的，有权向招标人提出异议或者依法向有关行政监督部门投诉。

（3）建设工程投标人的义务

1）遵守法律、法规、规章和方针、政策：建设工程投标人的投标活动必须依法进行，违法或违规、违章的行为，不仅不受法律保护，而且还要承担相应的责任。遵纪守法是建设工程投标人的首要义务。

2）接受招标投标管理机构的监督管理：为了保证建设工程招标投标活动公开、公平、公正，建设工程招标投标活动必须在招标投标管理机构的监督管理下进行。

3）保证所提供的投标文件的真实性，提供投标保证金或其他形式的担保：投标人提供的投标文件必须真实、可靠，并对此予以保证。让投标人提供投标保证金或其他形式的担保，目的在于使投标人的保证落到实处，使投标活动保持应有的严肃性，建立和维护招标投标活动的正常秩序。

4）按招标人或招标代理人的要求对投标文件的有关问题进行答疑：投标文件是以招标文件为主要依据编制的，正确理解投标文件，是准确判断投标文件是否实质性响应招标文件的前提。

5）中标后与招标人签订合同并履行合同，不得转包合同，未经招标人同意不得分包合同：中标以后与招标人签订合同，并履行约定的全部义务，是实行招标投标制度的意义所在。如需分包，应当在投标文件中载明，并经招标人认可后才能进行分包。

6）履行依法约定的其他各项义务。

3. 了解建设工程招标代理人

建设工程招标代理是指建设工程招标人将建设工程招标事务委托给相应的中介服务机构，由该中介服务机构在招标人委托授权的范围内，以委托的招标人的名义，同他人独立进行建设工程招标投标活动，由此产生的法律效果直接归属于委托人即招标人的一种制度。这里，代替他人进行建设工程招标活动的中介服务机构，称为代理人。委托他人代替自己进行建设工程招标活动的招标人，称为被代理人（本人）。与代理人进行建设工程招标活动的人，称为第三人（相对人）。建设工程招标代理机构应与招标人签订书面合同，在合同约定的范围内实施代理，并按照国家有关规定收取费用。

（1）建设工程招标代理机构的介绍

招标代理机构是依法设立，从事招标代理业务并提供相关服务的社会中介组织。

1）招标代理机构的性质既不是一级行政机关，也不是从事生产经营的企业，而是以自己的知识致力为招标人提供服务的独立于任何行政机关的组织。招标代理机构可以以多种组织形式存在，可以是有限责任公司，也可以是合伙人等。自然人一般不能从事招标代理业务。

2）招标代理机构需依法登记设立，招标代理机构的设立不需有关行政机关的审批，但其从事有关招标代理业务的资格需要有关行政主管部门审查认定。

3）招标代理机构的业务范围：从事招标代理业务，即接受招标人委托，组织招标活动。具体业务活动：帮助招标人或受其委托拟定招标文件，依据招标文件的规定，审查投标人的资质，组织评标、定标等；提供与招标代理业务相关的服务，即提供与招标活动有关的咨询、代书及其他服务性工作。

招标代理机构拥有专业的人才和丰富的经验，对于那些项目不多或自身力量薄弱的单位来说，具有很大的吸引力。

建设工程招标代理行为具有以下几个特征：

1）工程招标代理人必须以被代理人的名义办理招标事务。

2）工程招标代理人，具有独立进行意思表示的职能，这样才能使工程招标活动得以顺利进行。

3）工程招标代理行为，应在委托授权的范围内实施。这是因为工程招标代理在性质上是一种委托代理，即基于被代理人的委托授权而发生的代理。工程招标代理机构未经建设工程招标人的委托授权，就不能进行招标代理，否则就是无权代理。工程招标代理机构已经取得工程招标人委托授权的，不能超出委托授权的范围进行招标代理，否则也是无权代理。

4）工程招标代理行为的法律效果归属于被代理人。

（2）建设工程招标代理机构的权利

1）组织和参与招标活动。招标人委托代理人的目的，是让其代替自己办理有关招标事务，组织和参与招标活动既是代理人的权利，也是代理人的义务。

2）依据招标文件要求，审查投标人资质。代理人受委托后有权按照招标文件的规定，审查投标人资质。

3）按规定标准收取代理费用。建设工程招标代理人从事招标代理活动，是一种有偿的经济行为，代理人要收取代理费用。代理费用由被代理人与代理人按照有关规定在委托代理合同中协商确定。

4）招标人授予的其他权利。

(3) 建设工程招标代理机构的义务

1）遵守法律、法规、规章和方针、政策：工程招标代理机构的代理活动必须依法进行，违法或违规、违章的行为，不仅不受法律保护，而且还要承担相应的责任。

2）维护委托的招标人的合法权益：代理人从事代理活动，必须以维护委托的招标人的合法权利和利益为根本的行为准则。因此，代理人承接代理业务、进行代理活动，必须充分考虑委托的招标人的利益保护问题，始终把维护委托的招标人的合法权益放在代理工作的首位。

3）组织编制、解释招标文件，对代理过程中提出的技术方案、计算数据、技术经济分析结论等的科学性、正确性负责。

4）工程招标代理机构应当在其资格证书有效期内，妥善保存工程招标代理过程文件和成果文件。工程招标代理机构不得伪造、隐匿工程招标代理过程文件和成果。

5）接受招标投标管理机构的监督管理和招标投标行业协会的指导。

6）履行依法约定的其他义务。

四、任务总结

【知识总结】

1）建设工程招标投标的概念。

2）建设工程招标投标的分类。

3）各类建设工程招标投标的特点。

4）建设工程招标投标的主体：招标人、投标人、招标代理人。

【任务成果】

1. 招标人的权利、义务思维导图

招标人的权力、义务思维导图如图 1-7 所示。

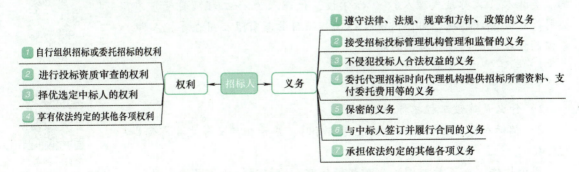

图 1-7　招标人的权利、义务思维导图

2. 投标人的权利、义务思维导图

投标人的权利、义务思维导图如图 1-8 所示。

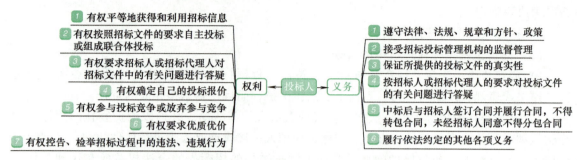

图 1-8　投标人的权利、义务思维导图

五、巩固与练习

1. 引例解析

引例中，××学校是工程招标人。因为××学校符合招标人的以下两个条件：

1）依法提出招标项目。招标人依法提出招标项目，是指招标人提出的招标项目必须符合《中华人民共和国招标投标法》第九条规定的两个基本条件：招标项目按照国家有关规定需要履行项目审批手续的，应当先履行审批手续，取得批准；招标人应当有进行招标项目的相应资金或者资金来源已经落实，并应当在招标文件中如实载明。引例中的招标人项目审批已通过，资金已落实，并注明出资比例，符合法律要求。

2）依法进行招标。《中华人民共和国招标投标法》对招标、投标、开标、评标、中标和签订合同等程序做出了明确的规定，法人或者其他组织只有按照法定程序进行招标才能称为招标人。引例中的招标人，因为自身不具备招标条件，故委托专业的招标代理机构进行招标，进行合法的招标流程。

引例中，××建筑公司和其他 10 家建筑公司是投标人。合格的投标人应满足招标方对资质条件的要求，不是谁都可以成为投标人。合格的施工投标人应当具备相应的施工企业资质，并在工程业绩、技术能力、项目经理资格条件、财务状况等方面满足招标文件提出的要求，且必须通过招标人的审查。引例中，招标人要求投标人须具备建筑工程施工总承包三级及以上资质，投标时，投标人必须出示建筑工程施工总承包三级及以上资质的证书。

引例中，招标代理机构——××工程项目管理有限公司是第三方中介机构。委托人（又称被代理人）为××学校，代理人为××工程项目管理有限公司。双方签订委托合同，代理人××工程项目管理有限公司在委托人即××学校的授权范围内履行自己的职责。

练习题

2. 练习

3. 简答题

1）什么是建设工程招标和投标？

2）招标人委托招标代理机构进行招标时，应承担的义务主要有哪些？

4. 试一试

用小软件（如百度脑图）制作招标代理人的权利、义务思维导图。

项目一任务二
简答题

六、交流与拓展

项目一任务二
试一试

1）登录全国公共资源交易平台浏览招标投标信息。

2）预测招标投标发展趋势。

3）了解 BIM 技术在工程招标投标中的应用。

项目二
建筑工程招标

【知识目标】

1. 了解招标准备工作的内容。
2. 熟悉建筑工程招标的范围、建筑工程招标的流程、建筑工程招标文件的编制方法。
3. 掌握招标的方式、招标的原则、招标公告的编制方法、资格审查方法。

【技能目标】

1. 能获取招标信息，能办理招标手续。
2. 能编制招标公告（投标邀请书）。
3. 能组织资格预审，参与编制招标文件。

【素养目标】

1. 通过对现行招标投标法律、法规、规定的学习，养成遵纪守法、恪守职业道德的意识；以公开、公平、公正和诚实守信为原则组织招标工作。
2. 通过对投标人资格审查的学习，树立"安全第一、预防为主"的意识，严把资格关，培养工作责任心。

【任务分解】

项目名称	任务分解	知识点	学时分配		
			理论教学	实践教学	模拟现场教学
项目二　建筑工程招标	任务一 招标准备	拟招标的建设项目应具备的条件	2	1	
		招标人自行办理招标应当具备的条件			
		建设工程招标标段划分			
		办理招标备案相关手续及准备的材料			
	任务二 选择招标方式	公开招标的概念	1		
		强制招标的项目范围			
		邀请招标的概念			
		采用邀请招标的项目范围			
		可以不招标的项目范围			
		公开招标与邀请招标的区别			
	任务三 招标工作流程	招标程序（资格预审）	1	1	
		招标计划的编制			
		工程项目登记与备案			

（续）

项目 名称	任务分解	知识点	学时分配		
			理论教学	实践教学	模拟现场教学
项目二　建筑工程招标	任务四 编制招标公告	招标公告的编写要求、相关规定和编制方法	1	1	
		发布招标公告的要求和规定			
		招标公告的基本内容与编制			
		投标邀请书的编制			
	任务五 资格审查	资格审查的原则	1	1	
		资格审查的方法			
		资格审查的工作流程			
		资格预审文件的编写			
		资格审查报告的编写			
	任务六 编制招标文件	招标文件的组成	2	2	
		投标人须知及投标须知前附表的编制			
		投标文件的要求			
		招标文件要求的合同主要条款和格式			
		工程招标控制价及编制			
		招标公告的编制			
		投标邀请书的编制			
	实训一 招标文件编制实训	编制一份较完整的招标文件			4

任务一　招标准备

 引例

　　某越江隧道工程全部由政府投资。该项目为该市建设规划的重要项目之一，且已列入地方年度固定资产投资计划，概算已经主管部门批准，征地工作尚未全部完成，施工图及有关技术资料齐全。现决定对该项目进行施工招标。因估计除本市施工企业参加投标外，还可能有外省市施工企业参加投标，故业主委托咨询单位编制了两个标底，准备分别用于对本市和外省市施工企业投标报价的评定。业主对投标单位就招标文件所提出的所有问题统一做了书面答复，并以备忘录的形式分发给各投标单位，见表2-1。

表 2-1　书面答复表

序　号	问　题	提问单位	提问时间	答　复
1				
...				
n				

在书面答复投标单位的提问后，业主组织各投标单位进行了施工现场踏勘。在投标截止日期前10天，业主书面通知各投标单位，由于某种原因，决定将收费站工程从原招标范围内删除。开标会由市招标办的工作人员主持，市公证处有关人员到会，各投标单位代表均到场。开标前，市公证处人员对各投标单位的资质进行审查，并对所有投标文件进行审查，确认所有投标文件均有效后，正式开标。主持人宣读投标单位名称、投标价格、投标工期和有关投标文件的重要说明。

你认为该项目施工招标在哪些方面存在问题或不当之处？请逐一说明。

一、任务准备

【任务依据】

《中华人民共和国招标投标法》明确规定了招标范围、招标组织形式、招标方式。

第十二条：招标人有权自行选择招标代理机构，委托其办理招标事宜。任何单位和个人不得以任何方式为招标人指定招标代理机构。招标人具有编制招标文件和组织评标能力的，可以自行办理招标事宜。任何单位和个人不得强制其委托招标代理机构办理招标事宜。依法必须进行招标的项目，招标人自行办理招标事宜的，应当向有关行政监督部门备案。

【相关知识】

1. 拟招标的建设项目应具备的条件

1）招标人已经依法成立。

2）初步设计及概算应当履行审批手续的，已经批准。

3）招标范围、招标方式和招标组织形式等应当履行核准手续的，已经核准。

4）有相应资金或资金来源已经落实。

5）有招标所需的设计图纸及技术资料。

2. 招标人自行办理招标应当具备的条件

1）具有项目法人资格（或者法人资格）。

2）具有与招标项目规模和复杂程度相适应的工程技术、概（预）算、财务和工程管理等方面的专业技术力量。

3）有从事同类工程建设项目招标的经验。

4）设有专门的招标机构或者拥有3名以上专职招标业务人员。

5）熟悉和掌握招标投标法及有关法规规章。

同时，《中华人民共和国招标投标法》还规定，依法必须进行招标的项目，招标人自行办理招标事宜的，应当向有关行政监督部门备案。如果不具备自行组织招标的能力，可以委托招标代理机构代理组织招标。

国家法律没有要求必须对招标代理机构进行招标，每个省市按照本地规定执行。一般来说，项目金额达到一定程度，项目十分重大，社会关注度较高，或者是关系到社会民生的重大公益性项目，应通过招标确定招标代理机构。

3. 建设工程招标标段划分

标段划分是指招标人在充分考虑工程规模、工期安排、资金情况、潜在投标人状况等因素的基础上，将一个建设工程拆分为若干个工程标段进行招标并组织施工的行为。标段划分是招标规划的核心工作内容，既要满足招标项目技术经济和管理的客观需要，又要遵守相关法律法规的规定。

标段划分要遵循质量责任明确、成本责任明确、工期责任明确和经济高效、具有可操作性、符合实际的原则。根据建设工程的投资规模、建设周期、工程性质等具体情况，将建设工程分段分期实施，以达到缩短工期的目的。

《中华人民共和国招标投标法实施条例》第二十四条规定："招标人对招标项目划分标段的，应当遵守招标投标法的有关规定，不得利用划分标段限制或者排斥潜在投标人。依法必须进行招标的项目的招标人不得利用划分标段规避招标。"即招标人不得利用划分标段限制或者排斥潜在投标人或者规避招标：一是通过规模过大或过小的不合理划分标段，保护有意向的潜在投标人，限制或者排斥其他潜在投标人；二是通过划分标段，将项目化整为零，使标的合同金额低于必须招标的规模标准而规避招标；或者按照潜在投标人数量划分标段，使每一潜在投标人均有可能中标，导致招标失去意义。

《工程建设项目施工招标投标办法》第二十七条规定："施工招标项目需要划分标段、确定工期的，招标人应当合理划分标段、确定工期，并在招标文件中载明。对工程技术上紧密相连、不可分割的单位工程不得分割标段。招标人不得以不合理的标段或工期限制或者排斥潜在投标人或者投标人。依法必须进行施工招标的项目的招标人不得利用划分标段规避招标。"

4. 办理工程项目招标手续应出具的资料

1）初步设计、年度建设计划批准文号（附件）。

2）建设工程规划许可证文号（附件）。

3）资金落实情况（附资信证明）。

4）委托招标代理合同（附件）。

5）施工准备情况（施工条件）。

6）施工图审查情况。

7）标段划分情况。

8）招标文件（含评标办法）编制情况（附件）。

9）资格预审文件的编制情况（附件）。

10）资格预审公告或招标通告（附件）。

11）建设工程报建表。

二、任务内容

1）确定招标范围。

2）划分标段。

3）确定招标组织形式。

4）办理招标手续。

三、任务实施

1. 确定招标范围

招标范围界定了中标人承担的工作量，招标人与中标人责任划分的界限；同时，也向各潜在投标人说明在参与招标项目投标时，所需要考虑的成本、技术和资格条件范围。例如，某大楼施工招标，其周围绿化、道路是否在招标范围内，与周边绿化和道路的分界线，这些因素直接决定投标人报价和建设的具体方案。

引例中的越江隧道工程施工招标范围可以描述为施工图设计范围内的道路工程，排水工程，隧道工程，交通工程，照明及治安监控、绿化等工程（详见工程量清单）。

拟招标教学楼工程的施工招标范围可描述为本教学楼工程的土建工程，水、暖、电、卫、通风空调及外线工程（详见工程量清单及图纸）。

2. 划分标段

标段划分的具体方法要结合工程特点而定，建设工程一般可划分为单项工程、单位工程、分部工程和分项工程。例如，学校的实训楼工程属于单项工程；实训楼工程中的土建工程；水、暖、电、卫工程属于单位工程；土建工程中的基础工程、砌筑工程等属于分部工程。基础工程中的土方开挖、土方回填属于分项工程。对招标项目的标段划分，应与建设工程划分相一致，这样可以使招标标段在实施过程中与施工验收规范、质量验收标准、档案资料归档等的要求保持一致，从而清晰地划清招标人与承包人、承包人与承包人之间的责任界限，避免因责任不清引起争议和索赔。由于单位工程具有独立施工条件并能形成独立使用功能，因此对工程技术紧密相连、不可分割的单位工程不得划分标段，一般应以单位工程作为标段划分的最小单位。在施工现场允许的情况下，也可将专业技术复杂、工程量较大且需专业施工资质的分部工程作为单独的标段进行招标，或者将虽不属于同一单位工程但专业相同的分部工程作为单独的标段进行招标。由于分项工程一般不具备独立施工条件，所以应尽量避免以分项工程划分标段，从而减少各标段之间的干扰。

在招标过程中，若整个建设项目包括若干个单项工程，可以将几个单项工程划分为一个标段，也可以将几个单项工程中的单位工程划分为一个标段，还可以将几个单项工程中可单独发包的分部工程划分为一个标段。

例如，引例中的越江隧道工程可按照隧道长度划分标段。而学校建设项目可按照教学楼、办公楼、实训楼、食堂、宿舍等单项工程划分不同标段。

3. 确定招标组织形式

依法必须招标的项目经批准后，招标人根据项目实际情况需要和自身条件，可以自行招标，也可以自主选择招标代理机构进行委托招标。

（1）自行招标

自行招标是指招标人依靠自己的能力，依法自行办理和完成招标项目的招标任务。自行招标需要招标人具备相应的招标能力。自行招标需要建设行政主管部门进行核准与管理，具体的管理方式包括事前监督和事后监督管理两种形式。

1) 事前监督：事前监督主要有两项规定，一是招标人应向主管部门上报具有自行招标条件的书面材料；二是由主管部门对自行招标书面材料进行核准。

2) 事后监督管理：事后监督管理是对招标人自行招标的事后监管，主要体现在要求招标人提交招标投标情况的书面报告。

（2）委托招标

按照《中华人民共和国招标投标法》的规定：

1) 招标人有权自主选择招标代理机构，不受任何单位和个人的影响和干预。

2) 招标人和招标代理机构的关系是委托代理关系。招标代理机构应当与招标人签订书面委托合同，在委托范围内以招标人的名义组织招标工作和完成招标任务。

招标代理协议格式如下：

招标代理协议

项目名称：

本合同双方：

委托单位（甲方）：（公章）

代理单位（乙方）：（公章）

＿＿＿＿＿＿（委托方）将＿＿＿＿＿＿＿＿项目的招标事宜委托乙方代理招标，依据《中华人民共和国招标投标法》及有关法律、法规的规定，合同双方经协商一致，签订本合同。

一、代理业务的内容

甲方委托乙方组织建设工程招标活动。

工程概况：

本次招标范围：

招标代理的内容：填写申请表格，编制招标文件（包括编制资格预审文件）；审查投标人资格；组织投标人踏勘现场和答疑；组织开标、评标、定标；提供招标前期咨询等业务。

二、工作条件和协作事项

1. 建设工程规划临时许可证、建设项目资金来源证明等（详见办理建设工程招标投标需提交的资料清单）。

2. 委托方提供能够满足施工、标价计算要求的施工图纸及技术资料；或者经符合资质条件的工程造价咨询机构编制的建设项目投资概（预）算。

3. 乙方代理过程中，遵守国家、地方有关工程建设招标、投标法规，坚持公开、公平、公正和诚实信用的原则，按照有关程序规定进行代理工作，接受招标监督管理部门的监督。

4. 委托代理人在签订本合同时，应出具委托证书。

三、委托期限

本合同自签订之日起执行，中标通知书签发后自行废止。

四、费用支付方式及日期

1. 本工程造价为人民币＿＿＿＿＿＿＿＿＿＿＿＿＿＿＿＿＿＿＿＿＿＿＿＿（大写），收取代理

费用合计人民币 _____（大写）。付款方式为现金□ 转账□，代理费用应在开标前全部付清。代理费用不包含编制标底的费用、资格预审及评标专家的费用。

2. 投标单位购买标书每份工本费计人民币 _____ 元（大写），所得归乙方。

五、违约责任

1. 双方都必须严格遵守签订的代理合同条款，不得违约。

2. 委托方应提供真实可靠的相关资料，及按第四款第一条约定支付代理费用，否则一切责任由委托方自负。

3. 双方在合同执行过程中出现争议，可协商解决，也可由相关部门进行调解。

4. 双方对代理合同条款变更时必须另签补充合同条款，补充合同条款作为本代理合同的组成部分与主合同具有同等法律效力。

5. 本合同一式三份，甲方一份，乙方一份，招标管理机构一份。

法人单位：（公章）

法定代表人：（签章）

委托日期： 年 月 日

4. 办理招标手续

下面以工程施工招标为例介绍招标手续办理流程。

(1) 招标登记

1）受理范围：本市、区（县）报建项目，且报建告知单中发包方式为施工公开招标、邀请招标的项目。

2）需具备条件：建设工程已报建（网上查阅）；勘察、设计已发包且相应合同登记备案已完成；招标代理合同已签订（具备规定条件自行招标的，无此项内容）。

(2) 招标公告发布

1）需具备条件：已招标登记（网上查阅）；初步设计及概算应当履行审批手续的已经批准，或已获得建设工程规划许可；有相应资金或资金来源已落实；有施工招标所需的设计图纸及技术资料；委托招标代理单位进行招标的合同（具备规定条件自行招标的，无此项内容）。

2）办理程序：

① 核对发包范围与项目规模是否一致，标段划分是否合理。

② 核对拟采用的招标方式是否符合法律法规规定。

③ 确定本次施工招标的标段号后，招标人或招标代理单位使用数字签名证书登录本地招标投标交易平台，填写招标公告；招标投标监管部门确认后发布招标公告，招标公告发布时间不少于 5 个工作日（邀请招标的，无此项内容）。

(3) 招标文件（补充招标文件）备案

(4) 评标专家抽取

(5) 招标投标情况书面报告备案

(6) 中标结果公示

在办理建设工程招标申请时需要填写建设工程招标申请书，见表 2-2。

表2-2　建设工程招标申请书

工程名称			建设地点		
结构类型			招标建设规模		
报建登记文号			概（预）算/万元		
计划开工日期			计划竣工日期		
招标方式			发包方式		
对投标人的资质等级要求			设计要求		
工程招标范围					

招标前期准备情况	施工现场条件	水			
		电			
		场地平整			
		路			
	建设单位供应的材料或设备	（如有，则附材料、设备清单）			

招标组织成员名单	姓名	工作单位	职务	职称	从事专业年限	负责招标内容

招标人	法定代表人：（签字、盖章）	（公章）　　年　月　日
招标代理人	法定代表人：（签字、盖章）	（公章）　　年　月　日
建设单位上级主管部门意见		
招标投标管理机构意见		

　　如果项目需要在当地公共资源交易中心办理招标工作，需要填报公共资源交易申请表和公共资源交易时间场地安排/变更表，分别见表2-3和表2-4。

表2-3　公共资源交易申请表

项目发起方名称			
代理机构名称			
项目经办人	□ 项目发起方 □ 代理机构	联系电话	
		身份证号码	
项目名称		项目编码	
项目内容及规模			
项目类别	□ 工程建设项目招标　□ 政府采购　□ 国有产权交易 □ 国有土地使用权出让　□ 矿业权出让　□ 其他（　　　　　）		

（续）

项目管理层级	☐ 国家级管理项目　　☐ 省级管理项目　　☐ 地市级管理项目 ☐ 县级及以下管理项目　☐ 其他（　　　　）		
交易方式	☐ 公开招标　　☐ 邀请招标　　☐ 直接确定 ☐ 竞争性谈判　☐ 竞争性磋商　☐ 询价 ☐ 单一来源采购　☐ 拍卖　　☐ 挂牌（竞价）　☐ 其他（　　　）		
资格审查方式	☐ 资格预审 ☐ 资格后审	是否电子化	☐ 是 ☐ 否
是否已注册登记	☐ 是 ☐ 否	数字证书号	
选择交易平台名称		交易平台编码	
项目发起方意见		盖章（公章） 年　月　日	

××省公共资源交易受理回执

项目名称			
项目编码		项目受理号	
交易平台项目服务 责任人		联系电话	
交易平台受理意见		盖章（受理章） 年　月　日	

表 2-4　公共资源交易时间场地安排/变更表

项目名称			
项目编码		项目受理号	
项目发起方			
代理机构			
项目经办人	☐ 项目发起方 ☐ 代理机构	联系电话	
		身份证号码	
交易平台 名称及编码		交易平台项目服务 责任人及电话	

序 号	事 项	时 间	场地 安排	备 注
1	发布资格 预审公告	年　月　日		资格预审项目填写
2	发布招标（采购、拍卖、 出让）公告	年　月　日		
3	受理资格预审报名	年　月　日　时　分至 年　月　日　时　分		资格预审项目填写
4	发出资格预审文件	年　月　日　时　分至 年　月　日　时　分		资格预审项目填写
5	受理资格预审报名			资格预审项目填写
6	抽取资格预审专家	年　月　日　时　分		资格预审项目填写
7	收取资格预审申请文件	年　月　日　时　分至 年　月　日　时　分		资格预审项目填写
8	资格预审	年　月　日　时　分 开始		资格预审项目填写

（续）

序　号	事　项	时　间	场地安排	备　注
9	受理投标报名 （竞买登记）	年　月　日　时　分至 年　月　日　时　分		
10	发售招标（采购、 拍卖、出让）文件	年　月　日　时　分至 年　月　日　时　分		
11	答疑	年　月　日　时分开始		
12	抽取评标评审 专家	年　月　日　时　分 开始		
13	收取投标（报价、竞价） 文件	年　月　日　时　分至 年　月　日　时　分		
14	投标文件封存	年　月　日　时　分至 年　月　日　时　分		
15	标的物（模型等）展示	年　月　日　时　分至 年　月　日　时　分		拍卖、挂牌（竞价）项目 填写
16	拍卖（竞价）	年　月　日　时分开始		拍卖、挂牌（竞价）项目填写
17	开标	年　月　日　时　分至 年　月　日　时　分		
18	评标评审	年　月　日　时　分开始		
项目发起方或其代理机构项目经办人确认 　　　　　　　　　　年　月　日		交易平台项目服务责任人确认 　　　　　　　　　　　　年　月　日		

四、任务总结

【知识总结】

1）拟招标的建设项目必须具备招标条件。

2）办理工程项目招标手续要齐备。

3）招标人自行办理招标事宜应当具备相应条件。

4）合理划分工程标段。

【任务成果】

1）填报了建设工程招标申请书。

2）填报了××省公共资源交易申请表。

3）填报了××省公共资源交易时间场地安排/变更表。

4）签署了工程建设项目招标代理协议书。

5）确定引例工程的招标范围，合理划分标段。

【注意事项】

建设工程项目招标申请应提交以下证明材料：

1）建设工程项目招标申请表（招标办）。

2）投资计划批准文件（发展计划部门或经贸部门）。

3）法人营业执照（副本）和法定代表人证书（建设单位）。

4）法定代表人资格证明信和身份证复印件（建设单位）。

5）授权代理委托和被授权人身份证复印件（建设单位）。

6）建设规划许可证、建设工程用地规划许可证（规划部门）。

7）施工图纸审查批准书（建设主管部门图纸审查机构）。

8）到位资金证明材料，工期在1年之内的到位资金不少于项目总投资的50%，工期在1年以上的到位资金不少于项目总投资的30%，能够提交原件的必须提交原件（财政、银行或审计部门）。

9）规划平面图（规划部门）。

上述1）、4）、5）、6）、9）项为原件加盖单位公章，2）、3）、7）、8）项验原件，提供的复印件必须加盖单位公章。分公司必须提交总公司营业执照及委托证明。以上资料须提交一式三份或按照本地相关规定执行。

五、巩固与练习

1. 引例解析

引例中施工招标存在5方面不妥之处，分述如下：

1）本项目征地工作尚未全部完成，尚不具备施工招标的必要条件，因而尚不能进行施工招标。

2）本项目不应编制两个标底。根据相关规定，一个工程只能编制一个标底，不能对不同的投标单位采用不同的标底进行评标。

3）业主对投标单位提问只能针对具体的问题做出明确答复，不应提及具体的提问单位（投标单位），也不必提及提问的时间。依据为《中华人民共和国招标投标法》第二十二条规定："招标人不得向他人透露已获取招标文件的潜在投标人的名称、数量以及可能影响公平竞争的有关招标投标的其他情况。"

4）根据《中华人民共和国招标投标法》的规定，若招标人需改变招标范围或变更招标文件，应在投标截止日期至少15天（而不是10天）前以书面形式通知所有招标文件收受人。若迟于这一时限发出变更招标文件的通知，则应将原定的投标截止日期适当延长，以便投标单位有足够的时间充分考虑这种变更对报价的影响，并将其在投标文件中反映出来。本案例背景资料未说明投标截止日期已相应延长。

5）业主组织各投标单位进行了施工现场踏勘不妥。因为业主组织现场踏勘会让所有参加现场踏勘的投标人见面，增加围标、串标风险。现在的通常做法是甲方不组织，各投标人自行进行现场踏勘。投标单位对施工现场条件提出的问题按照招标文件的时间要求执行。

2. 练习

3. 简答题

1）拟招标的建设项目应具备什么条件？

练习题

2）招标人自行办理招标应当具备什么条件？

4. 思考题

招标工作中的自行组织招标和委托招标代理机构招标，哪种做法更普遍？自行组织招标应具备的条件是什么？

项目二任务一
简答题

六、交流与拓展

1）登录中国招标投标公共服务平台，获取现行的招标文件文本。

2）学习××省公共资源交易中心平台上的政策法规等信息，了解本地工程建设项目招标投标工作流程，了解当地招标申请与备案的流程。

3）了解项目报建流程。

项目报建流程

任务二　选择招标方式

引例

> 某省一级公路某路段全长 224km，工程预算约 4000 万元，共分 20 个标段，拟采用邀请招标的方式。
>
> 本案例可以采用邀请招标吗？

一、任务准备

【任务依据】

1.《中华人民共和国招标投标法》

第十条：招标分为公开招标和邀请招标。

第十一条：国务院发展计划部门确定的国家重点项目和省、自治区、直辖市人民政府确定的地方重点项目不适宜公开招标的，经国务院发展计划部门或者省、自治区、直辖市人民政府批准，可以进行邀请招标。

2.《中华人民共和国招标投标法实施条例》（可在本书配套资源中查看）

第七条：按照国家有关规定需要履行项目审批、核准手续的依法必须进行招标的项目，其招标范围、招标方式、招标组织形式应当上报项目审批、核准部门审批、核准。项目审批、核准部门应当及时将审批、核准确定的招标范围、招标方式、招标组织形式通报有关行政监督部门。

第八条：国有资金占控股或者主导地位的依法必须进行招标的项目，应当公开招标；但有些情形可以采用邀请招标，具体见下文"邀请招标的项目范围"。

3. 可以不招标进行发包的情况的规定

《中华人民共和国招标投标法》《中华人民共和国招标投标法实施条例》和《工程建设项目施工招标投标办法》均对邀请招标的方式、可以不招标进行发包的情况做了规定。

【相关知识】

1. 公开招标

公开招标是指招标人以招标公告的方式邀请不特定的法人或者其他组织投标，也称无限竞争性招标。公开招标的优点是竞争范围大，业主有较大的选择余地，有利于降低工程造价，提高工程质量和缩短工期。其缺点是由于投标的承包商多，招标工作量很大，组织工作复杂，需投入较多的人力、物力，招标过程所需时间较长，因而此类招标方式主要适用于投资额度大，工艺、结构复杂的较大型工程建设项目。在我国，凡属招标范围的工程项目，一般要求必须采用公开招标的方式。

建筑工程招标
方式的选择

2. 邀请招标

邀请招标是指招标人以投标邀请书的方式邀请特定的法人或其他组织投标。邀请招标从本质上来讲，属于有限竞争性招标，这种方式不发布公告，发包人根据自己的经验和掌握的信息资料，向具有承担施工招标项目的能力、资信良好的特定的法人或者其他组织发出投标邀请书。收到邀请书的单位有权利选择是否参加投标。邀请招标与公开招标一样都必须按规定的招标程序进行，要制订统一的招标文件，投标人都必须按招标文件的规定进行投标。

3. 强制招标的项目范围

《中华人民共和国招标投标法》《必须招标的工程项目规定》（国家发改委第 16 号令）均对强制招标的范围做了非常明确的规定。

《中华人民共和国招标投标法》第三条规定，在中华人民共和国境内进行下列工程建设项目包括项目的勘察、设计、施工、监理以及与工程建设有关的重要设备、材料等的采购，必须进行招标：

1）大型基础设施、公用事业等关系社会公共利益、公众安全的项目。

2）全部或者部分使用国有资金投资或者国家融资的项目。

3）使用国际组织或者外国政府贷款、援助资金的项目。

依据《必须招标的工程项目规定》（国家发改委第 16 号令）第二条至第四条的规定，各类项目的具体内容如下：

（1）全部或者部分使用国有资金投资或者国家融资的项目

全部或者部分使用国有资金投资或者国家融资的项目包括：①使用预算资金 200 万元人民币以上，并且该资金占投资额 10% 以上的项目；②使用国有企事业单位资金，并且该资金占控股或者主导地位的项目。

（2）使用国际组织或者外国政府贷款、援助资金的项目

使用国际组织或者外国政府贷款、援助资金的项目包括：①使用世界银行、亚洲开发银行等国际组织贷款、援助资金的项目；②使用外国政府及其机构贷款、援助资金的项目。

（3）不属于前两条规定情形的大型基础设施、公用事业等关系社会公共利益、公众安全的项目

不属于前两条规定情形的大型基础设施、公用事业等关系社会公共利益、公众安全的项目，必须招标的具体范围由国务院发展改革部门会同国务院有关部门按照确有必要、严格限定的原则制订，报国务院批准。

《必须招标的工程项目规定》（国家发改委第 16 号令）对必须招标项目的规模标准也做了明确的规定，第五条规定：本规定第二条至第四条规定范围内的项目，其勘察、设计、施工、监理以及与工程建设有关的重要设备、材料等的采购达到下列标准之一的，必须招标：

1）施工单项合同估算价在 400 万元人民币以上。

2）重要设备、材料等货物的采购，单项合同估算价在 200 万元人民币以上。

3）勘察、设计、监理等服务的采购，单项合同估算价在 100 万元人民币以上。

同一项目中可以合并进行的勘察、设计、施工、监理以及与工程建设有关的重要设备、材料等的采购，合同估算价合计达到前款规定标准的，必须招标。

4. 邀请招标的项目范围

《工程建设项目施工招标投标办法》第十一条规定，依法必须进行公开招标的项目，有下列情形之一的，可以邀请招标：

1）项目技术复杂或有特殊要求，或者受自然地域环境限制，只有少量潜在投标人可供选择。

2）涉及国家安全、国家秘密或者抢险救灾，适宜招标但不宜公开招标。

3）采用公开招标方式的费用占项目合同金额的比例过大。

全部使用国有资金投资或者国有资金投资占控股或者主导地位的并需要审批的工程建设项目采用邀请招标的，应当经项目审批部门批准，但项目审批部门只审批立项的，由有关行政监督部门审批。

5. 可以不招标的项目范围

在实际操作过程中，有些项目虽然属于强制招标的范围，但因存在时间、保密等限制，允许采用非招标的方式进行发包。《中华人民共和国招标投标法》第六十六条、《中华人民共和国招标投标法实施条例》第九条、《工程建设项目施工招标投标办法》第十二条均对可以不招标的项目范围做出了具体规定，具体内容如下：

1）涉及国家安全、国家秘密、抢险救灾或者属于利用扶贫资金实行以工代赈、需要使用农民工等特殊情况，不适宜进行招标的项目，按照国家有关规定可以不进行招标。

2）需要采用不可替代的专利或者专有技术的。

3）采购人依法能够自行建设、生产或者提供的。

4）已通过招标方式选定的特许经营项目投资人依法能够自行建设、生产或者提供的。

5）需要向原中标人采购工程、货物或者服务，否则将影响施工或者功能配套要求的。

6）国家规定的其他特殊情形。

6. 公开招标与邀请招标的区别

公开招标与邀请招标的区别见表 2-5。

表 2-5　公开招标与邀请招标的区别

序号	项　　目	公 开 招 标	邀 请 招 标
1	发布信息的方式	招标公告的形式	投标邀请书的形式
2	选择的范围	所有潜在投标人	招标人邀请的有限投标人
3	竞争的范围	竞争范围广	竞争范围有限
4	公开的程度	信息完全公开	信息公开程度有限
5	时间和费用	时间长，费用高	时间短，费用低

二、任务内容

确定引例项目应该采用的招标方式。

三、任务实施

根据上述相关知识，本案例不属于上述情形，不应该采用邀请招标，应该采用公开招标。

四、任务总结

【知识总结】

1）公开招标和邀请招标的概念。

2）公开招标和邀请招标的范围。

3）可以不招标的项目范围。

4）公开招标与邀请招标的区别。

【任务成果】

会判断项目选择何种招标方式。

招标方式选择思维导图如图2-1所示。

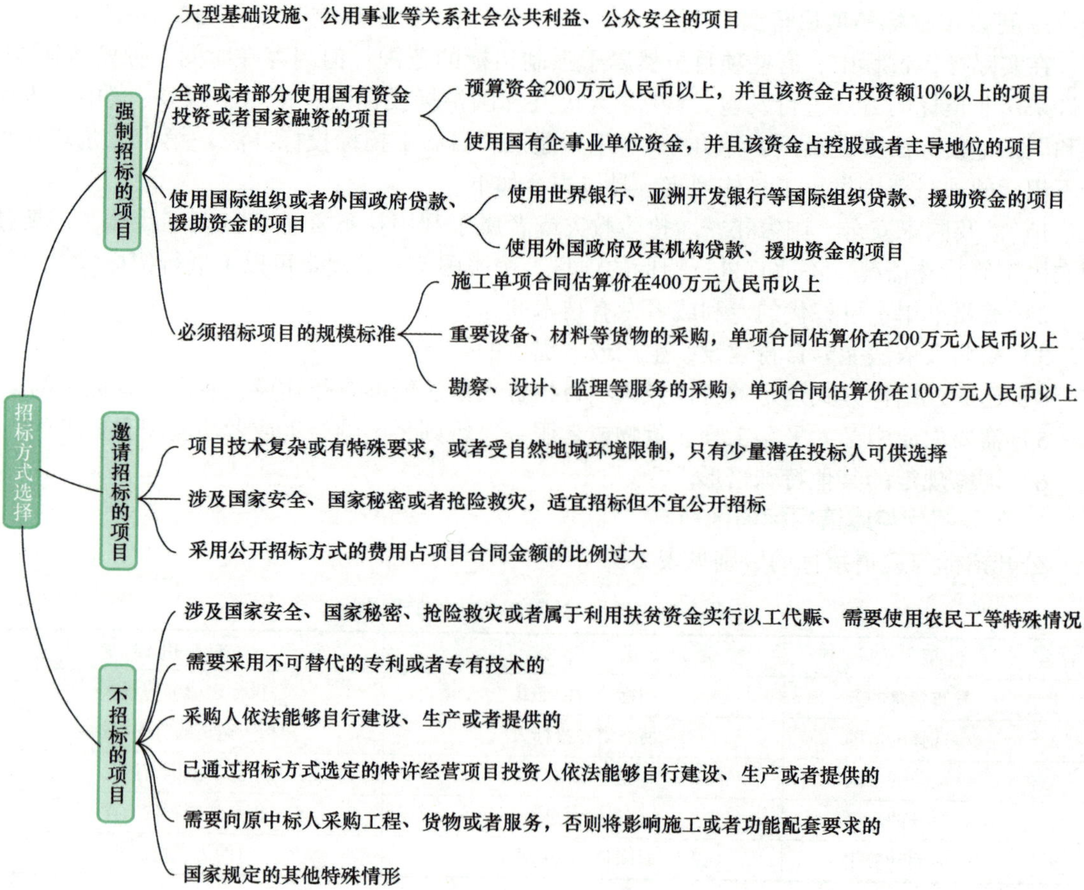

招标方式选择
- 强制招标的项目
  - 大型基础设施、公用事业等关系社会公共利益、公众安全的项目
  - 全部或者部分使用国有资金投资或者国家融资的项目
    - 预算资金200万元人民币以上，并且该资金占投资额10%以上的项目
    - 使用国有企事业单位资金，并且该资金占控股或者主导地位的项目
  - 使用国际组织或者外国政府贷款、援助资金的项目
    - 使用世界银行、亚洲开发银行等国际组织贷款、援助资金的项目
    - 使用外国政府及其机构贷款、援助资金的项目
  - 必须招标项目的规模标准
    - 施工单项合同估算价在400万元人民币以上
    - 重要设备、材料等货物的采购，单项合同估算价在200万元人民币以上
    - 勘察、设计、监理等服务的采购，单项合同估算价在100万元人民币以上
- 邀请招标的项目
  - 项目技术复杂或有特殊要求，或者受自然地域环境限制，只有少量潜在投标人可供选择
  - 涉及国家安全、国家秘密或者抢险救灾，适宜招标但不宜公开招标
  - 采用公开招标方式的费用占项目合同金额的比例过大
- 不招标的项目
  - 涉及国家安全、国家秘密、抢险救灾或者属于利用扶贫资金实行以工代赈、需要使用农民工等特殊情况
  - 需要采用不可替代的专利或者专有技术的
  - 采购人依法能够自行建设、生产或者提供的
  - 已通过招标方式选定的特许经营项目投资人依法能够自行建设、生产或者提供的
  - 需要向原中标人采购工程、货物或者服务，否则将影响施工或者功能配套要求的
  - 国家规定的其他特殊情形

图 2-1　招标方式选择思维导图

【注意事项】

注意采用邀请招标需要考虑的因素。

五、巩固与练习

1. 引例解析

本项目属于大型基础设施施工项目，按照国家相关规定属于应该公开招标的范围，必须采用公开招标的方式，采用邀请招标不妥。

练习题

2. 练习

3. 简答题

1) 邀请招标的项目范围是什么？
2) 强制招标的项目范围是什么？
3) 可以不招标的项目范围是什么？

项目二任务二
简答题

4. 案例分析

某重点工程项目计划于 2024 年 12 月 28 日开工，由于工程复杂，技术难度高，一般施工队伍难以胜任，业主自行决定采取邀请招标方式。

问题：企业自行决定采取邀请招标方式的做法是否妥当？说明理由。

项目二任务二
案例分析

六、交流与拓展

1. 邀请招标的优点和缺点

参加竞争的投标商数目可由招标单位控制，目标集中，招标的组织工作较容易，工作量比较小。但是，邀请招标也存在明显缺陷，它限制了竞争范围，由于经验和信息资料的局限性，会把许多可能的竞争者排除在外，不能充分展示自由竞争、机会均等的原则。鉴于此，我国对邀请招标的适用范围和条件，做出了有别于公开招标的指导性规定。

2. 政府采购的招标方式

1) 政府公开招标：公开招标是指采购人按照法定程序，通过发布招标公告，邀请所有潜在的不特定的供应商参加投标，采购人通过某种事先确定的标准，从所有投标供应商中择优评选出中标供应商，并与之签订政府采购合同的一种采购方式。此种方式是政府采购的主要采购方式。

2) 邀请招标：邀请招标是指由采购人根据供应商或承包商的资信和业绩，选择一定数目的法人或其他组织，向其发出招标邀请书，邀请他们参加投标竞争，从中选定中标供应商的一种采购方式。

3) 竞争性谈判：竞争性谈判是指采购人或代理机构通过与多家供应商（不少 3 家）进行谈判，最后从中确定中标供应商的一种采购方式。

4) 单一来源采购：单一来源采购是指采购人向唯一供应商进行采购的方式。

5) 询价及国务院政府采购监督管理部门认定的其他采购方式。

任务三 招标工作流程

 引例

　　某综合楼工程项目的施工，经当地主管部门批准后，由建设单位自行组织施工公开招标。招标工作主要内容确定为：

1）成立招标工作小组。
2）发布资格预审公告。
3）编制招标文件。
4）编制标底。
5）发放招标文件。
6）现场踏勘和招标答疑。
7）投标单位资格预审。
8）接收投标文件。
9）开标。
10）确定中标单位。
11）评标。
12）签订承发包合同。
13）发出中标通知书。

　　如果将上述招标工作内容的顺序作为招标工作的先后顺序是否妥当？如有不妥，请确定合理的工作顺序。

一、任务准备

【任务依据】

　　《中华人民共和国招标投标法》对招标工作的相关规定如下：

　　第十六条：招标人采用公开招标方式的，应当发布招标公告。依法必须进行招标的项目的招标公告，应当通过国家指定的报刊、信息网络或者其他媒介发布。

　　招标公告应当载明招标人的名称和地址，招标项目的性质、数量、实施地点和时间以及获取招标文件的办法等事项。

　　第十七条：招标人采用邀请招标方式的，应当向3个以上具备承担招标项目的能力、资信良好的特定的法人或者其他组织发出投标邀请书。

　　第二十三条：招标人对已发出的招标文件进行必要的澄清或者修改的，应当在招标文件要求提交投标文件截止时间至少15日前，以书面形式通知所有招标文件收受人。该澄清或者修改的内容为招标文件的组成部分。

　　第二十四条：招标人应当确定投标人编制投标文件所需要的合理时间；但是，依法必须进行招标的项目，自招标文件开始发出之日起至投标人提交投标文件截止之日止，最短不得少于 20 日。

第四十三条：在确定中标人前，招标人不得与投标人就投标价格、投标方案等实质性内容进行谈判。

第四十五条：中标人确定后，招标人应当向中标人发出中标通知书，并同时将中标结果通知所有未中标的投标人。

第四十七条：依法必须进行招标的项目，招标人应当自确定中标人之日起 15 日内，向有关行政监督部门提交招标投标情况的书面报告。

【相关知识】

招标与投标是一个整体活动，涉及业主和承包商两个方面。招标工作主要是从业主的角度揭示其工作内容，但同时又要注意招标与投标活动的关联性，不能将二者分开。建设工程施工招标程序主要是指招标工作在时间和空间上应遵循的先后顺序，在此以资格预审为例进行介绍，资格后审与资格预审的主要区别在于资格审查的时间不同。

招标程序主要流程（资格预审）如图 2-2 所示。

下面对招标工作中的重点工作内容逐一介绍。

1. 发布资格预审公告、招标公告或投标邀请书

招标项目采用公开招标方式的，在招标之初首先应发布招标公告；招标人采用资格预审办法对潜在投标人进行资格审查的，应当发布资格预审公告代替招标公告。《招标公告和公示信息发布管理办法》（国家发改委第 10 号令）第八条规定，依法必须招标项目的招标公告和公示信息应当在"中国招标投标公共服务平台"或者项目所在地省级电子招标投标公共服务平台发布。

招标项目采用邀请招标方式的，招标人要向 3 个及以上具备承担生产能力的、资信良好的、特定的承包人发出投标邀请书，邀请他们申请投标资格审查，参加投标。

2. 资格预审

由招标人对申请参加投标的潜在投标人进行资质条件、业绩、信誉、技术、资金等多方面的资格审查，只有被认定为合格的投标人，才可以参加投标。

3. 发售招标文件，收取投标保证金

招标人应当按照资格预审公告、招标公告或者投标邀请书规定的时间、地点发售资格预审文件或者招标文件。招标人发售资格预审文件、招标文件收取的费用应当限于补偿印刷、邮寄的成本支出，不得以营利为目的。招标文件一旦售出，不予退还。资格预审文件或者招标文件的发售期不得少于 5 日。投标人编制投标文件所需要的合理时间，自招标文件从开始发出之日起至投标人提交投标文件截止之日止不得少于 20 日，采用电子招标投标在线提交投标文件的，最短不得少于 10 日。投标人收到招标文件、图纸和有关技术资料后应认真核对，核对无误后应以书面形式向招标人予以确认。

招标人可以对已发出的招标文件进行必要的澄清或者修改。澄清或者修改的内容可能影响投标文件编制的，招标人应当在提交投标截止时间至少 15 日前，以书面形式通知所有获取招标文件的潜在投标人；不足 15 日的，招标人应当顺延提交投标文件的截止时间。

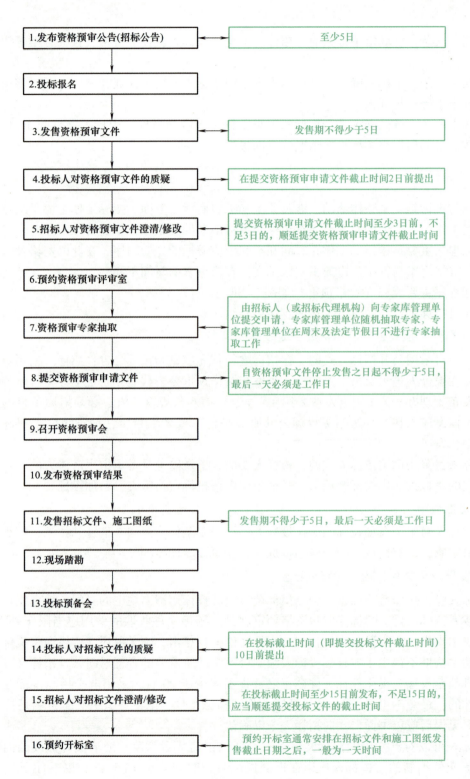

图 2-2 招标程序主要流程（资格预审）

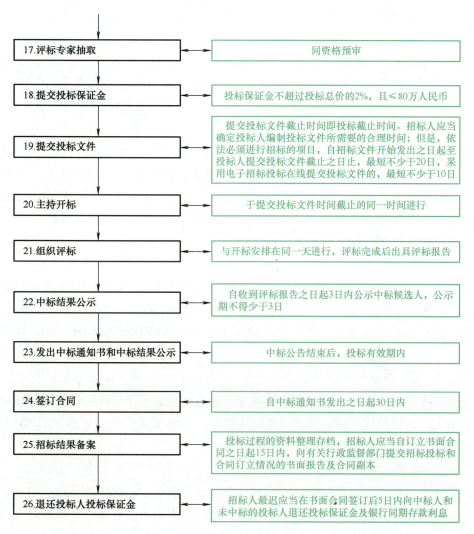

图 2-2　招标程序主要流程（资格预审）（续）

另外，招标人在招标文件中可以要求投标人提交一定的投标保证金，投标保证金不得超过招标项目估算价的 2%，且最高不得超过 80 万元。

4. 现场踏勘

招标人根据招标项目的具体情况，提供投标人踏勘现场的相关信息，向其介绍工程场地和相关环境的有关情况。投标人依据招标人介绍的情况做出的判断和决策，由投标人自行负责。招标人不得组织单个或部分潜在投标人踏勘项目现场。

5. 召开投标预备会、招标文件答疑

投标人应在招标文件规定的时间前，以书面形式将提出的问题送达招标人，由招标人以投标预备会或以书面答疑的方式澄清。

招标文件中规定召开投标预备会的，招标人按规定时间和地点召开投标预备会，澄清投标人提出的问题。预备会后，招标人需要在招标文件中规定的时间之前，将对投标人所提问题的澄清以书面形式通知所有购买招标文件的投标人。投标人对招标文件有异议的，应当在

投标截止时间 10 日前提出。

6. 投标文件提交

投标人根据招标文件的要求，编制投标文件，并进行密封和标记，在投标截止时间前按规定的地点提交至招标人。招标人应当如实记载投标文件的送达时间和密封情况，并存档备查。

7. 开标

招标人在招标文件中规定的提交投标文件截止时间的同一时间，在招标文件中预先确定的地点，按照规定的流程进行公开开标。参加开标会议的人员，包括招标人、招标代理机构、投标人法定代表人或其委托代理人、招标投标管理机构的监管人员和招标人邀请的公证机构的人员等。开标会议由招标人或招标代理机构组织，由招标人或招标代理机构人员主持，并在招标投标管理机构的监督下进行。

8. 评标

由招标人组建评标委员会，在招标投标监管机构的监督下，依据招标文件规定的评标标准和方法，对投标人的报价、工期、质量、主要材料用量、施工方案或施工组织设计等方面进行评价，形成书面评标报告，向招标人推荐中标候选人或在招标人的授权下直接确定中标人。

9. 定标

评标结束产生定标结果，招标人依据评标委员会提出的书面评标报告和推荐的中标候选人确定中标人，也可授权评标委员会直接确定中标人。招标人应当自定标之日起 15 日内向招标投标管理机构提交招标投标情况的书面报告。

10. 发出中标通知书

中标人选定后由招标投标监管机构核准，获批后招标人在招标文件中规定的投标有效期内以书面形式向中标人发出中标通知书，同时将中标结果通知所有未中标的投标人。

11. 签订合同

招标人和中标人应当在投标有效期内并在自中标通知书发出之日起 30 日内，按照招标文件和中标人的投标文件订立书面合同。招标人和中标人不得再行订立背离合同实质性内容的其他协议。同时，招标文件要求中标人提交履约保证金的，中标人应当提交。招标人最迟应当在与中标人签订合同后的 5 日内，向中标人和未中标的投标人退还投标保证金及银行同期存款利息。

12. 工程项目登记与备案

招标项目按照国家有关规定需要履行审批手续的，应当先履行审批手续，取得批准。按照国家有关规定需要履行项目审批、核准手续的，依法必须进行招标的项目，其招标范围、招标方式、招标组织形式应当报项目审批、核准部门审批、核准。项目审批、核准部门应当及时将审批、核准确定的招标范围、招标方式、招标组织形式通报有关行政监督部门。依法必须招标的工程建设项目，必须满足招标投标相关法律法规所规定的条件，所招标的工程建设设项目必须到当地招标投标监管机构登记备案核查。

二、任务内容

1）编制招标计划。
2）工程项目备案登记。

三、任务实施

1. 编制招标计划

在编制招标计划时要注意每项工作的时间要求：开始时间、截止时间、与其他工作的关联关系等。下面以资格预审为例编制引例项目的招标计划，如图 2-3 所示。

1.发布资格预审公告	假设开始时间为2024年3月21日，结束时间按照至少发布5日，且至少包含两个工作日，最后一天必须是工作日的要求，则结束时间是2024年3月26日。遇到周日，顺延到周一
2.潜在投标人报名	以资格预审公告中公示的时间为准，公告期内进行本项工作，公告发布日期结束即截止报名，所以本项工作开始与结束时间与第一项工作时间相同
3.发售资格预审文件	资格预审文件发售期不得少于5日，与发布资格预审公告、潜在投标人报名同步，最后一天必须是工作日，则开始时间为2024年3月21日，结束时间为2024年3月26日
4.投标申请人对资格预审文件提出质疑	投标申请人对资格预审文件有异议的，在提交资格预审申请文件截止日期2日前提出
5.招标人对资格预审文件澄清或修改	
6.招标人预约资格预审评审室	预约时间取决于第8项工作提交资格预审申请文件的时间。因招标人一旦开始发售资格预审文件，潜在投标人最快可在领取资格预审文件同一天完成文件编制并可提交资格预审申请文件，则提交资格预审申请文件时间最早于2024年3月26日开始，2024年3月30日结束。考虑周末双休日，招标人预约资格预审评审室的时间是2024年4月1日
7.招标人抽取资格预审专家	由招标人（或招标代理机构）向专家库管理单位提交申请，专家库管理单位随机抽取专家，专家库管理单位在周末及法定节假日不进行专家抽取工作。所以定于2024年4月1日抽取资格预审专家
8.提交资格预审申请文件	自资格预审文件停止发售之日起不得少于5日，所以定于2024年3月30日前提交资格预审申请文件
9.资格预审会	定于抽取资格预审专家当天召开资格预审会，一天之内完成

图 2-3 招标计划

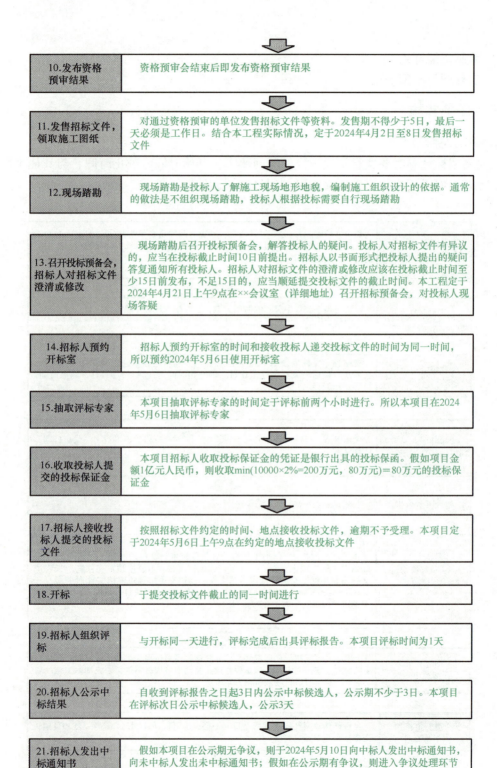

10.发布资格预审结果	资格预审会结束后即发布资格预审结果
11.发售招标文件，领取施工图纸	对通过资格预审的单位发售招标文件等资料。发售期不得少于5日，最后一天必须是工作日。结合本工程实际情况，定于2024年4月2日至8日发售招标文件
12.现场踏勘	现场踏勘是投标人了解施工现场地形地貌，编制施工组织设计的依据。通常的做法是不组织现场踏勘，投标人根据投标需要自行现场踏勘
13.召开投标预备会，招标人对招标文件澄清或修改	现场踏勘后召开投标预备会，解答投标人的疑问。投标人对招标文件有异议的，应当在投标截止时间10日前提出。招标人以书面形式把投标人提出的疑问答复通知所有投标人。招标人对招标文件的澄清或修改应该在投标截止时间至少15日前发布，不足15日的，应当顺延提交投标文件的截止时间。本工程定于2024年4月21日上午9点在××会议室（详细地址）召开招标预备会，对投标人现场答疑
14.招标人预约开标室	招标人预约开标室的时间和接收投标人递交投标文件的时间为同一时间，所以预约2024年5月6日使用开标室
15.抽取评标专家	本项目抽取评标专家的时间定于评标前两个小时进行。所以本项目在2024年5月6日抽取评标专家
16.收取投标人提交的投标保证金	本项目招标人收取投标保证金的凭证是银行出具的投标保函。假如项目金额1亿元人民币，则收取min(10000×2%=200万元，80万元)＝80万元的投标保证金
17.招标人接收投标人提交的投标文件	按照招标文件约定的时间、地点接收投标文件，逾期不予受理。本项目定于2024年5月6日上午9点在约定的地点接收投标文件
18.开标	于提交投标文件截止的同一时间进行
19.招标人组织评标	与开标同一天进行，评标完成后出具评标报告。本项目评标时间为1天
20.招标人公示中标结果	自收到评标报告之日起3日内公示中标候选人，公示期不少于3日。本项目在评标次日公示中标候选人，公示3天
21.招标人发出中标通知书	假如本项目在公示期无争议，则于2024年5月10日向中标人发出中标通知书，向未中标人发出未中标通知书；假如在公示期有争议，则进入争议处理环节

图 2-3　招标计划（续）

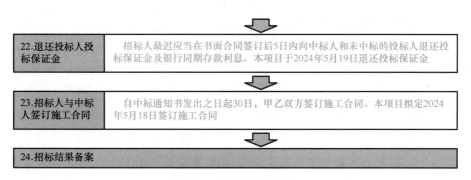

22.退还投标人投标保证金	招标人最迟应当在书面合同签订后5日内向中标人和未中标的投标人退还投标保证金及银行同期存款利息。本项目于2024年5月19日退还投标保证金
23.招标人与中标人签订施工合同	自中标通知书发出之日起30日，甲乙双方签订施工合同。本项目拟定2024年5月18日签订施工合同
24.招标结果备案	

图 2-3 招标计划（续）

2. 工程项目备案登记

工程项目备案登记需要招标人完成招标工程项目的登记，具体包括以下内容：

（1）招标项目的备案登记

招标项目的备案登记内容一般包括招标项目名称、建设单位信息、前期资料、招标形式等内容，见表 2-6。

表 2-6 招标项目备案登记表

招标工程名称				
建设单位名称				
建设单位联系人		联系电话		
招标代理机构名称				
代理机构项目负责人		联系电话		
建设规模				
计划投资/万元				
前期资料	立项批准文件			
	建设工程规划许可证号			
	资金证明文件			
	施工图设计文件审查合格书			
招标内容	施工（ ）服务（ ）货物（ ）		招标方式	公开招标（ ）邀请招标（ ）
评标方法				
招标范围				
招标工程拟分包工程				
计划二次招标工程				
备案意见	备案人 签字： 年 月 日		负责人 签字： 年 月 日	

（2）工程项目发包初步方案登记

工程项目发包初步方案登记主要包括项目审批或备案信息、项目信息、发包初步方案等内容，见表2-7。

表2-7 工程项目发包初步方案登记表

建设单位名称								单位性质		
联系地址										
项目审批或者备案文件	文号							时间		
	标题									
	项目审批或者备案部门									
工程名称										
工程地点		区（县）		（街、路、巷） 号		投资总额/万元				
工程规模	房屋		m²	层数	地上 层		道路	长 宽	m m	桥梁 长 宽 m m

投资构成	国有资金	万元 %	其中财政资金	万元 %	私有资金	万元 %	集体资金	万元 %	外国政府及外国组织投资	万元 %	境外私人投资 万元 %

计划开工日期	年 月 日	计划竣工日期	年 月 日
招标组织形式		招标方式	
代理机构名称		代理资格等级	
拟订方案人姓名	信用手册号	上岗证号	电话

发包初步方案

标段划分编号	发包内容	发包方式	合同估算价/万元	计划发包时间
1				
2				
其他说明				

建设单位或招标代理机构法定代表人签字（印章）：　　　　　　　建设单位或招标代理机构（印章）：

经办人签字：　　　　　　　　　电话：　　　　　　　　　　　　　　　　　　　年　　月　　日

（3）工程项目招标备案登记

招标人在项目招标前需要向当地招标管理部门进行工程项目招标备案登记。工程项目招标备案登记表和招标公告、资格预审文件（采用资格预审的）、招标文件经当地招标办审查备案后，招标单位才能发布招标公告或向投标单位发出邀请函和发售标书及开展有关招标工作，参考格式见表2-8。

表2-8 工程项目招标备案登记表

招备登字（　　）第（　　）号

申请招标工程项目：_____

申　请　单　位：_____（盖章）

单　位　负　责　人：_____（签字）

申　请　日　期：_____

单　位　地　址：_____

电　　　　话：_____

邮　政　编　码：_____

联　　系　　人：_____

招标项目信息表：

招标 工程名称			建设地址				
建设规模			结构类型				
项目建设等级			拟开（竣）工 时　间	开工 竣工	年　　月　　日 年　　月　　日		
征地拆迁及用 地许可批文号			建设工程规 划许可证号				
计划投资 批文号		计划投资 额/万元		招标部分概 （预）算/万元			
投资来源							
资金落 实情况	资金到位　　万元 （占投资　　%）		开户银行			账号	
其他专项 批准文件							
备注							

注："其他专项批准文件"是指易燃、易爆、危险品仓库等建筑物，以及对环境有污染的生产性建筑物，必须持有相应的批准文件。

拟招标的内容：

本工程项目 招标的内容			
设计招标应 具备的条件	设计任务书或可行性报告批准情况		
	设计必需的基础资料情况		
施工招投 标应具备 的条件	建设资金列入年度投资计划情况及建设 资金存入银行情况（附银行资信证明）		
	土地征用情况	拆迁情况	三材供应方式
	钻探情况	设计情况	
	三通情况		
	一平情况		
	设备到货及采购情况		
设备采购招标 应具备的条件	建设项目列入年度投资计划情况及建设 资金存入银行情况（附银行资信证明）		
	是否具有批准的初步设计或施工图设计设备清单 （专用、非标设备是否具有设计图纸、技术资料）		
项目建设总承 包招标应具备 的条件	计划文件或设计任务书的批准情况		
	建设资金的落实情况和是否已按规定存入银行 （附银行资信证明）		
项目建设监理 招标应具备的 条件	设计任务书、初步设计的批准情况		
	工程建设主要技术要求的确定情况		

招标组织形式：

自行组织招标还是委托招标代理机构组织招标					
委托招标代理机构组织招标					
招标代理机构名称					
单位地址					
法定代表人					
营业执照号码					
资质证书号码					
经营范围					
委托代理合同签订情况					
联系人			联系电话		
自行组织招标					
招标单位名称					
单位地址					
法定代表人					
上级行政主管部门					
联系人			联系电话		

招标单位主要技术经济管理人员	姓　名	职务	职　称	从事专业年限	负责招标具体工作内容	联系电话
	附：专业技术人员职称证书、执业资格证书及有关工作经验证明材料					
招标人从事工程管理和招标工作简历						

评标委员会建立情况					
评委总人数		招标人代表人数		专家库专家人数	
评标负责人		职务		职称	

拟采用的招标方式：

招标方式		要求投标企业技术资质等级	
属邀请招标的拟邀请企业的名称、所有制性质、资质等级			
评标、定标办法			

（续）

工程量清单、概（预）算或标底编制情况			
拟招标日期			
建设单位上级主管部门意见	（盖章） 　年　月　日	招标投标管理部门意见	（盖章） 　年　月　日

说明：本表由建设单位填写，一式三份，建设单位、建设工程交易中心、招标办各一份。

四、任务总结

【知识总结】

1）招标程序主要流程（资格预审）及各阶段的工作要点。

2）工程项目备案登记。

【任务成果】

1）编制了包含资格预审情况的招标计划。

2）按照工程项目备案登记的要求填报了《招标项目备案登记表》《工程项目发包初步方案登记表》《工程项目招标备案登记表》。

【注意事项】

1）工程招标一定要遵循招标工作的先后顺序进行。

2）注意招标每个工作环节的持续时间以及本环节工作最后一天必须是工作日的要求。

五、巩固与练习

1. 引例解析

如果招标项目采用资格预审方式，应该按照上文所述工作计划开展招标工作。引例中的工作顺序是错误的，如果只考虑题中给出的工作顺序，正确的排序应该是：1）→3）/4）→2）→7）→5）→6）→8）→9）→11）→10）→13）→12）（招标文件中应该包括评标办法）。

练习题

2. 练习

3. 简答题

编制采用资格后审的招标计划。

4. 案例分析

某建设单位经相关主管部门批准，组织某项目的地下工程公开招标工作。确定的招标投标程序如下：

1）成立该工程招标领导机构。

项目二任务三
案例分析

2）委托招标代理机构代理招标，编制资格预审文件和招标文件。

3）发出投标邀请书。

4）对投标人进行资格预审，并将结果通知合格的投标申请人。

5）向所有投标申请人发售招标文件。

6）召开投标预备会。

7）招标文件的澄清与修改。

8）抽取专家，确定评标组织，制定招标控制价和评标、定标办法。

9）召开开标会议，审查投标书。

10）组织评标。

11）评标组织决定中标单位。

12）发出中标通知书。

13）建设单位与中标单位签订承发包合同。

问题：指出上述招标投标程序中的不妥和不完善之处，并进行修改。

六、交流与拓展

登录本地招标投标交易平台，浏览招标投标交易流程图；了解招标投标交易中心的处室设置及工作职责；熟悉当地招标投标交易流程、招标人（招标代理机构）办理招标的工作流程，以及投标人投标工作与招标工作的对应关系。

招投标交易
流程图

任务四　编制招标公告

 引例

　　某教学楼建设工程前期报建手续已经办妥，资金落实，施工图纸已到位，具备了公开招标条件。甲方拟自行组织招标，于是编制了投标邀请书并发给了10家熟悉的潜在投标人。甲方的做法是否妥当？请说明理由。

一、任务准备

【任务依据】

根据《中华人民共和国招标投标法》《中华人民共和国招标投标法实施条例》《招标公告和公示信息发布管理办法》的规定，招标人采用公开招标方式的，应当发布招标公告。依法必须进行招标的项目的招标公告，应当通过国家指定的报刊、信息网络或其他媒介发布。各地方人民政府依照审批权限审批的依法必须招标的民用建筑项目的招标公告，可在省、自治区、直辖市人民政府发展改革部门指定的媒介发布。招标人应当保证招标公告内容的真实、准确和完整。

通过发布招标公告，吸引不特定的潜在投标人前来投标。对于项目性质特殊或经相关部门批准后采用邀请招标的，则通过发出投标邀请书邀请特定的投标人前来投标。

【相关知识】

1. 编写招标公告的要求和规定

施工招标申请和招标文件获得批准后，招标人就要发布招标公告。

招标公告应当载明招标人的名称和地址，招标项目的性质、数量、实施地点和时间，投标截止日期以及获取招标文件的办法等事项。招标公告内容必须真实、准确和完整。拟发布的招标公告文本应当由招标人或其委托的招标代理机构的主要负责人签名并加盖公章。招标公告文本字迹必须清晰，不能潦草、模糊或无法辨认。招标公告不能以不合理的条件限制或排斥潜在投标人。

2. 发布招标公告的要求和规定

依法必须招标项目的招标公告必须在指定媒介发布，招标公告的发布应当充分公开，任何单位和个人不得非法限制招标公告的发布地点和发布范围。招标人或其委托的招标代理机构发布招标公告，应当向指定媒介提供营业执照（或法人证书）、项目批准文件的复印件等证明文件。招标人或其委托的招标代理机构应至少在一家指定的媒介发布招标公告。在指定的报刊上发布招标公告的同时，应将招标公告如实抄送指定的信息网络。在两个以上媒介发布的同一招标项目的招标公告的内容应当相同。各地方人民政府依照审批权限审批的依法必须招标的民用建筑项目的招标公告，可在省、自治区、直辖市人民政府发展改革部门指定的媒介发布。

3. 招标公告的基本内容

招标公告的基本内容包括：

1）招标条件。

2）项目概况与招标范围。

3）投标人的资格要求。

4）招标文件的获取。

5）投标文件的递交。

6）发布公告的媒介。

7）联系方式等。

二、任务内容

1）编制招标公告。

2）编制投标邀请书。

三、任务实施

1. 编制招标公告

编制和发布招标公告是招标的首要工作，当招标人采用公开招标时需要发布招标公告。招标公告格式如下：

招标公告（未进行资格预审）

_____（项目名称）_____标段施工招标公告

招标序号：建招〔 〕 号

1. 招标条件

本招标项目_____（项目名称）已由_____（项目审批、核准或备案机关名称）以_____（批文名称及编号）批准建设，招标人（项目业主）为_____，建设资金来自_____（资金来源），项目出资比例为_____。项目已具备招标条件，现对该项目的施工进行公开招标。

_____（招标代理人）_____受业主委托具体负责本工程施工的招标事宜。

2. 项目概况与招标范围

2.1 建设地点：

2.2 建设规模：

2.3 招标范围：

2.4 工期要求：

2.5 招标控制价：

2.6 质量要求：

3. 投标人资格要求

3.1 本次招标要求投标人须具备_____资质，_____（类似项目描述）业绩，并在人员、设备、资金等方面具有相应的施工能力。其中，投标人拟派项目经理须具备_____专业_____级注册建造师执业资格，具备有效的安全生产考核合格证书，且未担任其他在建工程项目的项目经理。

3.2 本次招标_____（接受或不接受）联合体投标。联合体投标的，应满足下列要求：_____。

3.3 各投标人均可就本招标项目所述标段中的_____（具体数量）个标段投标，但最多允许中标_____（具体数量）个标段（适用于分标段的招标项目）。

4. 投标报名

凡有意参加投标者，请于____年___月___日至____年___月___日（法定公休日、法定节假日除外），每日上午_____时至_____时，下午_____时至_____时（北京时间，下同），在_____（有形建筑市场/交易中心名称及地址）报名。

5. 招标文件的获取

5.1 凡通过上述方式报名者，请于____年___月___日至____年___月___日（法定公休日、法定节假日除外），每日上午_____时至_____时，下午_____时至_____时，在_____（详细地址）持单位介绍信购买招标文件。

5.2 招标文件每套售价_____元，售后不退。图纸押金_____元，在退还图纸时退还（不计利息）。

5.3 邮购招标文件的，需另加手续费（含邮费）_____元。招标人在收到单位介绍信和邮购款（含手续费）后____日内寄送。

6. 投标文件的递交

6.1 投标文件递交的截止时间（投标截止时间，下同）为____年___月___日时____分，地点为 _____（有形建筑市场/交易中心名称及地址）。

6.2　逾期送达的或者未送达指定地点的投标文件，招标人不予受理。

7. 发布公告的媒介

本次招标公告同时在 _____（发布公告的媒介名称）上发布。

8. 其他

8.1　本工程不接受挂靠或已有在建项目的项目经理参加投标；投标人或项目经理被认定有建设市场严重不良行为的，或项目经理是公务员或事业单位（投标单位是事业单位的除外）工作人员的，或项目经理在其他单位有注册或登记建设行业执（从）业资格的，或项目经理是其他项目第一预中标候选人的项目经理，并在公示期间或投诉有效期内的，谢绝参加本项目投标；投标人及其拟派的项目经理必须符合相关法律、法规、规章及规范性文件的有关规定。

8.2　本工程投标□是□否采用高额保函担保。

8.3　本工程评标采用电子评标辅助系统（具体见招标文件），投标人须购买"投标工具"专用光盘（注：试用阶段光盘无效），专用光盘2元/张，相关事宜请与 _____联系（地址：_____，电话：_____），并请各投标人认真详读"××市工程招标项目电子评标辅助系统注意事项"。

9. 联系方式

招标人：_____	招标代理机构：_____
地　　址：_____	地　　址：_____
邮　　编：_____	邮　　编：_____
联 系 人：_____	联 系 人：_____
电　　话：_____	电　　话：_____
传　　真：_____	传　　真：_____
电子邮件：_____	电子邮件：_____
网　　址：_____	网　　址：_____
开户银行：_____	开户银行：_____
账　　号：_____	账　　号：_____

____年__月__日

2. 编制投标邀请书

投标邀请书是招标人向3家及以上预期的投标人发出的要约邀请书，具体内容及格式如下：

投标邀请书（适用于邀请招标）

_____（项目名称）_____标段施工投标邀请书

_____（被邀请单位名称）：

1. 招标条件

本招标项目 _____（项目名称）已由 _____（项目审批、核准或备案机关名称）以 _____（批文名称及编号）批准建设，招标人（项目业主）为 _____，建设资金来自 _____

（资金来源），出资比例为＿＿＿＿＿＿＿＿。项目已具备招标条件，现邀请你单位参加＿＿＿＿＿＿＿（项目名称）＿＿＿＿＿＿标段施工投标。

2. 项目概况与招标范围

＿＿＿＿＿＿＿［说明本招标项目的建设地点、规模、合同估算价、计划工期、招标范围、标段划分（如果有）等］。

3. 投标人资格要求

3.1 本次招标要求投标人具备＿＿＿＿＿＿＿资质，＿＿＿＿＿＿＿（类似项目描述）业绩，并在人员、设备、资金等方面具有相应的施工能力。

3.2 你单位＿＿＿＿＿＿＿＿（可以或不可以）组成联合体投标。联合体投标的，应满足下列要求：＿＿＿＿＿＿＿＿＿＿＿＿＿＿。

3.3 本次招标要求投标人拟派项目经理具备＿＿＿＿＿＿专业＿＿＿＿＿级注册建造师执业资格，具备有效的安全生产考核合格证书，且未担任其他在建工程项目的项目经理。

4. 招标文件的获取

4.1 请于＿＿＿＿＿年＿＿＿月＿＿＿日至＿＿＿＿＿年＿＿＿月＿＿＿日（法定公休日、法定节假日除外），每日上午＿＿＿＿＿时至＿＿＿＿＿时，下午＿＿＿＿＿时至＿＿＿＿＿时（北京时间，下同），在＿＿＿＿＿＿＿＿＿＿（详细地址）持本投标邀请书购买招标文件。

4.2 招标文件每套售价＿＿＿＿＿元，售后不退。图纸押金＿＿＿＿＿元，在退还图纸时退还（不计利息）。

4.3 邮购招标文件的，需另加手续费（含邮费）＿＿＿＿＿＿元。招标人在收到邮购款（含手续费）后＿＿＿＿日内寄送。

5. 投标文件的递交

5.1 投标文件递交的截止时间（投标截止时间，下同）为＿＿＿＿＿年＿＿＿月＿＿＿日＿＿＿时＿＿＿分，地点为＿＿＿＿＿＿＿＿＿＿＿＿（有形建筑市场/交易中心名称及地址）。

5.2 逾期送达的或者未送达指定地点的投标文件，招标人不予受理。

6. 确认

你单位收到本投标邀请书后，请于＿＿＿＿＿＿＿（具体时间）前以传真或快递方式予以确认。

7. 联系方式

招 标 人：＿＿＿＿＿＿＿＿＿＿	招标代理机构：＿＿＿＿＿＿＿＿＿＿
地　　址：＿＿＿＿＿＿＿＿＿＿	地　　址：＿＿＿＿＿＿＿＿＿＿
邮　　编：＿＿＿＿＿＿＿＿＿＿	邮　　编：＿＿＿＿＿＿＿＿＿＿
联 系 人：＿＿＿＿＿＿＿＿＿＿	联 系 人：＿＿＿＿＿＿＿＿＿＿
电　　话：＿＿＿＿＿＿＿＿＿＿	电　　话：＿＿＿＿＿＿＿＿＿＿
传　　真：＿＿＿＿＿＿＿＿＿＿	传　　真：＿＿＿＿＿＿＿＿＿＿
电子邮件：＿＿＿＿＿＿＿＿＿＿	电子邮件：＿＿＿＿＿＿＿＿＿＿
网　　址：＿＿＿＿＿＿＿＿＿＿	网　　址：＿＿＿＿＿＿＿＿＿＿
开户银行：＿＿＿＿＿＿＿＿＿＿	开户银行：＿＿＿＿＿＿＿＿＿＿
账　　号：＿＿＿＿＿＿＿＿＿＿	账　　号：＿＿＿＿＿＿＿＿＿＿

＿＿＿＿＿年＿＿＿月＿＿＿日

投标邀请书（代资格预审通过通知书）

<u>　　　　　　　　　　</u>（项目名称）<u>　　　　　</u>标段施工投标邀请书

<u>　　　　　　</u>（被邀请单位名称）：

　　你单位已通过资格预审，现邀请你单位按招标文件规定的内容，参加<u>　　　　　</u>（项目名称）<u>　　　　</u>标段施工投标。

　　请你单位于<u>　</u>年<u>　</u>月<u>　</u>日至<u>　</u>年<u>　</u>月<u>　</u>日（法定公休日、法定节假日除外），每日上午<u>　</u>时至<u>　</u>时，下午<u>　</u>时至<u>　</u>时（北京时间，下同），在<u>　　　　　</u>（详细地址）持本投标邀请书购买招标文件。

　　招标文件每套售价为<u>　　　</u>元，售后不退。图纸押金<u>　　　</u>元，在退还图纸时退还（不计利息）。邮购招标文件的，需另加手续费（含邮费）<u>　　　</u>元。招标人在收到邮购款（含手续费）后<u>　　</u>日内寄送。

　　递交投标文件的截止时间（投标截止时间，下同）为<u>　</u>年<u>　</u>月<u>　</u>日<u>　</u>时<u>　</u>分，地点为<u>　　　　　</u>（有形建筑市场/交易中心名称及地址）。

　　逾期送达的或者未送达指定地点的投标文件，招标人不予受理。

　　你单位收到本投标邀请书后，请于<u>　　　</u>（具体时间）前以传真或快递方式予以确认。

招 标 人：_____	招标代理机构：_____
地　　址：_____	地　　址：_____
邮　　编：_____	邮　　编：_____
联 系 人：_____	联 系 人：_____
电　　话：_____	电　　话：_____
传　　真：_____	传　　真：_____
电子邮件：_____	电子邮件：_____
网　　址：_____	网　　址：_____
开 户 银 行：_____	开 户 银 行：_____
账　　号：_____	账　　号：_____

<u>　　　　</u>年<u>　</u>月<u>　</u>日

四、任务总结

【知识总结】

1) 编写招标公告的要求和规定。
2) 发布招标公告的要求和规定。
3) 招标公告的基本内容。

【任务成果】

1) 编制了招标公告。
2) 编制了投标邀请书。

【注意事项】

1）编制的招标公告（投标邀请书）要完整载明招标人的名称和地址，招标项目的性质、数量、实施地点和时间，投标截止日期以及获取招标文件的办法等事项。

2）发布招标公告必须在指定媒介发布，招标公告的发布要完全公开。

3）采用邀请招标的，要向不少于3家（一般不多于10家）的潜在投标人发出投标邀请书。

五、巩固与练习

1. 引例解析

引例中建设单位发出投标邀请书的做法不妥。甲方自行组织公开招标应该在指定媒体上发布招标公告，不应当直接发出投标邀请书。

练习题

2. 练习

3. 简答题

1）招标公告包括哪些方面的内容？

2）招标公告的发布有哪些规定？

项目二任务四
简答题

4. 实训练习

完成任务成果中招标公告和投标邀请书的内容。

六、交流与拓展

登录当地招标投标交易平台，查看当日发布的招标公告。

任务五 资格审查

 引例

　　某政府投资工程采用委托招标方式组织施工招标。依据相关规定，资格预审文件依据《房屋建筑和市政工程标准施工招标资格预审文件》*（可在本书配套资源中查看）* 编制。招标人共收到了16份资格预审申请文件，其中2份资格预审申请文件在资格预审申请截止时间后2分钟收到。招标人按照以下程序组织了资格审查。

　　1）组建资格审查委员会，由审查委员会对资格预审申请文件进行评审和比较。审查委员会由5人组成，其中招标人代表1人，招标代理机构代表1人，从政府相关部门组建的专家库中抽取的技术、经济专家3人。

　　2）对资格预审申请文件的外封装进行检查，发现2份申请文件的封装、1份申请文件的封套盖章不符合资格预审文件的要求，于是这3份资格预审申请文件被认定为无效申请文件。此外，审查委员会认为只要在资格审查会议开始前送达的申请文件均为有效。这样，2份在资格预审申请截止时间后送达的申请文件，由于其外封装和标识符合资格预审文件要求，判定为有效的资格预审申请文件。

　　3）对资格预审申请文件进行初步审查，发现有 1 家申请人使用的施工资质为其子公司资质；还有 1 家申请人为联合体申请人，联合体中的 1 个成员又单独提交了 1 份资格预审申请文件。审查委员会认为这 3 家申请人不符合相关规定，不能通过初步审查。

　　4）对通过初步审查的资格预审申请文件进行详细审查。审查委员会依照资格预审文件中确定的初步审查事项，发现有 1 家申请人的营业执照副本（复印件）已经超出了有效期，于是要求这家申请人提交营业执照的原件进行核查。在规定的时间内，该申请人将其重新申办的营业执照原件交给了审查委员会核查，确认合格。

　　5）审查委员会经过上述审查程序，确认了通过以上第 3）、4）两步的 10 份资格预审申请文件通过了审查，并向招标人提交了资格预审书面审查报告，确定了通过资格审查的申请人名单。

　　试分析：

　　1）招标人组织的上述资格审查程序是否正确？为什么？

　　2）审查过程中，审查委员会的做法是否正确？为什么？

　　3）如果资格预审文件中规定确定 7 名资格审查合格的申请人参加投标，招标人是否可以在上述通过资格预审的 10 人中直接确定，或者采用抽签方式确定 7 人参加投标？为什么？应该怎样做？

一、任务准备

【任务依据】

1.《中华人民共和国招标投标法实施条例》

　　第十五条：公开招标的项目，应当依照招标投标法和本条例的规定发布招标公告、编制招标文件。招标人采用资格预审办法对潜在投标人进行资格审查的，应当发布资格预审公告、编制资格预审文件。依法必须进行招标的项目的资格预审公告和招标公告，应当在国务院发展改革部门依法指定的媒介发布。在不同媒介发布的同一招标项目的资格预审公告或者招标公告的内容应当一致。指定媒介发布依法必须进行招标的项目的境内资格预审公告、招标公告，不得收取费用。编制依法必须进行招标的项目的资格预审文件和招标文件，应当使用国务院发展改革部门会同有关行政监督部门制定的标准文本。

2.《工程建设项目施工招标投标办法》

　　第十七条：资格审查分为资格预审和资格后审。资格预审，是指在投标前对潜在投标人进行的资格审查。资格后审，是指在开标后对投标人进行的资格审查。进行资格预审的，一般不再进行资格后审，但招标文件另有规定的除外。

　　第十八条：采取资格预审的，招标人应当发布资格预审公告。资格预审公告适用本办法第十三条、第十四条有关招标公告的规定。采取资格预审的，招标人应当在资格预审文件中载明资格预审的条件、标准和方法；采取资格后审的，招标人应当在招标文件中载明对投标人资格要求的条件、标准和方法。

【相关知识】

资格审查是指招标人对资格预审申请人或投标人的经营资格、专业资质、财务状况、技术能力、管理能力、业绩、信誉等方面进行评估审查，以判定其是否具有参与项目投标和履行合同的资格及能力。资格审查既是招标人的权利，也是招标工作的必要程序。

1. 资格审查的原则

资格审查应遵循公开、公平、公正和诚实信用的原则，科学、合格、适用的原则。

2. 资格审查的方法

资格审查按照审查时间不同分为资格预审和资格后审两种方法。

(1) 资格预审

资格预审是招标人通过发布资格预审公告，向不特定的潜在投标人发出投标邀请，由招标人或者由其依法组建的资格审查委员会按照资格预审文件确定的审查方法、资格条件以及审查标准，对资格预审申请人的经营资格、专业资质、财务状况、类似项目业绩、履约信誉等条件进行评审，以确定通过资格预审的申请人。未通过资格预审的申请人，不具有投标的资格。资格预审的方法包括合格制和有限数量制。一般情况下应采用合格制，潜在投标人过多的，可采用有限数量制。

(2) 资格后审

资格后审是在开标后由评标委员会对投标人进行的资格审查。采用资格后审时，招标人应当在开标后由评标委员会按照招标文件规定的标准和方法对投标人的资格进行审查。资格后审是评标工作的一个重要内容。对资格后审不合格的投标人，评标委员会应否决其投标。

(3) 资格预审和资格后审的比较

资格预审和资格后审的比较见表2-9。

表2-9 资格预审和资格后审的比较

对比项目	资格审查	
	资格预审	资格后审
审查时间	在发售招标文件前	在开标后的评审阶段
评审人	招标人或资格审查委员会	评标委员会
评审对象	申请人的资格预审申请文件	投标人的投标文件
审查方法	合格制和有限数量制	合格制
优点	避免不合格的申请人进入投标阶段，节约社会成本；提高投标人投标的针对性、积极性；减少评标阶段的工作量，缩短评标时间，提高评标效率	减少资格预审环节，缩短招标时间；投标人数量相对较多，竞争性更强；提高围标、串标难度
缺点	延长招标投标时间，增加招标人组织招标预审和申请人参加资格预审的费用，通过资格预审的投标人相对较少，容易串标	投标方案差异大，会增加评标工作难度；投标人相对较多，会增加评标费用和评标工作量，增加社会成本
适用范围	适用于技术难度较大，投标文件编制费用较高，潜在投标人数量较多的项目	适用于通用化、标准化，潜在投标人数量较少的项目

3. 资格审查工作流程

（1）组建资格审查委员会

国有资金占控股或者主导地位依法必须进行招标的项目，招标人应当组建资格审查委员会审查资格预审申请文件。资格审查委员会及其成员组成应当遵守《中华人民共和国招标投标法》《中华人民共和国招标投标法实施条例》中有关评标委员会及其成员的规定，即由招标人的代表和有关技术、经济等方面的专家组成，成员人数为 5 人以上奇数，其中技术、经济等方面的专家不得少于成员总数的 2/3。其他项目由招标人自行组织资格审查。

（2）初步审查

初步审查包括对投标资格申请人名称、申请函签字盖章、申请文件格式、联合体申请人等内容的审查。

（3）详细审查

详细审查是指资格审查委员会对通过初步审查的申请人的资格预审申请文件进行进一步的审查。常见的详细审查内容包括营业执照，企业资质等级，安全生产许可证，质量管理、职业健康安全管理和环境管理体系认证证书，财务状况，类似项目业绩，信誉，项目经理和技术负责人的资格，联合体申请人等。

（4）澄清

在审查过程中，审查委员会可以用书面形式要求申请人对所提交的资格预审申请文件中不明确的内容进行必要的澄清或说明。申请人的澄清或说明采用书面形式，并不得改变资格预审申请文件的实质性内容。审查委员会不得暗示或者诱导申请人做出澄清、说明。招标人和审查委员会不接受申请人主动提出的澄清或说明。

（5）评审

1）合格制：按照资格预审文件的标准评审。满足详细审查标准的申请人，则通过资格审查，获得投标资格。

2）有限数量制：按照资格预审文件的标准、方法和数量评审和排序。通过详细审查的申请人不少于 3 个且没有超过资格预审文件规定数量的均通过资格预审，不再进行评分；通过详细审查的申请人数量超过资格预审文件规定数量的，审查委员会可以按资格预审文件规定的评审因素和评分标准进行评审，并依据规定的评分标准进行评分，按得分由高到低的顺序进行排序，按照预审文件规定的数量确定合格投标人。

（6）审查报告

资格审查委员会完成评审后，通过资格预审合格申请人向招标人提交资格评审报告。

（7）确定资格预审合格申请人

招标人审查资格评审报告，确定资格预审合格申请人。

二、任务内容

1）编写资格预审文件。

2）编写资格预审申请文件。

3）编写资格审查报告。

三、任务实施

1. 编写资格预审文件

资格预审文件是告知申请人资格预审条件、标准和方法，资格预审申请文件编制和提交要求的载体，是对申请人的经营资格、履约能力进行评审，确定资格预审合格申请人的依据。依法必须进行招标的房屋建筑和市政工程施工招标项目，应使用中华人民共和国住房和城乡建设部发布的《房屋建筑和市政工程标准施工招标资格预审文件》，结合招标项目的技术管理特点和需求编制资格预审文件。按照《房屋建筑和市政工程标准施工招标资格预审文件》的编写格式，资格预审文件的主要内容应包括资格预审公告、申请人须知、资格审查办法、资格预审申请文件格式和项目建设概况五部分。

(1) 资格预审公告

《房屋建筑和市政工程标准施工招标资格预审文件》中资格预审公告的格式和内容如下文所示：

<u>　　　　　　　　</u>（项目名称）<u>　　　　</u>标段施工招标

资格预审公告（代招标公告）

1. 招标条件

本招标项目 <u>　　　　</u>（项目名称）已由 <u>　　　　</u>（项目审批、核准或备案机关名称）以 <u>　　　　</u>（批文名称及编号）批准建设，项目业主为 <u>　　　</u>，建设资金来自 <u>　　</u>（资金来源），项目出资比例为 <u>　　</u>，招标人为 <u>　　</u>，招标代理机构为 <u>　　</u>。项目已具备招标条件，现进行公开招标，特邀请有兴趣的潜在投标人（以下称申请人）提出资格预审申请。

2. 项目概况与招标范围

<u>　　　　</u>[说明本次招标项目的建设地点、规模、计划工期、合同估算价、招标范围、标段划分（如果有）等]。

3. 申请人资格要求

3.1 本次资格预审要求申请人具备 <u>　　</u>资质，<u>　　</u>（类似项目描述）业绩，并在人员、设备、资金等方面具备相应的施工能力。其中，申请人拟派项目经理须具备 <u>　　</u>专业 <u>　　</u>级注册建造师执业资格和有效的安全生产考核合格证书，且未担任其他在建工程项目的项目经理。

3.2 本次资格预审 <u>　　</u>（接受或不接受）联合体资格预审申请。联合体申请资格预审的，应满足下列要求：<u>　　</u>。

3.3 各申请人可就本项目上述标段中的 <u>　　</u>（具体数量）个标段提出资格预审申请，但最多允许中标 <u>　　</u>（具体数量）个标段（适用于分标段的招标项目）。

4. 资格预审方法

本次资格预审采用 <u>　　</u>（合格制/有限数量制）。采用有限数量制的，当通过详细审查的申请人多于 <u>　　</u>家时，通过资格预审的申请人限定为 <u>　</u>家。

5. 申请报名

凡有意申请资格预审者，请于<u>　</u>年<u>　</u>月<u>　</u>日至<u>　</u>年<u>　</u>月<u>　</u>日（法定公休日、法定节假日除外），每日上午<u>　</u>时至<u>　</u>时，下午<u>　</u>时至<u>　</u>时（北京时间，下同），在 _____ （有形建筑市场/交易中心名称及地址）报名。

6. 资格预审文件的获取

6.1 凡通过上述报名者，请于____年____月____日至____年____月____日（法定公休日、法定节假日除外），每日上午____时至____时，下午____时至____时，在_____（详细地址）持单位介绍信购买资格预审文件。

6.2 资格预审文件每套售价_____元，售后不退。

6.3 邮购资格预审文件的，需另加手续费（含邮费）_____元。招标人在收到单位介绍信和邮购款（含手续费）后____日内寄送。

7. 资格预审申请文件的递交

7.1 递交资格预审申请文件截止时间（申请截止时间，下同）为____年____月____日____时____分，地点为_____（有形建筑市场/交易中心名称及地址）。

7.2 逾期送达或者未送达指定地点的资格预审申请文件，招件人不予受理。

8. 发布公告的媒介

本次资格预审公告同时在_____（发布公告的媒介名称）上发布。

9. 联系方式

招 标 人：_____	招标代理机构：_____
地 址：_____	地 址：_____
邮 编：_____	邮 编：_____
联 系 人：_____	联 系 人：_____
电 话：_____	电 话：_____
传 真：_____	传 真：_____
电子邮件：_____	电子邮件：_____
网 址：_____	网 址：_____
开户银行：_____	开户银行：_____
账 号：_____	账 号：_____

_____年____月____日

（2）申请人须知

申请人须知是招标人介绍招标项目基本信息，投标人需要具备的资质条件、能力和信誉等投标条件的表格。申请人须知前附表见表2-10。

表2-10 申请人须知前附表

条款号	条款名称	编列内容
1.1.2	招标人	名 称： 地 址： 联系人： 电 话： 电子邮件：

（续）

条款号	条款名称	编列内容
1.1.3	招标代理机构	名　称： 地　址： 联系人： 电　话： 电子邮件：
1.1.4	项目名称	
1.1.5	建设地点	
1.2.1	资金来源	
1.2.2	出资比例	
1.2.3	资金落实情况	
1.3.1	招标范围	
1.3.2	计划工期	计划工期：_____日历天 计划开工日期：____年____月____日 计划竣工日期：____年____月____日
1.3.3	质量要求	质量标准：
1.4.1	申请人资质条件、能力和信誉	资质条件： 财务要求： 业绩要求：（与资格预审公告要求一致） 信誉要求： （1）诉讼及仲裁情况 （2）不良行为记录 （3）合同履约率 项目经理资格：_____专业____级（含以上级）注册建造师执业资格和有效的安全生产考核合格证书，且未担任其他在建工程项目的项目经理 其他要求： （1）拟投入主要施工机械设备情况 （2）拟投入项目管理人员 （3）……
1.4.2	是否接受联合体资格预审申请	□ 不接受 □ 接受，应满足下列要求：_____ 其中，联合体资质按照联合体协议约定的分工认定，其他审查标准按联合体协议中约定的各成员分工所占合同工作量的比例，进行加权折算
2.2.1	申请人要求澄清资格预审文件的截止时间	
2.2.2	招标人澄清资格预审文件的截止时间	

（续）

条款号	条款名称	编列内容
2.2.3	申请人确认收到资格预审文件澄清的时间	
2.3.1	招标人修改资格预审文件的截止时间	
2.3.2	申请人确认收到资格预审文件修改的时间	
3.1.1	申请人需补充的其他材料	（1）其他企业信誉情况表 （2）拟投入主要施工机械设备情况 （3）拟投入项目管理人员情况 ……
3.2.4	近年财务状况的年份要求	＿＿年，指＿＿年＿＿月＿＿日起至＿＿年＿＿月＿＿日止
3.2.5	近年完成的类似项目的年份要求	＿＿年，指＿＿年＿＿月＿＿日起至＿＿年＿＿月＿＿日止
3.2.7	近年发生的诉讼及仲裁情况的年份要求	＿＿年，指＿＿年＿＿月＿＿日起至＿＿年＿＿月＿＿日止
3.3.1	签字和（或）盖章要求	
3.3.2	资格预审申请文件副本份数	＿＿＿份
3.3.3	资格预审申请文件的装订要求	□ 不分册装订 □ 分册装订，共分＿＿册，分别为：每册采用＿＿方式装订，装订应牢固、不易拆散和换页，不得采用活页装订
4.1.2	封套上写明	招标人的地址： 招标人全称： ＿＿＿＿＿＿（项目名称）＿＿＿标段施工招标资格预审申请文件在＿＿年＿＿月＿＿日＿＿时＿＿分前不得开启
4.2.1	申请截止时间	＿＿年＿＿月＿＿日＿＿时＿＿分
4.2.2	递交资格预审申请文件的地点	
4.2.3	是否退还资格预审申请文件	□ 否　□ 是，退还安排：
5.1.2	审查委员会人数	审查委员会构成：＿＿＿人，其中招标人代表＿＿＿人（限招标人在职人员，且应当具备评标专家的相应或者类似的条件），专家＿＿＿人 审查专家确定方式：＿＿＿＿＿＿＿＿＿
5.2	资格审查方法	□ 合格制　　□ 有限数量制
6.1	资格预审结果的通知时间	
6.3	资格预审结果的确认时间	
……	……	
9	需要补充的其他内容	
9.1	词语定义	
9.1.1	类似项目	
	类似项目是指：	

（续）

条款号	条款名称	编列内容
9.1.2	不良行为记录	
	不良行为记录是指：	
……		
9.2	资格预审申请文件编制的补充要求	
9.2.1	"其他企业信誉情况表"应说明企业不良行为记录、履约率等相关情况，并附相关证明材料，年份同第3.2.7项的年份要求	
9.2.2	"拟投入主要施工机械设备情况"应说明设备来源（包括租赁意向）、目前状况、停放地点等情况，并附相关证明材料	
9.2.3	"拟投入项目管理人员情况"应说明项目管理人员的学历、职称、注册执业资格、拟任岗位等基本情况，项目经理和主要项目管理人员应附简历，并附相关证明材料	
9.3	通过资格预审的申请人（适用于有限数量制）	
9.3.1	通过资格预审的申请人分为"正选"和"候补"两类。资格审查委员会应当根据第三章"资格审查办法（有限数量制）"第3.4.2项的排序方法，对通过详细审查的申请人按得分由高到低排序，将不超过第三章"资格审查办法（有限数量制）"第1条规定数量的申请人列为通过资格预审的申请人（正选），其余的申请人依次列为通过资格预审的申请人（候补）	
9.3.2	根据本章第6.1款的规定，招标人应当首先向通过资格预审的申请人（正选）发出投标邀请书	
9.3.3	根据本章第6.3款，通过资格预审的申请人的项目经理不能到位或者因利益冲突等原因导致潜在投标人数量少于第三章"资格审查办法（有限数量制）"第1条规定的数量的，招标人应当按照通过资格预审的申请人（候补）的排名次序，由高到低依次递补	
9.4	监督	
	本项目资格预审活动及其相关当事人应当接受有管辖权的建设工程招标投标行政监督部门依法实施的监督	
9.5	解释权	
	本资格预审文件由招标人负责解释	
9.6	招标人补充的内容	
……	……	

（3）资格审查办法（合格制）

资格审查办法分为合格制和有限数量制。凡符合资格审查办法（合格制）前附表（表2-11）规定的审查标准的申请人均可通过资格预审，有资格参加投标。

表2-11 资格审查办法（合格制）前附表

条款号		审查因素	审查标准
1	初步审查标准	申请人名称	与营业执照、资质证书、安全生产许可证一致
		申请函签字盖章	有法定代表人或其委托代理人签字并加盖单位章
		申请文件格式	符合第四章"资格预审申请文件格式"的要求
		联合体申请人（如有）	提交联合体协议书，并明确联合体牵头人
		……	……
2	详细审查标准	营业执照	具备有效的营业执照 是否需要核验原件：□是 □否
		安全生产许可证	具备有效的安全生产许可证 是否需要核验原件：□是 □否

（续）

条　款　号	审查因素			审查标准
2	详细审查标准	资质等级		符合第二章"申请人须知"第 1.4.1 项规定 是否需要核验原件：□ 是　□ 否
		财务状况		符合第二章"申请人须知"第 1.4.1 项规定 是否需要核验原件：□ 是　□ 否
		类似项目业绩		符合第二章"申请人须知"第 1.4.1 项规定 是否需要核验原件：□ 是　□ 否
		信誉		符合第二章"申请人须知"第 1.4.1 项规定 是否需要核验原件：□ 是　□ 否
		项目经理资格		符合第二章"申请人须知"第 1.4.1 项规定 是否需要核验原件：□ 是　□ 否
		其他要求	（1） 拟投入主要施工机械设备	符合第二章"申请人须知"第 1.4.1 项规定
			（2） 拟投入项目管理人员	
			……	
3	联合体申请人（如有）			符合第二章"申请人须知"第 1.4.2 项规定
4	核验原件的具体要求			
……	……			……

（4）资格审查办法（有限数量制）

审查委员会依据规定的审查标准和程序，对通过初步审查和详细审查的资格预审申请文件进行量化打分，按得分由高到低的顺序确定通过资格预审的申请人。通过资格预审的申请人不超过资格审查办法（有限数量制）前附表（表 2-12）规定的数量。

表 2-12　资格审查办法（有限数量制）前附表

条　款　号	条　款　名　称		编　列　内　容
1	通过资格预审的人数		当通过详细审查的申请人多于＿＿家时，通过资格预审的申请人限定为＿＿家
2	审查因素		审查标准
2.1	初步审查标准	申请人名称	与营业执照、资质证书、安全生产许可证一致
		申请函签字盖章	有法定代表人或其委托代理人签字并加盖单位章
		申请文件格式	符合第四章"资格预审申请文件格式"的要求
		联合体申请人（如有）	提交联合体协议书，并明确联合体牵头人
		……	……
2.2	详细审查标准	营业执照	具备有效的营业执照 是否需要核验原件：□ 是　□ 否
		安全生产许可证	具备有效的安全生产许可证 是否需要核验原件：□ 是　□ 否
		资质等级	符合第二章"申请人须知"第 1.4.1 项规定 是否需要核验原件：□ 是　□ 否

（续）

条款号		条款名称			编列内容
2.2	详细审查标准	财务状况			符合第二章"申请人须知"第1.4.1项规定 是否需要核验原件：□ 是 □ 否
		类似项目业绩			符合第二章"申请人须知"第1.4.1项规定 是否需要核验原件：□ 是 □ 否
		信誉			符合第二章"申请人须知"第1.4.1项规定 是否需要核验原件：□ 是 □ 否
		项目经理资格			符合第二章"申请人须知"第1.4.1项规定 是否需要核验原件：□ 是 □ 否
		其他要求	(1)	拟投入主要施工机械设备	符合第二章"申请人须知"第1.4.1项规定
			(2)	拟投入项目管理人员	
			……	……	
		联合体申请人（如有）			符合第二章"申请人须知"第1.4.2项规定
		……			……
2.3	评分标准	评分因素			评分标准
		财务状况			……
		项目经理			……
		类似项目业绩			……
		认证体系			……
		信誉			……
		生产资源			……
		……			……
2.4		核验原件的具体要求			……
条款号					编列内容
3		审查程序			详见：资格审查工作流程

2. 编写资格预审申请文件

为保证所有资格预审申请人采用同样的格式和要求编制资格预审申请文件，招标人在资格预审文件中需要告知投标人采用的资格预审申请文件的格式及内容，如下所示：

_____（项目名称）_____ 标段施工招标

资格预审申请文件

申请人：_____（盖单位章）

法定代表人或其委托代理人：_____（签字）

_____年___月___日

目　　录

一、资格预审申请函

二、法定代表人身份证明

三、授权委托书

四、联合体协议书

五、申请人基本情况表

六、近年财务状况表

七、近年完成的类似项目情况表

八、正在施工的和新承接的项目情况表

九、近年发生的诉讼和仲裁情况

十、其他材料

　　（一）其他企业信誉情况表

　　（二）拟投入主要施工机械设备情况表

　　（三）拟投入项目管理人员情况表

……

一、资格预审申请函

＿＿＿＿＿＿＿＿＿＿（招标人名称）：

1. 按照资格预审文件的要求，我方（申请人）递交的资格预审申请文件及有关资料，用于你方（招标人）审查我方参加＿＿＿＿＿＿＿＿＿＿＿＿＿（项目名称）＿＿＿＿＿＿＿＿标段施工招标的投标资格。

2. 我方的资格预审申请文件包含第二章"申请人须知"第3.1.1项规定的全部内容。

3. 我方接受你方的授权代表进行调查，以审核我方提交的文件和资料，并通过我方的客户澄清资格预审申请文件中有关财务和技术方面的情况。

4. 你方授权代表可通过＿＿＿＿＿＿＿＿＿（联系人及联系方式）得到进一步的资料。

5. 我方在此声明，所递交的资格预审申请文件及有关资料内容完整、真实和准确，且不存在第二章"申请人须知"第1.4.3项规定的任何一种情形。

申请人：＿＿＿＿＿＿＿＿＿＿＿＿＿＿（盖单位章）

法定代表人或其委托代理人：＿＿＿＿＿＿＿＿＿＿（签字）

电　　　话：＿＿＿＿＿＿＿＿＿＿＿＿＿＿＿

传　　　真：＿＿＿＿＿＿＿＿＿＿＿＿＿＿＿

申请人地址：＿＿＿＿＿＿＿＿＿＿＿＿＿＿＿

邮政编码：＿＿＿＿＿＿＿＿＿＿＿＿＿＿＿

＿＿＿年＿＿＿月＿＿＿日

二、法定代表人身份证明

申请人：＿＿＿＿＿＿＿＿＿＿＿＿＿＿＿＿＿＿＿＿＿

单位性质：＿＿＿＿＿＿＿＿＿＿＿＿＿＿＿＿＿＿＿＿＿

地　　址：＿＿＿＿＿＿＿＿＿＿＿＿＿＿＿＿＿＿＿＿＿

成立时间：＿＿＿＿＿＿＿年＿＿＿＿＿＿月＿＿＿＿＿日

经营期限：＿＿＿＿＿＿＿＿＿＿＿＿＿＿＿＿＿＿＿＿＿

姓　　名：＿＿＿＿＿＿＿　性　　别：＿＿＿＿＿＿＿

年　　龄：＿＿＿＿＿＿＿　职　　务：＿＿＿＿＿＿＿

系＿＿＿＿＿＿＿＿＿＿＿＿＿＿（申请人名称）的法定代表人。

特此证明。

申请人：＿＿＿＿＿＿＿＿＿＿＿＿（盖单位章）

＿＿＿＿＿年＿＿＿＿＿月＿＿＿＿＿日

三、授权委托书

本人 ＿＿＿＿＿（姓名）系 ＿＿＿＿＿（申请人名称）的法定代表人，现委托 ＿＿＿＿＿（姓名）为我方代理人。代理人根据授权，以我方名义签署、澄清、说明、补正、递交、撤回、修改 ＿＿＿＿＿＿（项目名称）标段施工招标资格预审文件，其法律后果由我方承担。

委托期限：＿＿＿＿＿＿＿＿＿＿＿＿＿＿＿＿＿＿＿＿＿＿＿＿＿＿＿＿＿＿＿＿。

代理人无转委托权。

附：法定代表人身份证明

申　请　人：＿＿＿＿＿＿＿＿＿＿＿＿＿＿＿＿＿（盖单位章）

法定代表人：＿＿＿＿＿＿＿＿＿＿＿＿＿＿＿（签字）

身份证号码：＿＿＿＿＿＿＿＿＿＿＿＿＿＿＿＿＿

委托代理人：＿＿＿＿＿＿＿＿＿＿＿＿＿＿＿（签字）

身份证号码：＿＿＿＿＿＿＿＿＿＿＿＿＿＿＿＿＿

＿＿＿＿＿年＿＿＿月＿＿＿日

四、联合体协议书

牵头人名称：＿＿＿＿＿＿＿＿＿＿＿＿＿＿＿＿＿＿＿＿＿＿＿＿＿＿＿＿＿＿＿

法定代表人：＿＿＿＿＿＿＿＿＿＿＿＿＿＿＿＿＿＿＿＿＿＿＿＿＿＿＿＿＿＿＿

法定住所：＿＿＿＿＿＿＿＿＿＿＿＿＿＿＿＿＿＿＿＿＿＿＿＿＿＿＿＿＿＿＿

成员二名称：＿＿＿＿＿＿＿＿＿＿＿＿＿＿＿＿＿＿＿＿＿＿＿＿＿＿＿＿＿＿＿

法定代表人：＿＿＿＿＿＿＿＿＿＿＿＿＿＿＿＿＿＿＿＿＿＿＿＿＿＿＿＿＿＿＿

法定住所：＿＿＿＿＿＿＿＿＿＿＿＿＿＿＿＿＿＿＿＿＿＿＿＿＿＿＿＿＿＿＿

鉴于上述各成员单位经过友好协商，自愿组成 ＿＿＿＿＿＿＿（联合体名称）联合体，共同参加 ＿＿＿＿＿＿＿（招标人名称，以下称招标人）＿＿＿＿＿＿（项目名称）标段（以下称本工程）的施工投标，并争取赢得本工程的施工承包合同（以下称合同）。现就联合体投标事宜订立如下协议：

1. ＿＿＿＿＿＿＿（某成员单位名称）为 ＿＿＿＿＿＿＿（联合体名称）牵头人。

2. 在本工程投标阶段，联合体牵头人合法代表联合体各成员负责本工程资格预审申请文件和投标文件的编制活动，代表联合体提交和接收相关的资料、信息及指示，并处理与资格预审、投标和中标有关的一切事务；联合体中标后，联合体牵头人负责合同订立和合同实施阶段的主办、组织和协调工作。

3. 联合体将严格按照资格预审文件和招标文件的各项要求，递交资格预审申请文件和投标文件，履行投标义务和中标后的合同，共同承担合同规定的一切义务和责任，联合体各成员单位按照内部职责的划分，承担各自所负的责任和风险，并向招标人承担连带责任。

4. 联合体各成员单位内部的职责分工如下：＿＿＿＿＿＿＿＿＿＿＿＿＿＿＿＿＿

＿＿＿＿＿＿＿＿＿＿＿＿＿＿＿＿＿＿＿＿＿＿＿＿＿＿＿＿＿＿＿＿＿＿＿＿＿。

按照本条上述分工，联合体成员单位各自所承担的合同工作量比例如下：＿＿＿＿＿

＿＿＿＿＿＿＿＿＿＿＿＿＿＿＿＿＿＿＿＿＿＿＿＿＿＿＿＿＿＿＿＿＿＿＿＿＿。

5. 资格预审和投标工作以及联合体在中标后的工程实施过程中的有关费用按各自承担的工作量分摊。

6. 联合体中标后，本联合体协议是合同的附件，对联合体各成员单位有合同约束力。

7. 本协议书自签署之日起生效，联合体未通过资格预审、未中标或者中标时合同履行完毕后自动失效。

8. 本协议书一式_____份，联合体成员和招标人各执一份。

牵头人名称：_____（盖单位章）

法定代表人或其委托代理人：_____（签字）

成员二名称：_____（盖单位章）

法定代表人或其委托代理人：_____（签字）

_____年_____月_____日

备注：本协议书由委托代理人签字的，应附法定代表人签字的授权委托书。

五、申请人基本情况表

申请人名称							
注册地址				邮政编码			
联系方式	联系人			电　话			
	传　真			网　址			
组织结构							
法定代表人	姓名		技术职称			电话	
技术负责人	姓名		技术职称			电话	
成立时间				员工总人数：			
企业资质等级			其中	项目经理			
营业执照号				高级职称人员			
注册资本金				中级职称人员			
开户行				初级职称人员			
账号				技　工			
经营范围							
体系认证情况							
备注	（项目经理简历表单独列表）						

六、近年财务状况表

近年财务状况表是指经过会计师事务所或者审计机构审计过的财务会计报表，以下各类报表中反映的财务状况数据应当一致，如果有不一致之处，以不利于申请人的数据为准。

（一）近年资产负债表

（二）近年损益表

（三）近年利润表

（四）近年现金流量表

（五）财务状况说明书

备注：除财务状况总体说明外，本表应特别说明企业净资产，招标人也可根据招标项目具体情况要求说明是否拥有有效期内的银行 AAA 资信证明、本年度银行授信总额度、本年度可使用的银行授信余额等。

七、近年完成的类似项目情况表

项目名称	
项目所在地	
发包人名称	
发包人地址	
发包人电话	
合同价格	
开工日期	
竣工日期	
承包范围	（承担的工作）
工程质量	
项目经理	
技术负责人	
总监理工程师及电话	
项目描述	
备　注	

注：类似项目业绩须附合同协议书和竣工验收备案登记表复印件。

八、正在施工的和新承接的项目情况表

项目名称	
项目所在地	
发包人名称	
发包人地址	
发包人电话	
签约合同价	
开工日期	
计划竣工日期	
承包范围	（承担的工作）
工程质量	
项目经理	
技术负责人	
总监理工程师及电话	
项目描述	
备　注	

注：正在施工和新承接的项目须附合同协议书或者中标通知书复印件。

九、近年发生的诉讼和仲裁情况

近年发生的诉讼和仲裁情况仅限于申请人败诉的，且与履行施工承包合同有关的案件，不包括调解结案以及未裁决的仲裁或未终审判决的诉讼。

十、其他材料

1. 企业不良行为记录情况主要是指近年申请人在工程建设过程中因违反有关工程建设的法律、法规、规章或强制性标准和执业行为规范，经县级以上建设行政主管部门或其委托的执法监督机构查实和行政处罚，所形成的不良行为记录，应当结合第二章"申请人须知"前附表第9.1.2项定义的范围填写。

2. 合同履行情况主要是指申请人在建工程和近年已竣工工程是否按合同约定的工期、质量、安全等履行合同义务，对未竣工工程合同履行情况还应重点说明非不可抗力原因解除合同（如果有）的原因等具体情况等。

（一）拟投入主要施工机械设备情况表

机械设备名称	型号、规格	数　量	目前状况	来　源	现停放地点	备　注

注："目前状况"应说明已使用年限、是否完好以及目前是否正在使用；"来源"分为"自有"和"市场租赁"两种情况；正在使用中的设备应在"备注"中注明何时能够投入本项目，并提供相关证明材料。

（二）拟投入项目管理人员情况表

姓　名	性　别	年　龄	职　称	专　业	资格证书编号	拟在本项目中担任的工作或岗位职责

附1：项目经理简历表

项目经理应附建造师执业资格证书、注册证书、安全生产考核合格证书、身份证、职称证、学历证、养老保险复印件以及未担任其他在建工程的项目经理的承诺，管理过的项目业绩须附合同协议书和竣工验收备案登记表复印件。类似项目限于以项目经理身份参与的项目。

姓　名		年　龄		学　历	
职　称		职　务		拟在本工程任职	项目经理
注册建造师资格等级		级	建造师专业		
安全生产考核合格证书					
毕业学校		年毕业于	学校	专业	
主要工作经历					
时　间	参加过的类似项目名称		工程概况说明		发包人及联系电话

附2：主要项目管理人员简历表

主要项目管理人员是指项目副经理、技术负责人、合同商务负责人、专职安全生产管理人员等岗位人员。主要项目管理人员简历表应附注册资格证书、身份证、职称证、学历证、养老保险复印件，其中专职安全生产管理人员应附有效的安全生产考核合格证书。主要工作业绩须附合同协议书。

岗位名称			
姓　名			
性　别		年　龄	
		毕业学校	
学历和专业		毕业时间	
拥有的执业资格		专业职称	
执业资格证书编号		工作年限	
主要工作业绩及担任的主要工作			

附3：承诺书

承 诺 书

_____（招标人名称）：

我方在此声明，我方拟派往 _____（项目名称）_____ 标段的项目经理 _____（项目经理姓名）现阶段没有担任任何在建工程项目的项目经理。

我方保证上述信息的真实和准确，并愿意承担因我方就此弄虚作假所引起的一切法律后果。

特此承诺

申请人：_____（盖单位章）

法定代表人或其委托代理人：_____（签字）

_____年_____月_____日

3. 编写资格审查报告

招标人或资格审查委员会按照上述规定的程序对资格预审申请文件完成审查后，确定通过资格预审的申请人名单，并向招标人提交书面的资格审查报告。通过详细审查的申请人的数量不足3个的，招标人应分析具体原因，采取相应措施后，重新组织资格预审或不再组织资格预审，而采用资格后审方式直接招标。

资格审查报告一般包括以下内容：①基本情况和数据表；②资格审查委员会名单；③澄清、说明、补正事项纪要等；④审查程序和时间、未通过资格审查的情况说明、通过评审的申请人名单；⑤评分比较一览表和排序；⑥其他需要说明的问题。资格后审一般在评标过程中的初步评审阶段进行。采用资格后审的，对投标人资格审查的内容、评审方法和标准与资格预审基本相同，评审工作由招标人依法组建的评标委员会负责。

四、任务总结

【知识总结】

资格预审的评审工作包括组建资格审查委员会、初步审查、详细审查、澄清、评审和编写资格审查报告等工作。

【任务成果】

1）完成了资格预审文件中资格预审公告（代招标公告）、申请人须知前附表、资格审查办法（合格制、有限数量制）前附表等内容的编制。

2）编制了资格预审评审报告（资格审查报告）。*（可在本书配套资源中查看）*

五、巩固与练习

1. 引例解析

（1）本案例中，招标人组织资格审查的程序不正确。

依据《中华人民共和国招标投标法实施条例》《工程建设项目施工招标投标办法》，同时参照《中华人民共和国标准施工招标资格预审文件》，审查委员会的职责是依据资格预审文件载明的审查标准和方法，对招标人受理的资格预审申请文件进行审查，如果发现资格预审申请文件的封装和标识不符合资格预审文件的规定，应当向招标人了解有关情况，同时书面要求相关资格预审申请人给予必要的说明，以保证所审核的资格预审申请文件确实是资格预审申请人递交的文件。本案例中，资格审查委员会可以对资格预审申请文件的封装和标识进行检查，但未经过必要的核实、澄清或者说明工作直接判定申请文件是否有效的做法不妥。

（2）审查过程中，审查委员会第1)、第2)、第4）步的做法不正确。

第1）步中资格审查委员会的构成比例不符合招标人代表不能超过1/3，由政府相关部门组建的专家库确定的技术、经济专家不能少于2/3的规定，因为招标代理机构的代表参加评审，视同招标人代表。

第2）步中对2份在资格预审申请截止时间后送达的申请文件评审为有效申请文件的结论不正确，不符合市场交易中的诚信原则，也不符合《中华人民共和国标准施工招标资格预审文件》的规定。

第4）步中查对原件的目的仅在于审查委员会进一步判定原申请文件中营业执照副本（复印件）的有效与否，而不是判断营业执照副本原件是否有效。

（3）招标人不可以在上述通过资格预审的10名申请人中直接确定7名申请人参加投标，或者采用抽签方式确定7名申请人参加投标，因为这些做法不符合评审活动中的择优原则，限制了申请人之间的平等竞争，违反了公平竞争的招标原则。

如果招标人仅需要确定7名合格投标人参加投标，需要在资格预审文件中确定进一步的排序方法，以便资格审查委员会对申请人进行排序，进而推荐合格的投标人名单。本案例中，招标人不能再采用资格预审文件规定以外的标准或方法来限制通过资格预审的申请人参加投标。

练习题

2. 练习

3. 简答题

1）简述资格预审和资格后审的区别。

2）简述资格审查工作的流程。

3）资格审查报告一般包括哪些内容？

项目二任务五
简答题

4. 案例分析

某工程项目采用资格后审方式进行公开招标，招标人在招标文件中规定的开标现场门口安排专人接收投标文件，填写投标文件接收登记表。招标文件规定"投标文件正本、副本分开包装，并在封套上标记'正本'或'副本'字样。同时，在开口处加贴封条，在封套的封口处加盖投标人法人章，否则不予受理。"投标人A的正本与副本封装在了一个文件箱内；投标人B采用档案袋封装的投标文件，一共有5个档案袋，上面没有标记正本、副本字样；投标人C没有带投标保证金支票；投标人D在招标文件规定的投标截止时间后1分钟送到；其他投标文件均符合要求。本项目一共有6个投标人递交了投标文件。招标人在对上述四份投标文件进行接收时，存在以下两种意见：

1）投标人A、B、C、D的投标均可以受理，因为仅有6个投标人递交了投标文件，如果均不受理，则最多有两个投标人投标，直接造成本次招标失败，浪费了人力物力，不符合节俭经济的原则。

2）投标人 D 的投标不可以受理，其他的均可以受理，其中 C 虽然没有提交投标保证金，可以让该投标人在开标后再提交，不影响其投标有效性。

项目二任务五案例分析

问题：1）分析以上两种意见正确与否，说明理由。

2）招标人应采用什么样的方法处理上述投标文件？为什么？

六、交流与拓展

1. 四库一平台

资格审查中的一项很重要的工作就是查询企业近三年的诚信记录。建立统一的企业诚信库，是进一步提高招标投标监管水平，推进诚信体系建设，打击围标、串标，培养依法竞争、合理竞争、诚实守信的招标投标市场的有效手段。诚信库一般会记录并展示核验地区、核验人、核验通过时间等有关信息。

我国于 2015 年年底建成了"四库一平台"，即住房和城乡建设部全国建筑市场监管与诚信发布平台，包括企业库、人员库、项目库、信用库，四库互联互通。登录平台以身份证可以查人员，以单位名可以查人员，以人员可查单位，解决了数据多头采集、重复录入、真实性核实、项目数据缺失、诚信信息难以采集、市场监管与行政审批脱离、"市场与现场"两场无法联动等问题，保证数据的全面性、真实性、关联性和动态性，实现了全国建筑市场"数据一个库、监管一张网、管理一条线"的信息化监管目标。

2. 登录"信用中国"网站查询××企业诚信记录

3. 资格预审文件案例参考 *（可在本书配套资源中查看）*

任务六　编制招标文件

 引例

××学校教学楼项目已由××省发展和改革委员会以【2024】××号文件批准建设，招标人（项目业主）为××学校，建设资金来自中央预算内资金及部分自筹。项目出资比例为政府 70%，自筹 30%，具备招标条件。项目总建筑面积 10000m²，地上 11 层，地下 1 层。建设地点：××市××街××号。招标范围：教学楼及外线工程，以及施工图纸范围内的全部内容（详见工程量清单及图纸）的施工招标。1 个标段，计划工期 380 日历天。质量标准为合格。

由于建设方不具备编制招标文件的能力，便委托了有招标投标经历的李某来编写，而李某仅编制过投标书，从未编制过招标文件，于是便借鉴了一个已经完工的类似项目的招标文件，其中的各项内容均未做修改，仅将封面进行改动。

在此招标文件编制过程中出现了哪些问题？

一、任务准备

【任务依据】

《中华人民共和国标准施工招标文件》由国家发改委、建设部等部委联合编制，2007年11月1日发布，于2008年5月1日起在全国施行，作为编制招标文件的标准文本。

2010年住房和城乡建设部发布了配套的《中华人民共和国房屋建筑和市政工程标准施工招标文件》*（可在本书配套资源中查看）*，简称"行业标准施工招标文件"，广泛适用于一定规模以上的房屋建筑和市政工程的施工招标。

2012年发布的《中华人民共和国简明标准施工招标文件》*（可在本书配套资源中查看）* 适用于工期不超过12个月、技术相对简单且设计和施工不是由同一承包人承担的小型项目的施工招标。

【相关知识】

建设工程招标文件是建设工程招标人单方面阐述自己的招标条件和具体要求的意思表示，是招标人确定、修改和解释有关招标事项的各种书面表达形式的统称。

从合同订立过程分析，建设工程招标文件在性质上属于要约邀请，其目的在于唤起投标人的注意，希望投标人能按照招标人的要求向招标人发出要约。凡不满足招标文件要求的投标书，将被招标人拒绝。

1. 招标文件的组成

建设工程招标文件是由一系列有关招标方面的说明性文件资料组成的，包括各种旨在阐释招标人意志的书面文字、图表等信息。招标文件的一般构成按照有关招标投标法律法规与规章的规定，由以下八项基本内容构成：

1）招标公告或投标邀请书（详见本项目任务四）。
2）投标人须知（含投标报价和对投标人的各项投标规定与要求）。
3）评标标准和评标方法。
4）技术条款（含技术标准、规格、使用要求以及图纸等）。
5）投标文件格式。
6）拟签订合同主要条款和合同格式。
7）招标控制价及工程量清单。
8）图纸等附件，以及其他要求投标人提供的材料。

2. 投标人须知

投标人须知正文的内容，主要包括：

1）投标人须知前附表。
2）招标活动日程安排。
3）总则。
4）投标人资格。
5）招标文件。
6）投标报价。

7）投标文件。

8）投标文件的编制及递交要求。

9）开标。

10）评标。

11）其他。

12）授予合同。

13）工程结算。

3. 投标文件的内容

投标文件主要包括商务标和技术标两部分内容。

（1）商务标投标文件

商务标投标文件内容包括：

1）投标函及投标函附录。

2）法定代表人资格证明书或法定代表人授权委托书。

3）联合体协议书（联合体投标时提供）。

4）投标保证金（或保函）。

5）已标价工程量清单。

（2）技术标投标文件

技术标投标文件内容包括：

1）施工组织设计。

2）项目管理机构。

3）项目拟分包情况等。

4）资格审查资料。

5）其他材料。

4. 拟签订合同主要条款和合同格式

招标文件中的合同条件和合同协议条款是招标人单方面提出的关于招标人、投标人、监理工程师等各方权利义务关系的设想和意愿，是对合同签订、履行过程中遇到的工程进度、质量、检验、支付、索赔、争议、仲裁等问题的示范性、定式性阐释。我国目前在工程建设领域普遍推行由住房和城乡建设部和国家工商行政管理总局制定的《建设工程施工合同（示范文本）》（GF—2017—0201），该文本由合同协议书、通用合同条款和专用合同条款三部分组成。

5. 工程招标控制价及招标工程量清单

工程招标控制价是工程的最高限价，投标人投标报价高于工程招标控制价的，评标委员会将否决其投标。工程招标控制价须到建设行政主管部门所属造价管理机构备案后有效。招标控制价应当执行以下规定：

1）国有资金投资的建设工程招标，招标人必须编制招标控制价。

2）招标控制价超过设计概算时，招标人应将其报原概算审批部门审核。

3）投标报价高于招标控制价，投标应予以拒绝。

4）招标控制价应由具有编制能力的招标人或者受其委托的具有相应资质的工程造价咨询人编制和复核。

5）招标控制价应在招标文件中予以公布，不应上调或下浮，招标人应将招标控制价及有关资料报送工程所在地工程造价管理机构备案。

二、任务内容

1）编制招标公告。
2）编制投标邀请书。
3）编制投标人须知前附表。
4）编制招标控制价。

三、任务实施

1. 编制招标公告（详见本项目任务四）

2. 编制投标邀请书（详见本项目任务四）

3. 编制投标人须知前附表

投标人须知前附表是招标人告知投标人招标项目基本信息和对投标人要求的表格，见表2-13。

表2-13 投标人须知前附表

条 款 号	条 款 名 称	编 列 内 容
1.1	基本情况	
1.1.1	招标人	名称：××学校 地址：××市××路××号 联系人：×× 电话：×× 电子邮件：××
1.1.2	招标代理机构	名称：××工程项目管理有限公司 地址：××市××街××号 联系人：×× 电话：×× 电子邮件：××
1.1.3	项目名称	××学校教学楼项目
1.1.4	建设地点	××市××街××号××地址
1.1.5	资金来源	中央预算内资金及自筹
1.1.6	出资比例	政府70%，自筹30%
1.1.7	资金落实情况	已落实
1.1.8	招标范围	教学楼及外线工程，以及施工图纸范围内的全部内容（详见工程量清单及图纸），关于招标范围的详细说明见第七章"技术标准和要求"

（续）

条　款　号	条款名称	编列内容
1.1.9	计划工期	定额工期：　428　日历天 计划工期：　380　日历天 计划开工日期：　2024　年　6　月　17　日 计划竣工日期：　2025　年　7　月　1　日 有关工期的详细要求见第七章"技术标准和要求"
1.1.10	质量要求	质量标准：　　合格　　 关于质量要求的详细说明见第七章"技术标准和要求"
1.1.11	投标人资质条件、能力和信誉	资质条件：投标人须具备建筑工程施工总承包　叁级　及以上资质 项目经理资格：　建筑工程　专业　贰　级（含以上级）注册建造师执业资格，具备有效的安全生产考核合格证书，且不得担任其他在建工程项目的项目经理 其他要求：无
1.1.12	是否接受联合体投标	√不接受 □ 接受，应满足下列要求： 联合体资质按照联合体协议约定的分工认定
1.1.13	投标截止时间	2024　年　05　月　28　日　09　时　00　分
1.1.14	踏勘现场	不组织
1.1.15	投标预备会	不召开
1.2	构成招标文件的其他材料	
1.2.1	投标人要求澄清招标文件的截止时间	投标人应仔细阅读和检查招标文件的全部内容。如有疑问，应在　2024　年　05　月　13　日　17　时　00　分前，通过招标文件电子版下载页面提交
1.3	构成投标文件的相关情况	
1.3.1	投标有效期	60　天
1.3.2	投标保证金	投标保证金的形式：银行保函［应当从本省区域内或者外埠企业注册所在地（设区市区域内）的全国性商业银行、城市商业银行或政策性银行出具］ 投标保证金的金额：　20　万元 投标保证金的有效期：2024　年　05　月　26　日至　2024　年　07　月　24　日
1.3.3	投标文件副本份数	肆份
1.3.4	装订要求	按照投标人须知第3.1.1项规定的投标文件组成内容，投标文件应按以下要求装订： √不分册装订 □ 分册装订，共分　　　册，分别为： 每册采用胶装方式装订 装订应牢固、不易拆散和换页，不得采用活页装订

（续）

条 款 号	条 款 名 称	编 列 内 容
1.3.5	封套上写明	招标人地址：_____ 招标人名称：_____ ××学校教学楼项目投标文件在 __2024__ 年 __5__ 月 __28__ 日 __9__ 时 __0__ 分前不得开启
1.4	开标的相关情况	
1.4.1	递交投标文件地点	××市公共资源交易中心（具体开标室以开标当天交易中心一楼电子屏幕上注明的开标室为准）
1.4.2	开标时间和地点	开标时间：同投标截止时间 开标地点：同递交投标文件地点
1.4.3	评标委员会的组建	评标委员会构成：__5__ 人，其中招标人代表 __1__ 人（应当满足我省评标专家的专业及职称要求），由我省评标专家库随机抽取专家 __4__ 人
1.4.4	是否授权评标委员会确定中标人	□ 是 √ 否，推荐的中标候选人数：__3__ 名

2. 需要补充的其他内容

2.1	词语定义	
2.1.1	类似项目	类似项目是指：建筑面积 10000m² 以上的公共建筑
……		
2.2	投标最高限价	
2.2.1	投标最高限价（拦标价）	本工程的投标最高限价（拦标价）是人民币贰仟叁佰肆拾伍万元（2345 万元）
2.3	投标文件电子版	
2.3.1	投标人在递交投标文件时，同时递交投标文件电子版	投标文件电子版份数 __2__ 份 电子投标文件（不可改写的光盘）必须采用"××省建设工程投标文件制作系统"制作；光盘上应贴标签，标签上注明投标单位名称，并加盖投标单位公章及投标单位法定代表人印签或签字。电子投标文件包含的表格，其内容必须与书面文件完全一致。否则，其投标文件按无效投标处理 投标文件电子版在导入计算机辅助评标系统时，无法正常导入进行评标工作的，按无效投标处理
2.4	计算机辅助评标：评标方法见第三章"评标办法"	
2.5	投标人代表出席开标会	
2.5.1		按照本须知第5.1款的规定，参加开标会的法定代表人或其委托代理人在开标时出示本人身份证原件，投标文件中要有参加开标会人员的身份证明原件（法定代表人身份证明书或授权委托书）
2.6	中标公示	
2.6.1		招标人应当自收到评标报告之日起3日内，将中标候选人的情况在本招标项目招标公告发布的同一媒介予以公示，公示期不得少于3日
2.7	知识产权	
2.7.1		构成本招标文件各个组成部分的文件，未经招标人书面同意，投标人不得用于非本招标项目所需的其他目的。招标人全部或者部分使用未中标人投标文件中的技术成果或技术方案时，需征得其书面同意，并不得擅自复印或提供给第三人
2.8	重新招标的情形	
2.8.1		开标时，投标人少于三个的，招标人应当依法重新招标
2.8.2		所有投标被否决的，招标人在分析招标失败的原因并采取相应措施后，应当依法重新招标

（续）

条 款 号	条 款 名 称	编 列 内 容
2.9	同义词语	
2.9.1		构成招标文件组成部分的"通用合同条款""专用合同条款""技术标准和要求""工程量清单"等的章节中出现的措辞"发包人"和"承包人"，在招标投标阶段应当分别按"招标人"和"投标人"进行理解
2.10	监督	
2.10.1		本项目的招标投标活动及其相关当事人应当接受有管辖权的建设工程招标投标行政监督部门依法实施的监督
2.11	解释权	
2.11.1		构成本招标文件的各个组成文件应互为解释，互为说明；如有不明确或不一致的部分构成合同文件组成内容的，以合同文件约定内容为准，且以专用合同条款约定的合同文件优先顺序进行解释；除招标文件中有特别规定外，仅适用于招标投标阶段的规定按招标公告（投标邀请书）、投标人须知、评标办法、投标文件格式的先后顺序进行解释；同一组成文件中就同一事项的规定或约定不一致的，以编排顺序在后者为准；同一组成文件不同版本之间有不一致的，以形成时间在后者为准。按本款前述规定仍不能形成结论的，由招标人负责解释
2.12	招标人补充的其他内容	
……		
3		本招标文件的实质性要求，投标人必须满足，否则其投标文件按无效投标处理

4. 编制招标控制价

招标控制价编制的内容如下：

1）编制分部分项工程量清单：分部分项工程量清单中的分部分项工程费应根据招标文件中的分部分项工程量清单项目的特征描述及有关要求，按规定确定综合单价进行计算。综合单价包括人工费、材料费、机械费、管理费、利润和适当的风险费用。招标文件提供了暂估单价的材料，按暂估的单价计入综合单价。

2）编制措施项目清单：按招标文件中提供的措施项目清单，需采用分部分项工程综合单价形式进行计价的工程量，应按措施项目清单中的工程量，并按规定确定综合单价；以"项"为单位的方式计价的，按规定确定除规费、税金以外的全部费用。措施项目费中的安全文明施工费应当按照国家或省级、行业建设主管部门的规定标准计价。

3）编制其他项目清单：其他项目清单的其他项目费包括暂列金额、暂估价、计日工、总承包服务费。暂列金额由招标人根据工程特点，按有关计价规定进行估算确定。为保证工程施工建设的顺利实施，在编制招标控制价时应对施工过程中可能出现的各种不确定因素对工程造价的影响进行估算，列出一笔暂列金额。暂列金额可根据工程的复杂程度、设计深度、工程环境条件（包括地质、水文、气候条件等）进行估算，一般可按分部分项工程费的10%~15%作为参考。

暂估价包括材料暂估价和专业工程暂估价。暂估价中的材料单价应按照工程造价管理机构发布的工程造价信息或参考市场价格确定；暂估价中的专业工程暂估价应分不同专业，按有关计价规定估算。

计日工包括计日工的人工、材料和施工机械。在编制招标控制价时，对计日工中的人工单价和施工机械台班单价应按省级、行业建设主管部门或其授权的工程造价管理机构公布的单价计算；材料应按工程造价管理机构发布的工程造价信息中的材料单价计算，工程造价信息未发布材料单价的材料，其价格应按市场调查确定的单价计算。

总承包服务费规定招标人应根据招标文件中列出的内容和向总承包人提出的要求，参照下列标准计算：招标人要求对分包的专业工程进行总承包管理和协调时，按分包的专业工程估算造价的 1.5% 计算；招标人要求对分包的专业工程进行总承包管理和协调，并同时要求提供配合服务时，根据招标文件中列出的配合服务内容和提出的要求计算；招标人自行供应材料的，按招标人供应材料价值的 1% 计算。

招标控制价的规费和税金必须按国家或省级、行业建设主管部门的规定计算，不得竞争。

四、任务总结

【知识总结】

招标文件是整个工程招标投标和施工过程中重要的法律文件之一，是投标人准备投标文件和参加投标的依据，是评审委员会评标的依据，也是拟订合同的基础，对参与招标投标活动的各方均有法律效力。所以，其编制应该正确、详细地反映项目实际。招标文件的编制要规范、统一、语言严谨、明确。本任务重点学习了：

1）招标文件的组成。

2）投标人须知。

3）投标文件的格式要求。

4）拟签订合同主要条款和合同格式。

5）招标控制价及工程量清单的构成。

【任务成果】

1）编制了招标公告。

2）编制了投标邀请书。

3）编制了投标人须知前附表。

4）学习了招标控制价的编制方法。

【注意事项】

1. 招标控制价编制注意事项

招标控制价是投标人投标报价的上限，不同于标底，无须保密。为体现招标的公平、公正，防止招标人有意抬高或压低工程造价，招标人应在招标文件中如实公布招标控制价，不得对所编制的招标控制价进行上浮或下调。招标人在招标文件中公布招标控制价时，应公布招标控制价各组成部分的详细内容，不得只公布招标控制价总价。同时，招标人应将招标控制价报工程所在地的工程造价管理机构备查。

投标人经复核认为招标人公布的招标控制价未按照《建设工程工程量清单计价规范》（GB 50500—2013）的规定进行编制的，应在开标前 5 天向招标投标监督机构或（和）工程造价管理机构投诉。招标投标监督机构应会同工程造价管理机构对投诉进行处理，发现确有错误的，应责成招标人修改。

2. 投标人须知前附表填写及注意事项

1）质量标准：国家强制性的质量标准为"合格"。

2）招标范围：是指本工程项目的招标范围，要填写清楚，可详见工程量清单。

3）工期：工期是按照国家工期定额确定的日历天数，如果招标项目的工期因特殊原因小于定额工期时，应在招标文件中明确告知投标人在报价时考虑必要的赶工措施费。

4）资金来源：填写投资主体和构成，并明确是国有投资还是民营投资，是全额国有投资还是国有投资只占其中一部分比例，比例是多少。

5）投标人资质等级要求：包括行业类别、资质类别、资质等级三部分。

6）资格审查方式：分资格预审和资格后审。如为资格后审，则要在评标办法中写清资格审查办法，评标程序中也要增加资格评审环节，资格评审应在技术标和商务标的评审之前进行。

7）工程计价方式：分综合单价法和工料单价法，应结合工程实际需要确定采用哪种计价方法。

8）投标有效期：招标文件规定的投标有效期是保证招标人有足够的时间完成评标和与中标人签订合同的时间，一般是 60～120 天。投标有效期从提交投标文件截止日起计算。

开标之前，投标不是生效的要约，所以可以撤回、修改和补正，不用承担法律责任。但开标之后、签合同以前（投标截止日），投标作为生效的要约，受到法律约束，不能撤销，否则会丧失投标保证金。

五、巩固与练习

1. 引例解析

根据所学知识，分析前面的导入案例中的招标文件编制有如下不妥之处：

首先，当建设单位不具备自行编制招标文件的能力时，通常会委托招标代理机构或咨询服务机构的专业人士负责编制，并由招标投标管理机构负责审定。案例中由不会编制招标文件的李某进行编制显而易见是错误的。其次，从上述招标文件的编制原则中可以发现，招标文件应该正确、详细地反映项目实际，每一个招标项目都具有不同特征，因此编制招标文件绝非是单纯借鉴类似项目，而内容不做修改这么简单的问题。

练习题

2. 练习

3. 简答题

1）招标文件包括哪些内容？

2）阐述招标文件的重要性。

3）招标控制价包括哪些内容？

项目二任务六
简答题

4. 实训练习

1）编制引例中项目的招标公告。

2）编制引例中项目的投标邀请书。

3）编制引例中项目的投标人须知前附表。

六、交流与拓展

1. 招标文件的修改

1）在投标截止时间前 15 天，招标人通过××采购与招标网通知所有潜在投标人修改招标文件，修改招标文件经有关行政监督管理部门备案后有效。修改后的招标文件作为招标文件的组成部分，对投标人起同等约束作用。修改后的招标文件、招标文件的澄清及有关招标信息由投标人自行在××采购与招标网上查阅，因投标人未及时查阅造成投标人损失的，招标人不承担责任。

2）为使投标人在编制投标文件时把修改后的招标文件的内容考虑进去，招标人可以酌情延长递交投标文件的截止时间。具体时间将在修改后的招标文件通知中写明。

3）当招标文件、修改后的招标文件通知的内容相互矛盾时，以最后发出的通知为准。

河北省建筑工程招投标交易管理系统介绍

投标人应认真审阅招标文件中所有的招标公告（邀请书）、投标人须知、合同条件、规定格式、要求和说明、技术规范和资料等内容，如果投标人的投标文件及其他条件不能满足本招标文件的实质性要求，招标人在任何环节可拒绝或否决其投标，责任由投标人自负。

2. 登录当地公共资源交易平台下载并查看一个建设工程招标文件

3. 电子招标投标平台的应用

实训一　招标文件编制实训

一、实训目标

通过招标文件编制实训，模拟真实的工作情境，锻炼学生编制招标文件的能力，与工作岗位对接。

二、拟招标项目概况

本招标项目名称：××学校教学楼。项目已由××省发展和改革委员会以【2024】××号文件批准建设，招标人（项目业主）为××学校，建设资金来自中央预算内资金及自筹，项目出资比例为政府70%，自筹30%。项目已具备招标条件，现对该项目的施工进行招标。

项目总建筑面积 10000m²，地上 11 层，地下 1 层。结构类型：框架-剪力墙结构。招标内容：施工招标。招标范围：教学楼及外线工程，以及施工图纸范围内的全部内容（详见工程量清单及图纸）。标段划分：1 个标段。计划工期：380 日历天，计划开工日期为 2024 年 6 月 17 日。质量标准：合格。承包方式：包工包料。

要求投标人须具备建筑工程施工总承包叁级及以上资质，并在人员、设备、资金等方面具有相应的施工能力。其中，投标人拟派项目经理须具备建筑工程专业贰级（含以上级）注册建造师执业资格，具备有效的安全生产考核合格证书，且未担任其他在建工程项目的项目经理。本项目不接受联合体投标。

投标文件递交的截止时间为 2024 年 05 月 28 日 09 时 00 分。地点为××市公共资源交易中心。逾期送达的或者未送达指定地点的投标文件，招标人不予受理。

招标代理机构：××工程项目管理有限公司。

三、实训任务

依据《中华人民共和国房屋建筑和市政工程标准施工招标文件》，一个完整的招标文件包括：招标公告或投标邀请书；投标人须知；评标标准和评标方法；技术条款；投标文件格式；拟签订合同主要条款和合同格式；招标控制价及工程量清单；图纸等附件和其他要求投标人提供的材料等内容。本次实训任务要在4个学时内完成以下三项任务：

任务1：招标人编制招标公告（未进行资格预审）、投标邀请书（适用于邀请招标）。

任务2：招标人编制投标人须知前附表。

任务3：招标人编制评标办法（经评审的最低投标价法、综合评估法）。

四、任务实施

1. 实训组织

实训教学分组进行，建议每组由6名同学组成，选出组长。由组长将任务1、2、3分配给不同组员，限定组员在3个学时内完成本职工作，交由组长合成一个招标文件（0.5个学时）。最后由老师点评各组成果，核定成绩（0.5个学时）。

2. 实训资料

实训资料信息详见。*（可在本书配套资源中查看）*

3. 招标文件案例参考 *（可在本书配套资源中查看）*

五、实训成绩考核

1）内容准确，时间节点无误，按时完成得90~100分。

2）内容基本正确，时间节点80%准确，于规定时间完成任务的80%以上得80~90分。

3）内容60%准确，时间节点60%准确，于规定时间完成任务的60%以上得60~70分。

4）课上完不成任务不及格，需要课下完成。

六、拓展

学习招标文件制作系统。

招标文件制作
系统ZB2005
使用

【知识目标】

1. 熟悉建设工程投标决策的策略和技巧。
2. 熟悉建设工程资格审查申请文件和建设工程投标文件的编制方法。
3. 掌握建设工程资格审查申请文件和建设工程投标文件的内容组成。

【技能目标】

1. 能获取招标信息。
2. 能编制资格审查申请文件。
3. 能参与组织编制投标文件。
4. 能进行电子投标。

【素养目标】

1. 通过对现行招投标相关法律、法规、规定的学习，养成遵纪守法意识，恪守职业道德，规范投标行为。
2. 严格按照招标文件要求编制投标文件，养成严谨的工作作风，树立分工协作的团队意识，激发奋勇争先的品质。
3. 通过对投标技巧和策略的学习，形成原则性与灵活性相结合的工作方法。

【任务分解】

项目名称	任务分解	知 识 点	学 时 分 配		
			理论教学	实践教学	模拟现场教学
项目三 建筑工程投标	任务一 投标决策	工程项目投标的程序	2	2	
		影响投标决策的因素			
		投标策略的种类			
		常见的投标技巧			
	任务二 申请投标资格审查	资格预审申请文件的组成及编写要求	2	2	
		资格后审需要提交的资料			
	任务三 编制投标文件	投标文件的组成及编写要求	2	2	
	实训二 投标文件编制实训	编制投标文件			4

任务一　投 标 决 策

 引例

　　××市××学校教学楼工程施工招标，该项目的施工招标申请和招标文件取得了该市建设工程招标管理办公室的批准和备案。招标人在××省招标投标公共服务平台和相关网站同步发布了招标公告。甲建筑公司获取招标信息后，需要决策是否投标，如果投标，需要采取何种投标策略及技巧。

一、任务准备

【任务依据】

　　1）《中华人民共和国招标投标法》：

　　第二十九条：投标人在招标文件要求提交投标文件截止日期前，可以补充、修改或撤回已提交的投标文件，并书面通知招标人。补充、修改的内容为投标文件的组成部分。

　　第三十九条：评标委员会可以要求投标人对投标文件中含义不明确的内容作必要的澄清或者说明，但澄清或者说明不得超出投标文件的范围或者改变投标文件的实质性内容。

　　第四十六条：招标人和中标人应当自中标通知书发出之日起30日内，按照招标文件和中标人的投标文件订立书面合同。招标人和中标人不得再行订立背离合同实质性内容的其他协议。招标文件要求中标人提交履约保证金的，中标人应当提交。

　　2）招标公告、招标文件等招标项目信息。

【相关知识】

1. 工程项目投标的一般程序

　　建设工程投标是建设工程招标投标活动中投标人的一项重要活动，也是建筑企业取得承包权的主要途径。建设工程投标的一般程序如图3-1所示。

工程投标程序

（1）投标的前期工作

　　投标的前期工作有以下内容。

　　1）获取招标信息：投标人获得招标信息的渠道很多，最普遍的做法是通过公共服务平台发布的招标公告获取招标信息。

　　2）确定参加投标，准备资料：为减少工程实施过程中的风险，投标人在证实招标信息真实可靠后，要对招标人的信誉、实力等方面进行了解，进而做出是否投标的决定。若决定投标，则需为参加投标准备相关资料。

　　3）参加资格预审（如果有）：如果招标项目有资格预审，投标人要按照招标人编制的资格预审文件的要求编制资格预审申请文件，并参加资格预审。

4）获取招标文件：投标人通过资格预审后，从招标人或招标代理人处获取招标文件。

5）组建投标班子：为了确保在投标竞争中获得胜利，投标人在投标前应建立专门的投标班子，负责投标事宜。投标班子中的人员应包括施工管理、技术经济、财务、法律法规等方面的专业人员。投标班子中的人员在业务上应精干、富有经验，且受过良好培训，有娴熟的投标技巧；素质上应工作认真，具有职业道德。投标报价是技术性很强的一项工作，投标人在投标时根据需要，也可以请具有资质的投标代理机构代理投标或进行投标策划，以提高中标概率。

（2）收集资料、准备投标

组建投标班子后，投标人应进行具体的投标准备工作。投标准备工作包括分析、研究招标文件，进行施工现场踏勘，参加答疑会，进行市场询价及调查，计算和复核招标文件提供的工程量等。

1）分析、研究招标文件：投标人应认真阅读招标文件中的所有条款，关注投标过程中各项活动的时间安排，明确招标文件中对投标报价、工期、质量等的要求；同时，对招标文件中的合同条款、废标的条件等主要内容进行认真分析，理解招标文件隐含的含义。对可能产生疑义或不清楚的地方，向招标人书面提出。

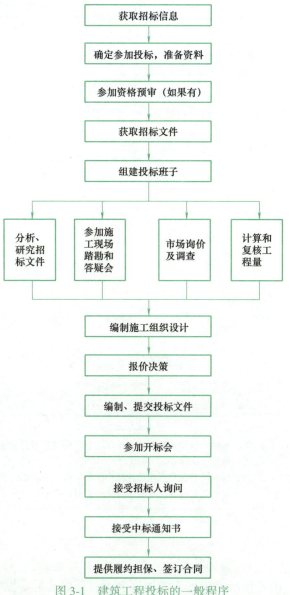

图 3-1 建筑工程投标的一般程序

2）进行施工现场踏勘：投标人在获取招标文件后，除对招标文件进行认真研读、分析之外，还应按照招标文件规定的时间，进行施工现场踏勘。实行工程量清单报价模式后，投标人所报的单价一般被认为是在经过现场踏勘的基础上编制而成的。投标报价报出后，投标人就不能以现场踏勘不周、情况了解不细或因素考虑不全为理由，提出修改投标报价或索赔等要求。

现场踏勘的主要内容包括工程所在地的气候、地形、地貌、交通、电力、水源、障碍物等情况，以及工地附近的住宿条件、场地条件、治安情况等。现场踏勘可为投标工作提供第一手资料。

投标人现场踏勘后需要填写工程现场踏勘情况记录表（见表 3-1）。

表 3-1　工程现场踏勘情况记录表

工程基本情况	工程名称		
	工程地址		
	建设单位名称		
	受理申请施工许可的时间	年　　月　　日	
	施工许可申请表编号		
现场踏勘情况记录	现场踏勘时间	年　　月　　日	
	申报工程位置是否与现场踏勘位置相符	是□　　否□	
	现场地上物拆除情况	施工区域内地上物全部拆除完毕□	
	现场安全防护措施	现场周边已设置围挡　　　　　　　　　　　□ 已向施工单位提供了各类地下管线资料并制定了安全保护措施　　　　　　　　　　□ 施工现场上方的空中区域无障碍　　　　□ 已要求施工单位对可能影响的毗邻建筑物制定了安全防护措施　　　　　　　　　　□	
	是否符合施工条件	供水和排水　　　　符合□　不符合□ 电力　　　　　　　符合□　不符合□ 施工道路　　　　　符合□　不符合□ 施工场地平整　　　符合□　不符合□	
	有无违法开工行为	有□　　无□	
	现场照片	（附后）	
	备注		

注意事项：

1. 现场踏勘人员应认真勘察施工现场各项情况是否符合施工要求，对有关资料可进行询问式调查，如实填写工程现场踏勘情况记录表。
2. 现场的建设单位负责人员应配合踏勘工作，主动提供有关踏勘资料，投标人要认真核对记录情况，如有异议应当场提出；如无异议，应签字确认，并对已签字确认的情况承担相应法律责任。

工程现场建设单位负责人意见：（签名）　　　　　　　　现场踏勘人员（签名）

年　　月　　日

3）参加答疑会：答疑会又称标前会，招标人一般会在工程施工现场踏勘之后的 1~2 天内召集所有投标人参加该会议，目的是解答投标人对招标文件及施工现场踏勘中所提出的问题，并对图纸进行交底和解释。投标人在对招标文件进行认真分析和现场踏勘后，以书面的形式将投标过程中可能遇到的所有问题向招标人提出，招标人也应以书面形式予以解答，并形成答疑纪要。答疑纪要是招标文件不可分割的部分，原招标文件相应条款与答疑纪要有不一致之处，以答疑纪要为准，从而为投标人下一步工作的顺利开展打下基础。

4）进行市场询价及调查：编制投标文件时，投标报价非常重要。为了能够准确地确定投标报价，投标时应仔细调查工程所在地的工资标准、材料来源、材料价格、运输方式、机械设备租赁价格等和报价有关的市场信息，为准确报价提供依据。

5）计算和复核工程量：我国的建设工程施工投标中的工程量计算和复核有两种情况。

① 招标人编制的招标文件中给出具体的招标工程量清单供投标人报价时使用，这种情况下，投标人在进行投标时，根据图纸等资料对给定工程量的准确性进行复核，为投标报价

提供依据。在工程量复核过程中，若发现某些工程量有较大的出入或遗漏，应向招标人提出，要求招标人更正或补充。若招标人不做更正或补充，投标人投标时应注意调整单价以减少实际实施过程中由于工程量调整带来的风险。

②招标人不给出具体的工程量清单，只给出相应工程的施工图纸，这时的投标报价应根据给定的施工图纸结合工程量计算规则自行计算工程量。自行计算工程量时，应严格按照工程量计算规则准确计算，不能漏项，不能少算或多算。

6）编制施工组织设计：施工组织设计是确定投标报价的重要依据之一，是施工项目的实施方案，包括施工的具体实施方案、施工技术、主要施工机具、施工现场布置等内容。

7）报价决策：施工组织设计或施工方案确定以后，在前期市场询价的基础上，投标人计算出分部分项综合单价及措施费，核算出基础投标报价；再根据企业自身情况选择适合的投标报价策略，调整与策略相适应的投标报价，最终确定投标项目的投标报价。

（3）编制和提交投标文件

经过前期准备工作之后，投标人开始进行投标文件的编制工作。投标人编制投标文件，须按照招标文件的内容、格式和顺序要求进行编写。投标文件编写完成后应按招标文件中规定的时间、地点提交投标文件并填写投标文件递交登记表（见表3-2）。

表3-2　投标文件递交登记表

项目名称：

项目编号：

序　号	投标单位	递交时间	法定代表人或授权代理人	联系电话

（4）参加开标会议并接受招标人的询问

投标人在编制和提交投标文件后，应按时参加开标会议。开标会议由投标人的法定代表人或其授权代理人参加。如果法定代表人参加开标会议，应持有法定代表人资格证明；如果是委托代理人参加开标会议，应持有法人代表的授权委托书及身份证。一般规定，不参加开标会议的投标人，其投标文件将不予启封，视为投标人自动放弃本次投标。

在评标过程中，评标委员会根据情况可以要求投标人对投标文件中含义不明确的内容作必要的澄清或者说明。这时投标人应积极地予以澄清或者说明，但投标人的澄清或者说明，不得超出投标文件的范围或者改变投标文件中的工期、报价、质量、优惠条件等实质性内容。

（5）接受中标通知书、提供履约担保、签订合同

投标人中标后，应接收招标人发出的中标通知书。并应在通知书规定的时间和地点与招标人签订合同。根据《中华人民共和国招标投标法》规定，招标人和中标人应当自中标通知书发出之日起30日内订立书面合同，合同内容应根据招标文件约定的合同文本签订。招标文件要求中标人提交履约担保的，中标人应按照招标人的要求提供。合同正式签订之后，应按要求将合同副本分送有关主管部门备案。

2. 建筑工程投标决策

建筑工程投标决策是建筑工程投标人选择、确定投标目标和制定投标行动方案的过程。建筑工程投标决策分为前期阶段和后期阶段。建筑工程投标决策的前期阶段简称前期投标决策，即建筑企业对是否参加招标项目的投标进行研究论证并做出决策。建筑工程投标决策的后期阶段简称后期投标决策，即建筑工程投标人从申报资格预审文件开始，至做出投标报价决定（报送投标文件）期间的决策阶段，主要研究投标中如何采用以长制短、以优胜劣的策略和技巧，以达到中标的目的。

(1) 前期投标决策

前期投标决策是指投标人获取招标信息后，积极组织有关技术、经济专家和项目管理者分析招标信息，并结合自身条件以决定是否参加投标。分析内容如下：

1) 资格条件分析：根据资格预审文件或招标文件中招标人要求的资格条件，对照本单位具备的条件进行分析。如果超出本公司的营业范围和经营能力，应放弃投标。

2) 可靠性分析：认真分析验证招标信息的可靠性，并核实项目是否确已立项批准、资金是否确已落实，发包人的支付能力及履约能力是否符合要求等。如果发包人的支付能力差、信誉差，则应放弃投标。

3) 可实现性分析：分析资格预审文件或招标文件中招标项目内容实施的时间与地点、技术标准和要求、预期效益等的可实现性。

4) 实施条件分析：比照资格预审文件或招标文件的条件，分析本单位人员的管理能力，资金周转情况，设备、设施状况等实施条件。本单位生产任务饱满，目前的劳动力、机械设备、周转材料不能满足招标项目的需要或者招标项目风险较大或者盈利水平低的项目，应放弃投标。

5) 预期竞争对手和竞争形势的分析：要做到"知己知彼，百战不殆"，投标时需了解竞争对手的情况。从总的竞争形势来看，竞争对手的数量越多、实力越强，则竞争越激烈、中标概率越小。所以，企业应不断提高自身实力，不断发掘自身优势，这样才能够在竞争激烈的建筑市场中立足。如果本单位在充分发掘自身优势之后仍不敌竞争对手，应放弃投标。

例如，某市商品住宅小区1~6号楼进行招标。该项目为钢筋混凝土结构，需要用到大量的钢筋与混凝土。某建筑公司在市内同时有5个住宅项目，在经过分析后，公司与钢筋和混凝土的供货厂商谈判，因材料采购订单量大得到了相当满意的价格，于是决定进行投标；然后按照此价格做出的投标报价比竞争对手的报价低了上百万元，并在评标时澄清，该建筑公司最终中标。

这是一个典型的通过企业自身的优势中标的案例。企业无论规模大小，各有各的优势。一个成熟的企业，应该能够有效地利用自身的优势争取在竞争中获胜。上面的案例中，建筑公司通过项目数量多、相同材料采购数量大的优势，能够拿到折扣比较大的合格材料，报出了相对较低的投标报价；并且，由于在目前的评标办法中，材料价格因素所占比重较大，因此通过价格优势得以中标。所以，企业应充分发掘、发挥自身的优势，在竞争中获胜，以此来谋求自身的生存与发展。

6) 其他分析：例如，国际工程承包适用的法律；监理工程师处理问题的公正性、合理性；项目所在地的环境因素；项目的建设难度等因素。

(2) 后期投标决策

后期投标决策包括投标策略和投标技巧。

1) 建筑工程投标策略有以下三种：

① 高价赢利策略：是指在报价过程中以较大利润作为投标目标的策略。这种策略的使

用，通常基于以下情况：施工条件差、专业要求高、技术难度大，而公司在此方面有优势以及信誉良好，如核电站项目；总价较低，甚至需要特殊设备的小工程，公司不是特别想做，不中标也无所谓，可报高价；业主要求高、工期紧急的工程；竞争对手少的工程；业主资信欠佳且支付条件不理想的工程等。

② 微利保本策略是指在报价过程中，以低利甚至保本为投标目标的策略。这种策略的使用通常基于以下情况：工作较为简单、工作量大，一般公司都可以做，如地质条件较好的土石方工程；公司在此地区做了很多年，现在面临断档，有大量的设备处置费；该项目本身前景看好，可为本公司创建业绩；公司能以此工程赢得信誉，续签其他项目；竞争对手多、竞争激烈的工程；有可能在中标后将工程的一部分以更低价格分包给某些专业承包商；承包任务不足，为了维持生存，希望获取一个项目维持企业运转，保本就行；公司在附近有工程，而拟投标项目又可以利用该工程的设备、劳动力，或在该地区面临工程结束，需转移劳动力和设备；有条件短期突击完成的工程；开发商信誉良好的工程。

③ 低价亏损策略：是指在报价中不仅不考虑企业利润，相反考虑一定的亏损后提出的报价策略。使用该投标策略时应注意：业主肯定是按最低价确定中标单位；这种报价方式属于正当的商业竞争行为。投标人采用这种报价策略，一般是着眼于企业未来的发展，为争取将来的优势而宁愿牺牲眼前利益。下面的情形可应用此策略：市场竞争激烈，承包商又急于进入该市场创建业绩；某些分期建设工程，对第一期工程以低价中标，工程完成得好，则能获得业主信任，希望后期工程继续承包，补偿第一期低价损失。

2）建筑工程投标技巧：在具体的投标报价策略指导下，还要研究在实际报价阶段通过哪些技巧可提高中标率，即投标技巧。通常情况下，常用的投标技巧有以下几种：

① 不平衡报价法：通常是在工程项目总报价基本确定后，通过适当调整内部各个子项的报价，达到既不提高总报价影响中标，又能在结算时得到更理想的经济效益的目的。采用这种报价方法时，应根据工程项目的不同特点及施工条件等来选择报价。以下几种情况宜采用不平衡报价法。

- 对能早日结账收回工程款的土方、基础等前期工程项目，单价可适当报高些；对机电设备安装、装饰等后期工程项目，单价可适当报低些。
- 对预计今后工程量可能会增加的项目，单价可适当报高些；而对工程量可能减少的项目，单价可适当报低些。
- 对设计图纸内容不明确或有错误，估计修改后工程量要增加的项目，单价可适当报高些；而对工程内容明确的项目，单价可适当报低些。
- 对没有工程量只填报单价的项目，或招标人要求采用包干报价的项目，单价宜报高些；对其余的项目，单价可适当报低些。
- 对暂定项目中实施的可能性大的项目，单价可报高些。预计不一定实施的项目，单价可适当报低些。

采用不平衡报价法，优点是回笼工程前期资金，缺点是报价的合理幅度难以掌握。随着电子评标系统的推广使用，对不平衡报价的筛查越来越严格，不恰当地应用此技巧会被评标委员会认定为废标，淘汰出局。

② 以退为进报价法：当施工单位在招标文件中发现有不明确的内容，并有可能据此索赔时，可以以退为进，通过报低价先争取中标，再寻找机会进行索赔，这样不仅能增加中标

的机会，还可以获得合理的利润。

③ 扩大标价法：扩大标价法是指除了按已知的正常条件编制标价外，对工程中变化大或没有把握的分部分项工程，采用扩大单价或增加风险费的方法来减少中标的风险，以保证企业盈利，但这种报价方法往往因报价高而不易中标。

④ 多方案报价法：即对同一个招标项目除了按招标文件的要求编制一个投标报价以外，还编制数个方案。多方案报价有时是招标文件中规定采用的，有时是承包人根据需要决定采用的。承包人决定采用多方案报价法，通常有以下两种情况：

● 如果发现招标文件中的工程范围不具体、不明确，或条款内容不清楚、不公正，或对技术规范的要求过于苛刻，可先按招标文件中的要求报一个价，然后再说明假如招标人的要求做某些修改，报价可降低多少。

● 如发现设计图纸中存在某些不合理并可以改进的地方或可以利用某项新技术、新工艺、新材料替代的地方，或者发现自己的技术和设备满足不了招标文件中设计图纸的要求，可以先按设计图纸的要求报一个价，然后再另附上一个修改设计的方案，并说明在修改设计的情况下，报价可降低多少。这种情况，通常也称为修改设计法。

如果招标文件中明确规定不允许报多个方案和多个报价，则不可以采用多方案报价法。

⑤ 突然降价法：由于竞争激烈，在投标报价时可以采取迷惑对手的方法，即先按一般情况报价或报出较高的价格，在临近投标截止前，再突然降价，以期达到中标的目的。

《中华人民共和国招标投标法》中规定，投标人在提交投标文件截止日期前，可以补充、修改或撤回已提交的投标文件，并书面通知招标人，补充、修改的内容为投标文件的组成部分。

例如，某商品住宅小区土建项目招标，某投标单位的投标报价为 1050 万元，在递交了投标文件后，通过各种渠道发现自己的投标报价与竞争对手相比没有优势，此时距投标截止日期尚有 2 天，于是在开标前又递上一封折扣信，在原投标报价的基础上，工程量清单单价与总报价下降 5%，并最终凭借价格优势签订了合同。

此种投标技巧，在国际投标中经常出现，在国内投标中也越来越多地被采用。这种做法完全符合《中华人民共和国招标投标法》第二十九条的规定。但需要注意的是，这种做法不是由于自身的原因做出的，而是依据其他投标人的投标情况而做出的，通常会带来恶性竞争的负面作用，而且也不能一味地不顾及企业的成本而盲目地为中标而降低报价，导致合同签订后给企业带来损失。

⑥ 先亏后赢法：在实际工作中，有的承包人为了打入某一地区或某一领域，依靠自身实力，采取不惜亏损、只求中标的投标方案。一旦中标之后，赢得声誉，就可以承揽这一地区或这一领域更多的工程任务，达到总体赢利的目的。

⑦ 聘请投标代理人：投标人在招标工程所在地聘请专门的投标代理公司为自己的投标活动出谋划策，以争取中标。

⑧ 寻求联合投标（允许联合体投标时）：如果招标文件中允许联合体投标，建筑企业可以强强联合、取长补短，争取中标。

⑨ 许诺优惠条件和开展公关活动：我国招标投标活动不允许投标人在开标后提出优惠条件；投标人若有降低价格、降低支付条件要求、提高工程质量、缩短工期、提出新技术和新设计方案，以及免费提供设备和补充物资、免费代为培训人员等方面的优惠条

件，应当在投标文件中提出。招标人组织评标时一般要考虑报价、技术方案、工期、优惠条件等方面的因素。因此，投标人在投标文件中附带优惠条件，是有利于中标的。

投标人积极开展公关活动，积极地宣传和推销自我，给招标人留下一个良好印象，是投标人争取中标的一个重要手段。

二、任务内容

1）学习投标决策需要考虑的因素。
2）组建投标班子或委托投标代理。
3）制定切实可行的投标策略及投标技巧。

三、任务实施

1. 学习投标决策需要考虑的因素

在实际的投标决策中应考虑的因素有以下几点。

(1) 影响投标决策的企业内部因素

1）技术实力：是否有精通本行业的造价师、工程师、会计师和相关管理专家；是否有工程项目施工专业特长，能解决各类工程施工中的技术难题；是否具有同类工程的施工经验；是否有一定技术实力的合作伙伴，如实力强大的分包商。

2）经济实力：主要表现在是否具有较为充足的流动资金；是否具有先进的机械设备；是否具有一定规模的固定的办公、仓储、加工场所；是否具有支付各种保证金的能力；是否具有承担一定风险的财力。经济实力决定了企业承揽工程规模的大小，体现着企业竞争能力的强弱，因此在投标决策时应充分考虑这一因素。

3）管理实力：是否具有高素质的项目管理人员，特别是懂技术、会经营、善管理的项目经理人选。管理水平的高低决定着企业的经济效益和承揽项目的复杂性，也决定着企业是否能够根据合同的要求，高效率地完成项目管理的各项目标，较高的管理水平还能为企业创造较好的社会效益。因此，在投标决策时对这一因素要予以充分重视。

(2) 影响投标决策的企业外部因素

1）建设单位情况：主要考虑建设单位的合法地位、支付能力和履约信誉等。建设单位的支付能力差、履约信誉不好都将损害企业的利益，因此在投标决策时应予以充分的重视。

2）竞争对手情况：需要考虑竞争对手的数量、实力、优势等情况。

3）监理工程师情况：需要考虑监理工程师处理问题是否公正、合理。

4）法制环境情况：对于国内工程项目，除了研究国家颁布的相关法律、法规外，还应研究地方性法规。对于国际工程项目，则必须考虑工程所在地的法律、法规等。

5）地理环境因素：包括项目所在地的交通环境、地质、地貌、水文气象等因素。

6）市场环境情况：在工程造价中工、材、机等直接成本占70%以上，因此项目所在地的工、材、机的市场价格对企业的经济效益影响很大，要予以考虑。

7）项目难易程度：项目难易程度是投标决策要考虑的重要因素，若项目超出自身的技术实力，应放弃投标。

2. 组建投标班子或委托投标代理

1）组织本单位有关经济、技术、法律等方面的专家和项目管理人员成立投标班子。

投标班子成员一般由经验丰富的工程专业技术人员，企业的行政管理人员，熟悉工程招标投标法规并懂经营管理的人员，从事财务管理、合同管理与索赔的商务人员等构成，这些专业人员通过分析资格预审文件或招标文件决策是否投标及制定投标策略，编制投标文件。

2）投标人如果不具备自行编制投标文件的能力或因为其他原因，可以委托专业的投标咨询公司代理投标事宜。投标人通常和投标咨询公司签订一份合作协议*（咨询合同范本可在本书配套资源中查看）*。

3. 制定切实可行的投标策略及投标技巧

根据投标定位确定投标策略，选择投标技巧，目的是增加中标机会以及中标后获得最大的收益。

例如，某大型公共建筑项目进行招标，标底为8050万元。某投标单位的投标报价为7990万元，为了能提早收回资金，以便投入新的项目，该投标单位采用了不平衡报价法。将基础工程项目的部分单价提高了10%，装饰工程的单价适当下调，总报价不变。中标后，及时回笼了资金。

需要注意的是，采用不平衡报价法一定要建立在对工程量清单中工程量仔细核对分析的基础上，特别是对报单价的项目。单价的不平衡要注意尺度，不应该成倍地偏离正常的价格，否则评委会可能会判为废标，甚至会被列入禁止投标的黑名单中，这样就得不偿失了。一般情况下，采用不平衡报价法的价格应在正常价格的基础上浮动10%左右。

当然，采用不平衡报价法也有相应的风险，要看投标人的判断和决策是否正确。这就要求投标人具备相当丰富的经验，要对项目进行充分的调研，掌握丰富的资料，把握准确的信息等。这样所做出的判断和决策才是客观的、科学的，才能把风险降至最低。即使投标人的判断和决策是正确的，招标人也可以在履行合同的时候通过一系列的手段来控制价格。如要求在投标报价文件中增加工程量清单综合单价分析表来分析每条清单项目的综合单价构成，进而发出变更令，减少施工的工程量，甚至强行取消原有设计等。不平衡报价法运用合理，是企业投标技巧的一种表现，关键在于把握一个合理的幅度，幅度大，影响中标的概率；幅度小，效果又不明显，要在不平衡中寻求幅度的平衡，这样才能够充分利用不平衡报价法的优势。

四、任务总结

【知识总结】

1）投标工作的一般程序。

2）投标决策与投标策略。

3）常用投标报价的技巧。

【任务成果】

1）分析了投标决策的影响因素。

2）组建了投标班子或签订了投标代理委托书。

3）制定了建设项目投标策略及技巧。

【注意事项】

1) 在进行投标决策前一定要全面分析建筑企业的内外部因素。
2) 在熟悉招标文件和图纸的基础上选用合理的投标报价策略及技巧。

五、巩固与练习

1. 引例解析

某建筑工程有限公司对招标工程及业主的情况进行了深入的调查，综合考虑内部和外部因素，最终决定投标。该公司采取了微利保本策略；同时，考虑投标人数多、竞争激烈的情况，先放出报高价的消息，到临近投标截止时间时，突然递交一份降低报价的方案，最终中标。

这种突然降价法是一种迷惑对手的投标技巧，在报价过程中，仍按正常情况报价，甚至有意无意地泄露自己的报价，同时放出一些虚假信息，例如不打算参加这次投标竞争、准备投高价标或对这次招标项目兴趣不大等，等到投标截止日期来临时突然降价。

利用突然降价法的好处是：可以根据最后的信息，在递交投标文件的最后时刻提出自己的竞争价格，使竞争对手因措手不及而失败；还可以利用虚假的报价信息来迷惑对手，避免自己真实的报价泄露而导致投标竞争失利。

练习题

2. 练习

3. 简答题

1) 什么是不平衡报价法？
2) 什么是投标决策？
3) 简述不平衡报价法的具体做法。
4) 影响投标决策的因素有哪些？

项目三任务一
简答题

4. 实训练习

某学校实训楼施工招标文件的合同条款中规定：预付款数额为合同价的30%，开工后5天内支付，上部结构工程完成一半时一次性全额扣回，工程款按季度支付。

某承包商对该项目投标，经造价工程师估算，总造价为9000万元，总工期为24个月，其中：基础工程估价为1200万元，工期为6个月；上部结构工程估价为4800万元，工期为12个月；装饰和安装工程估价为3000万元，工期为6个月。

该承包商为了既不影响中标，又能在中标后取得较好的收益，决定采用不平衡报价法对造价工程师的原估价做适当调整，基础工程报价调整为1380万元，结构工程报价调整为5100万元，装饰和安装工程报价调整为2520万元。

项目三任务一
实训练习

另外，该承包商还考虑到，该工程虽然有预付款，但平时工程款按季度支付不利于资金周转，决定除按上述调整后的数额报价外，还建议业主将支付条件改为：预付款为合同价的5%，工程款按月支付，其余条款不变。

问题：1）该承包商所运用的不平衡报价法是否恰当？为什么？

2）除了不平衡报价法，该承包商还运用了哪种报价技巧？运用是否得当？

六、交流与拓展

浏览全国公共资源交易平台，了解当日招标信息，选定一个招标项目，假如你是投标人，简述拟采用的投标策略和投标技巧。

任务二　申请投标资格审查

 引例

　　某单位就某段高速公路工程施工公开招标。招标代理机构同建设单位商议后，决定实施资格预审。依法发布资格预审公告后，10家施工单位在规定时间内提交了资格预审申请文件，其中6家通过了资格预审。甲公司因未按要求提供某项具体证明材料而未通过资格预审（甲公司负责人事后称，自身是满足该项目资格预审要求的，只因工作人员在工作中疏忽了这份材料而出现偏差）。在投标截止时间前，6家通过资格预审的施工单位均购买了招标文件，编制并提交了投标文件。甲公司也向招标代理机构购买了招标文件并编制了投标文件。但甲公司在向招标代理机构提交投标文件时，被招标代理机构工作人员拒收。甲公司遂向招标代理机构提出质疑，称《工程建设项目施工招标投标办法》第五十条规定："投标文件有下列情形之一的，招标人应当拒收：①逾期送达；②未按招标文件要求密封。"该条只规定了两种拒收投标人投标文件的情形，即逾期送达和未按规定密封，而资格预审不通过，不是拒收施工单位提交的投标文件的两种法定情形之一，因此自己的投标文件不应被拒收。

　　招标代理机构则认为，甲公司未通过前期的资格预审，不具有投标资格，因此不能接收其投标文件。

　　未通过资格预审提交的投标文件应该被拒收吗？

一、任务准备

【任务依据】

1）《中华人民共和国招标投标法》。

第三十一条：两个以上法人或者其他组织可以组成一个联合体，以一个投标人的身份共同投标。联合体各方应当签订共同投标协议，明确约定各方拟承担的工作和责任，并将共同投标协议连同投标文件一并提交招标人。联合体中标的，联合体各方应当共同与招标人签订合同，就中标项目向招标人承担连带责任。

2）《中华人民共和国招标投标法实施条例》。

第三十六条：未通过资格预审的申请人提交的投标文件，以及逾期送达或者不按照招标文件要求密封的投标文件，招标人应当拒收。

第四十三条：提交资格预审申请文件的申请人应当遵守《中华人民共和国招标投标法》和本条例有关投标人的规定。

3）招标人发售的资格预审文件和招标文件。

【相关知识】

资格审查是招标人审查投标人是否具有承包能力的工作。资格审查方式有两种：资格预审和资格后审。只有通过资格预（后）审的潜在投标人才可以参加投标和评标。

1. 资格预审

资格预审在发售招标文件前进行，是承包人在投标过程中要通过的第一关。建设工程招标采取资格预审的，招标人首先发布资格预审公告及发售资格预审文件，潜在投标人获取资格预审信息和文件后，对资格预审文件进行仔细的研究分析，严格按照资格预审文件中规定的格式进行编写并及时提交资格预审申请文件和有关资料。

本书将从资格预审申请文件的构成及编制要求两个方面对资格预审的内容进行阐述。

（1）资格预审申请文件的构成

1）资格预审申请函：资格预审申请函是申请人响应招标人参加投标资格预审的申请函，同意招标人或其委托代表对申请文件进行审查，并对所递交的资格预审申请文件及有关材料内容的完整性、真实性和有效性做出声明。

2）法定代表人身份证明或其授权委托书：

① 法定代表人身份证明是申请人出具的用于证明法定代表人合法身份的证明，内容包括申请人名称、单位性质、成立时间、经营期限，以及法定代表人的姓名、性别、年龄、职务等。

② 授权委托书是申请人及其法定代表人出具的正式文书，明确授权其委托代理人在规定的期限内负责申请文件的签署、澄清、递交、撤回、修改等活动，其活动的后果，由申请人及其法定代表人承担法律责任等。法定代表人授权委托书必须由法定代表人签署。

3）联合体协议书（允许联合体投标的）：适用于申请人须知前附表规定接受联合体资格预审申请的情况，是联合体各方联合声明共同参加资格预审和投标活动而签订的联合协议。联合体协议书中应明确牵头人、各方职责分工及协议期限，承诺对递交文件承担法律责任等。联合体各方成员均应填写相应的表格和提交相应的材料。

4）申请人基本情况：包括申请人的名称、企业性质、主要投资股东、法定代表人、经营范围与方式、营业执照、注册资金、成立时间、企业资质等级与资格声明、技术负责人、联系方式、开户行、员工专业结构与人数以及申请人的施工能力等。

申请人的施工能力体现在申请人已承接任务的合同项目总价、最大年施工规模能力（产值）、正在施工的规模与数量、申请人的施工质量保证体系、拟投入本项目的主要设备仪器情况等方面。

另外，还应提交申请人营业执照副本及年检合格的证明材料、资质证书副本和安全生产许可证等资料复印件。

5）近年财务状况：申请人应提交近年（具体年份要求见申请人须知前附表）经过会计师事务所或社会审计机构审计的财务报表（包括资产负债表、损益表、现金流量表、利润表等）和财务情况说明书的复印件，用于招标人判断投标人的总体财务状况，进而评估其承担招标项目的财务能力和抗风险能力。必要时，应由银行等机构出具金融信誉等级证书或银行资信证明。

6）近年完成的类似项目情况：申请人应提供近年已经完成的与招标项目的性质、类型、规模标准类似的项目的名称、地址，发包人的名称、地址及联系电话，合同价格，承担的工作内容，开工日期、竣工日期，实现的技术、经济、管理目标和使用状况，项目经理、技术负责人等。同时，提交类似工程的中标通知书、合同协议书、工程竣工验收证书。

7）正在施工的和新承接的项目情况：申请人需要提供的"正在施工的和新承接的项目情况"的信息内容与"近年完成的类似项目情况"的要求相同。

8）近年发生的诉讼和仲裁情况：申请人应提供近年来在施工合同履行中，因争议或纠纷而引起的诉讼、仲裁情况，以及被处罚的相关情况，包括法院或仲裁机构做出的判决、裁决、行政处罚决定等法律文书的复印件。具体年份要求见申请人须知前附表。

9）其他材料：申请人需提交的其他材料主要包括以下四个部分。

① 企业信誉情况，该部分主要说明企业近年是否有不良行为记录，在建工程及近年已竣工工程合同履行情况等。

② 拟投入招标工程的主要施工机械设备情况，主要提供设备的名称、型号、规格、数量、国别产地、制造年份、额定功率、生产能力、用于施工部位等。

③ 投入的项目管理人员和技术人员情况，要特别提供项目经理和主要管理人员的身份、资格、能力，包括岗位任职、工作经历、职业资格、技术或行政职务、职称、完成的主要类似项目业绩等证明材料。

④ 资格预审文件中没做要求，但投标申请人认为对通过资格预审比较重要的资料。

投标申请人应在招标人进行资格审查的过程中做好信息跟踪工作，发现不足及时补送，争取通过资格预审，为下一步的投标做准备。

编制完成的资格预审申请文件，用不褪色的材料书写或打印，并由申请人的法定代表人或其委托代理人签字或盖单位公章。资格预审申请文件中的任何改动之处应加盖单位公章或由申请人的法定代表人或其委托代理人签字确认。

资格预审申请文件编写完成后，一定要在预审文件规定的时间内送达招标人或招标代理机构手中。

（2）资格预审申请文件的编制要求

1）投标申请人必须根据资格预审文件规定的格式、内容及顺序填报资格预审申请文件，按要求附齐相关证明资料，并根据要求进行签字或盖章。

2）资格预审申请文件的正本和副本封面均应有投标申请人的法定代表人或其委托代理人签字，其"正本""副本"字样均应标识在资格预审申请文件封面的右上角。

3）资格预审申请文件的内容均应采用A4幅面纸张打印。

4）资格预审申请文件应无涂改、行间插字或删除，如因投标申请人造成的错误必须修改的，其涂改、行间插字或删除处必须加盖投标申请人单位公章。

2. 资格后审

建设工程招标采取资格后审的，一般在开标之后、评标之前由评标委员会按照招标文件规定的标准和方法对潜在投标人是否具有投标资格进行审查。经资格后审不合格的潜在投标人的投标文件应作废标处理。

参加资格审查的潜在投标人须向招标人递交的资料如下：

1）投标人的基本情况。

2）近年财务状况。

3）近年完成的类似项目情况。

4）正在施工的和新承接的项目情况。

5）信誉资料，如近年发生的诉讼和仲裁情况。

6）联合体投标的联合体资料（允许联合体投标的）。

投标人应根据招标文件积极准备并全面提供有关资料，经审查合格的投标人才具备参加评标的资格。

二、任务内容

1）资格预审申请文件或资格后审资料的编制准备工作。

2）编制资格预审申请文件。

三、任务实施

1. 资格预审申请文件或资格后审资料的编制准备工作

1）在有效期内从招标人处获取资格预审文件或招标文件。

2）研究分析资格预审申请人须知、资格审查办法、资格预审申请文件的格式、建设项目概况或投标人须知、评标办法。

3）清楚资格预审申请文件的编写、装订、签字、密封、标识等要求。未按要求密封和标记的资格预审申请文件，招标人将不会受理。

2. 编制资格预审申请文件

资格预审申请文件必须按资格预审文件的要求编制，包括实质性响应条款的编制，然后填写相关资料，最后印刷、装订成册。

例如，某市某学校综合教学楼进行施工招标并采取资格预审的方式，某建设集团有限公司获取资格预审文件后，经过仔细的研究分析，编制了资格预审申请文件，参加资格预审。其编制的资格预审申请文件如下：

_____施工招标

资格预审申请文件

申请人：（盖单位章）_____

法定代表人或其委托代理人：（签字）_____

_____年____月____日

目　　录

一、资格预审申请函

二、法定代表人身份证明

三、授权委托书

四、联合体协议书

五、申请人基本情况表

六、近年财务状况表

七、近年完成的类似项目情况表

八、正在施工的和新承接的项目情况表

九、近年发生的诉讼和仲裁情况

十、其他材料

(一) 企业信誉情况表

(二) 拟投入项目管理人员情况表

(三) 承诺书

一、资格预审申请函

_____ (招标人名称):

1. 按照资格预审文件的要求, 我方 _____ (申请人) 递交的资格预审申请文件及有关资料, 用于你方 _____ (招标人) 审查我方参加 _____ (项目名称) 施工招标的投标资格。

2. 我方的资格预审申请文件包含第二章 "申请人须知" 第 3.1.1 项规定的全部内容。

3. 我方接受你方的授权代表进行调查, 以审核我方提交的文件和资料, 并通过我方的客户澄清资格预审申请文件中有关财务和技术方面的情况。

4. 你方授权代表通过 _____ (联系人及联系方式) 得到进一步的资料。

5. 我方在此声明, 所递交的资格预审申请文件及有关资料内容完整、真实和准确, 且不存在第二章 "申请人须知" 第 1.4.3 项规定的任何一种情形。

申请人: _____ (盖单位章)

法定代表人或其委托代理人: _____ (签字)

电话: _____

传真: _____

申请人地址: _____

邮政编码: _____

_____年____月____日

二、法定代表人身份证明

申请人名称: _____

单位性质: _____

成立时间: _____ 年 _____ 月 _____ 日

经营期限: _____ 年 _____ 月 _____ 日至 _____ 年 _____ 月 _____ 日

姓　　名: _____　　性　　别: _____

年　　龄: _____　　职　　务: 企业负责人

系: _____ (投标人名称) 的法定代表人

特此证明。

申请人: _____ (盖单位章)

_____年____月____日

三、授权委托书

本人 _____（姓名）系 _____（申请人名称）的法定代表人，现委托 _____（姓名）为我方代理人。代理人根据授权，以我方名义签署、澄清、递交、撤回、修改 _____（项目名称）施工招标资格预审申请文件，其法律后果由我方承担。

委托期限：_____

代理人无转委托权。

附：法定代表人身份证明

投　标　人：_____（盖单位章）

法定代表人：_____（签字）

身份证号码：_____

委托代理人：_____（签字）

身份证号码：_____

_____年____月____日

四、联合体协议书

牵头人名称：_____

法定代表人：_____

法定住所：_____

成员二名称：_____

法定代表人：_____

法定住所：_____

……

鉴于上述各成员单位经过友好协商，自愿组成 _____（联合体名称）联合体，共同参加 _____（招标人名称，以下称招标人）_____（项目名称）标段（以下称本工程）的施工投标，并争取赢得本工程的施工承包合同（以下称合同）。现就联合体投标事宜订立如下协议：

1. _____（某成员单位名称）为 _____（联合体名称）牵头人。

2. 在本工程投标阶段，联合体牵头人合法代表联合体各成员负责本工程投标文件的编制活动，代表联合体提交和接收相关的资料、信息及指示，并处理与投标和中标有关的一切事务；联合体中标后，联合体牵头人负责合同订立和合同实施阶段的主办、组织和协调工作。

3. 联合体将严格按照招标文件的各项要求，递交投标文件，履行投标义务和中标后的合同，共同承担合同规定的一切义务和责任，联合体各成员单位按照内部职责的划分，承担各自所负的责任和风险，并向招标人承担连带责任。

4. 联合体各成员单位内部的职责分工如下：_____。按照本条上述分工，联合体成员单位各自所承担的合同工作量比例如下：_____。

5. 投标工作和联合体在中标后的工程实施过程中的有关费用按各自承担的工作量分摊。

6. 联合体中标后，本联合体协议是合同的附件，对联合体各成员单位有合同约束力。

7. 本协议书自签署之日起生效，联合体未中标或者中标时合同履行完毕后自动失效。

8. 本协议书一式＿＿份，联合体成员和招标人各执一份。

牵头人名称：＿＿＿＿＿＿＿＿＿＿＿＿＿＿＿＿＿＿＿＿（盖单位章）

法定代表人或其委托代理人：＿＿＿＿＿＿＿＿＿＿＿＿＿＿（签字）

成员二名称：＿＿＿＿＿＿＿＿＿＿＿＿＿＿＿＿＿＿＿＿（盖单位章）

法定代表人或其委托代理人：＿＿＿＿＿＿＿＿＿＿＿＿＿＿（签字）

……

＿＿＿＿年＿＿月＿＿日

备注：本协议书由委托代理人签字的，应附法定代表人签字的授权委托书。

五、申请人基本情况表

申请人名称						
注册地址				邮政编码		
联系方式	联系人			电　话		
	传　真			网　址		
组织结构	12345678910111213R					
法定代表人	姓名	杨某	技术职称	工程师	电话	
技术负责人	姓名	李某	技术职称	工程师	电话	
成立时间	2009 年 08 月 17 日			员工总人数：124		
企业资质等级	二级		其中	项目经理	16	
营业执照号	12345678910111213			高级职称人员	1	
注册资金	4000 万元			中级职称人员	30	
开户银行	中国银行股份有限公司某市支行			初级职称人员	20	
账号	123456789101			技　工	72	
经营范围						
体系认证情况	说明：通过的认证体系，通过时间及运行状况					
备注						

六、近年财务状况表

近年财务状况表是指经过会计师事务所或者审计机构审计过的财务会计报表，以下表格中反映的财务状况数据应当一致，如果有不一致之处，以不利于申请人的数据为准。

项　　目	2021 年度	2022 年度	2023 年度	平　均　值
企业净产值				
净利润				
资产负债率				
流动资金				
本年度可使用的银行授信余额				

七、近年完成的类似项目情况表

项目名称	××镇中心学校中学异地新建教学工程
项目所在地	××区城关村
发包人名称	××市××区教育局
发包人地址	

（续）

发包人电话	
合同价格	6710516.67 元
开工日期	2020 年 8 月 21 日
竣工日期	2021 年 8 月 31 日
承包范围	土建、装饰、给排水、采暖、电气等
工程质量	合格
项目经理	张某
技术负责人	李某
总监理工程师及电话	
项目描述	建筑面积 3560.6m²，层数：三层，结构：框架
备注	

注：类似项目业绩须附中标通知书、合同协议书和竣工验收备案登记表复印件。具体年份要求见申请人须知前附表。
每张表格只填写一个项目，并标明序号。

八、正在施工的和新承接的项目情况表

项目名称	
项目所在地	
发包人名称	
发包人地址	
发包人电话	
签约合同价	
开工日期	
计划竣工日期	
承包范围	
工程质量	
项目经理	
技术负责人	
总监理工程师及电话	
项目描述	
备注	

注：正在施工和新承接的项目应附中标通知书或合同协议书的复印件。每张表格只填写一个项目，并标明序号。

九、近年发生的诉讼和仲裁情况（2021~2023 年）

类　别	序　号	发生时间	情况简介	证明材料索引
诉讼情况				

(续)

类 别	序 号	发生时间	情 况 简 介	证明材料索引
仲裁情况				

注：近年发生的诉讼和仲裁情况仅限于申请人败诉的，且与履行施工承包合同有关的案件，不包括调解结案以及未裁决的仲裁或未终审判决的诉讼。

十、其他材料
(一) 企业信誉情况表

1. 近年不良行为记录情况

序 号	发 生 时 间	简要情况说明	证明材料索引

2. 在建工程以及近年已竣工工程合同履行情况

序 号	工 程 名 称	履约情况说明	证明材料索引

3. 其他

(二) 拟投入项目管理人员情况表

姓名	性别	年龄	职称	专业	资格证书编号	拟在本项目中担任的工作或岗位职责

附1：项目经理简历表

项目经理应附建造师执业资格证书、注册证书、安全生产考核合格证书、身份证、职称证、学历证、养老保险复印件以及未担任其他在建工程的项目经理的承诺，管理过的项目业绩须附合同协议书和竣工验收备案登记表复印件，类似项目限于以项目经理身份参与的项目。

姓 名		年 龄		学 历		大专
职 称	工程师	职 务	项目负责人	拟在本工程任职		项目经理
注册建造师资格等级		贰 级		建造师专业		建筑工程
安全生产考核合格证书						
毕业学校		年毕业于		学校	专业	
主要工作经历						
时 间		参加过的类似项目名称		工程概况说明		发包人及联系电话

附2：主要项目管理人员简历表

主要项目管理人员是指技术负责人、施工员、质检员、专职安全生产管理人员等岗位人员。主要项目管理人员简历表应附执业资格证书、身份证、职称证、学历证、养老保险复印件，其中专职安全生产管理人员应附有效的安全生产考核合格证书。主要工作业绩须附合同协议书。

岗位名称			
姓　　名		年　　龄	
性　　别		毕业学校	
学历和专业		毕业时间	
拥有的执业资格		专业职称	
执业资格证书编号		工作年限	
主要工作业绩及担任的主要工作			

附3：承诺书

承 诺 书

_____（招标人名称）：

我方在此声明，我方所提交的所有材料真实有效，拟派驻的项目班子所有成员为我公司正式员工，我方拟派往 _____（项目名称）的项目经理现阶段没有担任任何在建工程项目的项目经理。

我方保证在施工期间未经建设单位同意不更换建造师及项目班子其他管理人员。

我方保证上述信息真实和准确，并愿意承担因我方就此弄虚作假所引起的一切法律后果。

特此承诺

投标人：_____（盖单位章）

法定代表人或其委托代理人：_____（签字）

_____年____月____日

四、任务总结

【知识总结】

1）资格预审文件的组成及编制要求。

2）资格后审文件的组成。

【任务成果】

编制了资格审查申请文件。

【注意事项】

1）平时做好资格审查所需资料的积累工作，将其储存于计算机中。

2）资格审查申请文件应严格按照资格预审文件或招标文件中规定的格式进行编写，同时要注意申请文件的签字、盖章、装订、密封等。

3）注意资格预审文件的发售期限，资格预审申请文件递交的期限、份数，资格预审通过后获取招标文件的时间等。

五、巩固与练习

1. 引例解析

经分析判断，未通过资格预审的建筑企业所提交的投标文件，应当是被拒收的，正如本引例中招标代理机构拒收了甲公司的投标文件。

但是，《工程建设项目施工招标投标办法》第五十条确实只明文规定了两种拒收的情形，没有规定拒收资格预审不通过的建筑企业提交的投标文件的情形。因此，实践中在拒收资格预审未通过的建筑企业的投标文件时不免有顾虑：拒收有依据吗？被质疑投诉怎么办？

本引例中招标代理机构拒收甲公司的投标文件是有依据的，不必担心被质疑投诉。依据《中华人民共和国招标投标法实施条例》第三十六条："未通过资格预审的申请人提交的投标文件，以及逾期送达或者不按照招标文件要求密封的投标文件，招标人应当拒收。"

练习题

招标人应当如实记载投标人投标文件的送达时间和密封情况，并存档备查。

2. 练习

3. 简答题

1）资格预审申请文件编制的一般要求有哪些？

2）一般情况下，资格后审需要提交哪些资料？

项目三任务二
简答题

4. 实训练习

2022年，在某标段的高速铁路工程施工的开标大会上，除了到会的10家投标单位的有关人员外，招标办请来了主管部门负责人及市公证处的法律顾问参加大会，开标前主管部门负责人提出对各个投标单位的资质进行审查，当时有人对这个程序提出疑问。在审查中对甲公司提出疑问，甲公司提供的资质材料的种类与份数齐全，有项目负责人签字，但无单位公章和法人代表签字，法律顾问坚决认为甲公司不符合投标资格，于是取消其投标资格。

项目三任务二
实训练习

问题：

1）为什么有人对审查投标单位的资质这个程序提出疑问？

2）为什么甲公司不符合投标资格？

六、交流与拓展

参照"三、任务实施"中资格预审申请文件实例，收集一个本地招标工程的资料及资格预审文件（或由教师提供），参照"三、任务实施"→"2. 编制资格预审申请文件"中的资格预审申请文件的格式编制一份资格预审申请文件。

任务三　编制投标文件

 引例

> 　　某施工单位准备参加某学校教学综合楼的施工投标，已购买了招标文件，由于该单位内部没有编制投标文件的专业人员，便委托了某投标代理公司。该代理公司由于业务繁忙，就采取了应付的做法，将以前用过的一个投标文件稍加修改便交给该施工单位去投标。由于该投标文件中错误百出，出现了很多没有响应招标文件要求的问题，导致投标无效。
>
> 　　一个正确有效的投标文件应该怎样编制呢？

一、任务准备

【任务依据】

　　根据《中华人民共和国标准施工招标文件》的规定，投标文件应由以下资料组成：投标函及投标函附录；法定代表人身份证明或附有法定代表人身份证明的授权委托书以及被委托人的身份证明；联合体协议书（如果有）；投标保证金；已标价的工程量清单；施工组织设计；项目管理机构；拟分包情况表；资格审查资料（资格后审）；投标人须知前附表规定的其他材料。

【相关知识】

1. 建设工程投标文件的组成

　　建设工程投标文件是投标人参加工程投标必须编制并提交的文件，它是招标人判断投标人是否愿意参加投标的依据。评标委员会通过评审和比较投标人递交的投标文件，得出评标结果，确定中标人。中标的投标文件和招标文件一起成为签订承发包合同的法定依据。所以，投标人一定要非常重视投标文件的编制。

　　投标文件的组成一定要符合招标文件的要求。一般来说，投标文件由商务标、技术标、资信标三部分构成，见表3-3。

表3-3　投标文件组成表

投标文件	商务标	投标函及投标函附录；法定代表人的身份证明或附有法定代表人身份证明的授权委托书以及被委托人的身份证明；联合体协议书（如果有）；投标保证金；已标价工程量清单
	技术标	施工组织设计
	资信标	投标人基本情况表（必须提供增值税一般纳税人证明）；项目管理机构主要管理人员证明资料（适用安装单位）；投标人近年财务状况表；投标人近年完成的类似项目情况表；投标人正在实施和新承接的项目情况表；拟分包计划表

2. 投标文件需要提交的资料

（1）商务标需要提交的资料

商务标需要提交投标函及投标函附录、法定代表人的身份证明或附有法定代表人身份证明的授权委托书以及被委托人的身份证明、联合体协议书（适用联合体投标）、投标保证金、已标价工程量清单等资料。

1）投标函及投标函附录。

① 投标函是指投标人按照招标文件的条件和要求，向招标人提交的有关报价、质量目标等承诺和说明的函件，是投标人为响应招标文件相关要求所做的概括性说明和承诺的函件，一般位于投标文件的首要部分。投标函应按招标要求单独密封。单独密封后可以和其他已经密封的文件同时密封于更大的密封袋或密封箱中。

② 投标函附录附在投标函后面，填写对招标文件重要条款响应承诺的内容，是评标时评标委员会重点评审的内容，其内容不能超出招标文件给出响应的范围。

2）法定代表人的身份证明或附有法定代表人身份证明的授权委托书以及被委托人的身份证明。

① 法定代表人身份证明是用来证明法定代表人身份的证明材料。法定代表人是能代表法人行使职权的负责人，法定代表人的行为就是法人的行为，可以直接代表法人对外签订合同。

② 授权委托书。法定代表人可以委托授权其他人代表法人进行活动，但须签署授权委托书。代理人在其授权的范围内的行为由法人承担法律后果。

3）联合体协议书（适用联合体投标）。联合体投标是指两个及以上法人或者其他组织组成一个联合体，以一个投标人的身份共同投标。根据《中华人民共和国招标投标法》第三十一条规定："联合体各方均应当具备承担招标项目的相应能力；国家有关规定或者招标文件对投标人资格的条件有规定的，联合体各方均应当具备规定的相应资格条件。由同一专业的单位组成的联合体，按照资质等级较低的单位确定资质等级。

联合体各方应当签订共同投标协议，明确约定各方拟承担的工作和责任，并将共同投标协议连同投标文件一并提交招标人。联合体中标的，联合体各方应当共同与招标人签订合同，就中标项目向招标人承担连带责任。

招标人不得强制投标人组成联合体共同投标，不得限制投标人之间的竞争。"

4）投标保证金。投标保证金是指在招标投标活动中，投标人随投标文件一同递交给招标人的一定形式、一定金额的投标责任担保。其主要作用是保证投标人在递交投标文件后不得撤销投标文件，中标后不得以不正当理由不与招标人订立合同，在签订合同时不得向招标人提出附加条件或者不按照招标文件要求提交履约保证金；否则，招标人有权不予返还其递交的投标保证金。

5）已标价工程量清单。构成合同文件的已标价工程量清单包括有关工程量清单报价、投标报价以及其他说明的内容。投标人可以在投标截止时间前修改投标函中的投标报价总额，并同时修改已标价工程量清单中的相应报价，投标报价总额为各分项金额之和。招标人设有最高投标限价的，投标人的投标报价不得超过最高投标限价。

① 建筑工程投标报价的组成和编制方法。建筑工程投标报价是建筑工程投标内容中的重要部分，是整个建筑工程投标活动的核心环节，报价的高低直接影响着能否中标和中标后能否盈利。

- 投标报价的组成。建筑工程投标报价主要由以下几个部分组成：分部分项工程费、措施项目费、其他项目费、规费及税金。分部分项工程费是指在施工过程中耗费的构成工程实体项目的各项费用，由人工费、材料费、施工机具使用费、企业管理费、利润和风险费组成。措施项目费是指为完成工程项目施工，发生于该工程施工前和施工过程中的非工程实体项目的费用。其他项目费包括暂列金额、暂估价、计日工和总承包服务费。规费是指国家、地方政府和有关部门规定的必须缴纳的费用。税金是指国家税法规定的应计入建筑安装工程造价内的增值税、城市维护建设税及教育费附加等。

- 投标报价的编制方法。建筑工程投标报价应该按照招标文件的要求及报价费用的构成，结合施工现场和企业自身情况自主报价。现阶段，我国规定的编制投标报价的方法有两种：一种方法是工料单价法，即按照政府定额或企业定额的分部分项工程量的单价计算出直接工程量，再按照有关规定计算出措施费、规费、管理费、利润、税金的计价方法；另一种方法是综合单价法，工程量清单采用综合单价计价，即完成工程量清单中的一个规定计量单位所需的人工费、材料费、施工机具使用费、管理费和利润，并考虑风险因素。

② 工程量清单报价。工程量清单报价是指投标人以招标人提供的招标工程量清单为依据，完成由招标人提供的工程量清单所需的全部费用，包括分部分项工程费、措施项目费、其他项目费和规费、税金。投标人根据自身的技术、财务、管理能力进行投标报价。招标人根据招标文件规定的具体的评标细则进行评选。这种计价方式在市场经济比较发达的国家是非常流行的，随着我国建筑市场的不断成熟和发展，工程量清单计价方法越来越成熟和规范，应用也越来越广泛。

- 分部分项工程费。分部分项工程费应依据综合单价的组成内容，按招标文件中分部分项工程量清单项目的特征描述确定的综合单价计算。综合单价中应包括招标文件中划分的由投标人承担的风险范围及费用，招标文件中没有明确的，应提请招标人明确。材料、工程设备暂估价应按招标工程量清单中列出的单价计入综合单价。

- 措施项目费。措施项目费应根据招标文件中的措施项目清单，根据施工现场情况、工程特点及投标时拟定的施工组织设计或施工方案的相关要求进行计算。属单价项目的，应根据招标文件和招标工程量清单项目中的特征描述及有关要求确定综合单价；属总价项目的，应根据招标文件及投标时拟定的施工组织设计或施工方案，结合工程量清单计价规范的相应要求计算。措施项目中的安全文明施工费按规定计取，不得作为竞争性费用。

投标人可根据工程实际情况，结合施工组织设计，对招标人所列的措施项目进行增补。

- 其他项目费。其他项目费应按下列规定报价：暂列金额应按招标工程量清单中列出的金额填写；材料、工程设备暂估价应按招标工程量清单中列出的单价计入综合单价；专业工程暂估价应按招标工程量清单中列出的金额填写；计日工应按招标工程量清单中列出的项目和数量，自主确定综合单价并计算计日工总额；总承包服务费应根据招标工程量清单中列出的内容和提出的要求自主确定。

- 规费和税金。规费和税金应按国家或省级行业建设主管部门的规定计算，不得作为竞争性费用。

招标工程量清单与计价表中列明的所有需要填写的单价和合价的项目，投标人均应填写且只允许有一个报价。未填写单价和合价的项目，视为此项费用已包含在已标价工程量清单中其他项目的单价和合价之中，竣工结算时，此项目不得重新组价予以调整。投标人填写的项目编码、项目名称、项目特征、计量单位、工程量必须与招标工程量清单一致。投标总价应当与分部分项工程费、措施项目费、其他项目费和规费、税金的合计金额一致。投标报价不得低于成本。

工程量清单报价应采用统一格式填写，并符合《中华人民共和国标准施工招标文件》第五章的规定。

（2）技术标需要提交的资料

1）施工组织设计。施工组织设计是招标人了解投标人的施工技术、管理水平、机械装备、人员配备、施工进度计划、施工现场布置等信息的重要资料。投标人应根据招标文件和对现场的勘察情况，采用文字结合图表的形式，参考以下要点编制建筑工程的施工组织设计：

① 施工方案及技术措施。

② 质量保证措施和创优计划。

③ 施工总进度计划及保证措施，包括横道图或标明关键线路的施工进度网络图，保障进度计划需要的主要施工机械设备、劳动力需求计划及保证措施，材料设备进场计划，以及其他保证措施等。

④ 施工安全措施计划。

⑤ 文明施工措施计划。

⑥ 施工场地治安保卫管理计划。

⑦ 施工环保措施计划。

⑧ 冬期和雨期施工方案。

⑨ 施工现场总平面布置。投标人应递交一份施工总平面图，绘出现场临时设施布置图表并附文字说明，说明临时设施、加工车间、现场办公、设备及仓储、供电、供水、卫生、生活、道路、消防等设施的布置情况。

⑩ 项目组织管理机构。若施工组织设计采用暗标方式评审，则在任何情况下，项目管理机构不得涉及人员姓名、简历、公司名称等暴露投标人身份的内容。

⑪ 承包人自行施工范围内拟分包的非主体和非关键性工作（满足招标文件中"投标人须知"的规定）、材料计划和劳动力计划。

⑫ 成品保护和工程保修工作的管理措施与承诺。

⑬ 根据工程实际及工程周围环境及地下管线资料，在该项目基坑（槽）的土方开挖、支护、道路及管沟施工过程中必须做好防水、排水措施，严防跑水、冒水、滴水、漏水等现象发生。否则，可能发生坑壁坍塌等危险性工程事故，承包人应做出相关情况的预防、处理措施，并制定专项施工方案。

⑭ 对总包管理的认识以及对专业分包工程的配合、协调、管理、服务方案，以及与发包人、监理单位及设计单位的配合。

⑮ 招标文件规定的其他内容。

若投标人须知规定施工组织设计采用暗标方式评审，则施工组织设计的编制和装订应按"施工组织设计（技术暗标部分）编制及装订要求"编制和装订施工组织设计。

2）其他内容。施工组织设计除采用文字表述外，还要同时附下列内容加以说明：

① 拟投入本工程的主要施工设备表。

② 拟配备本工程的试验和检测仪器设备表。

③ 劳动力计划表。

④ 计划开、竣工日期和施工进度横道图。投标人应递交施工进度横道图或施工进度表，说明按招标文件要求的计划工期进行施工的各个关键日期。施工进度表可采用网络图和（或）横道图表示。

⑤ 施工总平面图。投标人应递交一份施工总平面图，绘出现场临时设施布置图表并附文字说明，说明临时设施、加工车间、现场办公、设备及仓储、供电、供水、卫生、生活、道路、消防等设施的布置情况。

⑥ 临时用地表。

⑦ 施工组织设计（技术暗标部分）编制及装订要求等图表。若采用暗标方式评审，则上述表格应按照章节内容，严格按给定的格式附在相应的章节中。

(3) 资信标需要提交的资料

1）投标人基本情况表（必须提供增值税一般纳税人证明）。

2）项目管理机构主要管理人员证明资料（安装单位适用）。

3）投标人近年财务状况表。

4）投标人近年完成的类似项目情况表。

5）投标人正在实施和新承接的项目情况表。

6）拟分包计划表。

3. 投标文件的递交

投标人应在招标文件前附表规定的时间内将投标文件递交给招标人。当招标人按招标文件中的投标人须知的规定，延长递交投标文件的截止日期时，投标人要注意新的截止时间，避免标书的逾期送达而导致废标。

投标人在递交投标文件以后，在规定的投标截止时间之前，补充、修改或撤回其投标文件时，要书面通知招标人。投标文件的补充、修改或撤回，应按招标文件中的投标人须知的规定编制、密封、签章、标识和递交，并在包封上标明"补充""修改"或"撤回"字样。补充、修改的内容为投标文件的组成部分。在投标截止日期后，不能更改、撤回投标文件，否则其投标保证金将不予退还。《中华人民共和国招标投标法实施条例》第三十五条规定："投标人撤回已提交的投标文件，应当在投标截止时间前书面通知招标人。招标人已收取投标保证金的，应当自收到投标人书面撤回通知之日起5日内退还。投标截止后投标人撤销投标文件的，招标人可以不退还投标保证金。"

需要注意的是，投标人递交投标文件不宜太早，一般在投标截止日期前密封、送达招标文件中指定的地点即可。送达的方式有两种：一种方式是直接送达；另外一种方式是邮寄，邮寄送达以招标人实际收到时间为准，而不是以邮戳日期为准。

二、任务内容

1）编制投标文件的准备工作。

2）编制投标文件。

三、任务实施

1. 编制投标文件的准备工作

1）熟悉招标文件、图纸、资料，对图纸、资料有不清楚、不理解的地方，以书面形式向招标人询问。

2）参加招标人组织的施工现场踏勘，研究招标文件，提出质疑问题。参加答疑会获取会议纪要。

3）调查当地工资标准、材料供应和价格、机械设备租赁价格等情况。

4）了解交通运输条件和有关事项。

2. 编制投标文件

投标文件必须按招标文件的要求编制，包括实质性响应条款的编制；填写相关资料；复核、计算工作量；编制施工组织设计、材料及样品的清单；计算投标报价；修改、印刷，装订成册。

例如，××市××商业大厦进行施工招标，××建设集团有限责任公司获取招标文件后，经过现场踏勘、市场调查、工程量复核以及确定施工方案后编制了投标文件，参加投标。投标文件如下：

正本（副本）

_____（项目名称）工程施工招标

投 标 文 件

投标人：____××建设集团有限责任公司____（盖单位章）

法定代表人或其委托代理人：_____（签字或盖章）

____2024__年__9__月__18__日

目　　录

一、投标函及投标函附录

二、法定代表人身份证明

三、授权委托书

四、投标保证金（投标保函）

五、已标价工程量清单

六、施工组织设计

七、项目管理机构

八、拟分包项目情况

九、资格审查资料

十、其他材料

注：上述目录内容，投标人根据项目特点自行设定分册目录，与投标人须知前附表对应。

一、投标函及投标函附录

（一）投标函

致：_____（招标人名称）

在考察现场并充分研究 _____（项目名称，以下简称"本工程"）施工招标文件的全部内容后，我方兹以：

人民币（大写）：_____元

RMB￥：_____元

的投标价格和按合同约定有权得到的其他金额，并严格按照合同约定施工、竣工和交付本工程并维修其中的任何缺陷。

在我方的上述投标报价中，包括：

安全文明施工费 RMB￥：_____元

暂列金额（不包括计日工部分）RMB￥：_____元

专业工程暂估价 RMB￥：_____元

如果我方中标，我方保证在____年____月____日或按照合同约定的开工日期开始本工程的施工，__365__天（日历天）内竣工，并确保工程质量达到__合格__标准。

本工程拟安排注册建造师__姚某__，__建筑工程__专业__壹__级，建造师编码（××省建设工程建造师信用信息服务卡编码）__0001002009×××__。

我方同意本投标函在招标文件规定的提交投标文件截止时间后，在招标文件规定的投标有效期期满前对我方具有约束力，且随时准备接受你方发出的中标通知书。

随本投标函递交的投标函附录是本投标函的组成部分，对我方构成约束力。

随同本投标函递交投标保证金一份，金额为人民币（大写）：__叁拾万__元（RMB￥：300000 元）。

在签署协议书之前，你方的中标通知书连同本投标函，包括投标函附录，对双方具有约束力。

投标人（盖章）：××建设集团有限责任公司_____

法人代表或委托代理人（签字或盖章）：_____

日期：__2024__年__9__月__18__日

（二）投标函附录

工程名称（项目名称）：_____

序　号	条款内容	约定内容	备　注
1	项目经理	姓名：__姚某__	
2	工期	__365__日历天	
3	缺陷责任期	响应招标文件要求	
4	承包人履约担保金额	响应招标文件要求	
5	分包	见分包项目情况表	
6	逾期竣工违约金	_____元/天	响应招标文件要求
7	逾期竣工违约金最高限额	响应招标文件要求	
8	质量标准	合格	
9	预付款额度	响应招标文件要求	
10	预付款保函金额	响应招标文件要求	
11	质量保证金扣留百分比	响应招标文件要求	
12	质量保证金额度	响应招标文件要求	
……	……		

备注：投标人在响应招标文件中规定的实质性要求和条件的基础上，可做出其他有利于招标人的承诺。此类承诺可在本表中予以补充填写。

投标人（盖章）：××建设集团有限责任公司_____

法人代表或委托代理人（签字或盖章）：_____

日期：__2024__年__9__月__18__日

二、法定代表人身份证明

投 标 人：××建设集团有限责任公司

单位性质：有限责任公司（自然人投资或控股）

地　　址：＿＿＿＿＿＿＿＿＿＿＿＿＿＿＿＿＿＿＿

成立时间：＿＿2006＿＿年＿＿06＿＿月＿＿02＿＿日

经营期限：长期＿＿＿＿

姓　　名：＿＿高某＿＿　　　　性　　别：＿男＿

年　　龄：＿＿40岁＿＿　　　　职　　务：＿总经理＿

系＿＿＿＿＿＿××建设集团有限责任公司＿＿＿＿＿＿（投标人名称）的法定代表人。

特此证明。

投标人：××建设集团有限责任公司（盖单位章）

＿2024＿年＿9＿月＿18＿日

高某身份证正面	高某身份证反面

三、授权委托书

本人＿＿高某＿＿（姓名）系＿＿××建设集团有限责任公司＿＿（投标人名称）的法定代表人，现委托＿＿王某＿＿（姓名）为我方代理人。代理人根据授权，以我方名义签署、澄清、说明、补正、递交、撤回、修改＿＿＿＿＿＿＿（项目名称）的施工投标文件，签订合同和处理有关事宜，其法律后果由我方承担。

委托期限：

＿＿＿自投标截止之日起至投标有效期截止之日止＿＿＿。

代理人无转委托权。

投　标　人：××建设集团有限责任公司（盖单位章）

法定代表人：＿＿＿＿＿高某＿＿＿＿＿（签字或盖章）

身份证号码：＿＿＿＿＿＿＿＿＿＿＿＿＿＿＿＿

委托代理人：＿＿＿＿＿＿＿＿＿＿＿＿＿＿＿＿（签字）

身份证号码：＿＿＿＿＿＿＿＿＿＿＿＿＿＿＿＿

＿2024＿年＿9＿月＿18＿日

注：1. 投标人授权委托代理人在递交投标文件时递交一份授权委托书以备查验。

2. 委托代理人必须签字确认，否则授权委托书无效。

委托人身份证复印件

王某身份证正面	王某身份证反面

法定代表人身份证复印件

高某身份证正面	高某身份证反面

四、投标保证金（投标保函）

保函编号：_____

_____（招标人名称）：

鉴于 _____（投标人名称，以下简称"投标人"）参加你方 _____（项目名称）标段的施工投标，_____（担保人名称，以下简称"我方"）受该投标人委托，在此无条件地、不可撤销地保证：一旦收到你方提出的下述任何一种事实的书面通知，在 7 日内无条件地向你方支付总额不超过 _____（投标保函额度）的任何你方要求的金额：

1. 投标人在规定的投标有效期内撤销或者修改其投标文件。

2. 投标人在收到中标通知书后无正当理由未在规定期限内与贵方签署合同。

3. 投标人在收到中标通知书后未能在招标文件规定期限内向贵方提交招标文件所要求的履约担保。

本保函在投标有效期内保持有效，除非你方提前终止或解除本保函。要求我方承担保证责任的通知应在投标有效期内送达我方。保函失效后请将本保函交投标人退回我方注销。

本保函项下所有权利和义务均受中华人民共和国法律管辖和制约。

担保人名称：_____（盖单位章）

法定代表人或其委托代理人：_____（签字）

地　　址：_____

邮政编码：_____

电　　话：_____

传　　真：_____

_____年____月____日

备注：经过招标人事先的书面同意，投标人可采用招标人认可的投标保函格式，但相关内容不得背离招标文件约定的实质性内容。

（附银行保函复印页）

五、已标价工程量清单

说明：已标价工程量清单按招标文件"工程量清单"中的相关表格填写。构成合同文件的已标价工程量清单包括招标文件"工程量清单"有关工程量清单、投标报价以及其他说明的内容。

_____工程工程量清单

工 程 造 价

招标人：_____　　　咨询人：_____

（单位盖章）　　　　　　　　　　（单位资质专用章）

招标人法定代表人　　　　　　　　咨询人法定代表人

或其授权人：＿＿＿＿＿＿＿＿＿　　或其授权人：＿＿＿＿＿＿＿＿＿

　　　　（签字或盖章）　　　　　　　　　（签字或盖章）

编制人：＿＿＿＿＿＿＿＿＿＿　　复核人：＿＿＿＿＿＿＿＿＿＿

　　（造价人员签字盖专用章）　　　　（造价工程师签字盖专用章）

编制时间：＿＿＿＿＿年＿＿月＿＿日　复核时间：＿＿＿＿＿＿年＿＿月＿＿日

投 标 总 价

招 标 人：＿＿＿＿＿＿＿＿＿＿＿＿＿＿＿＿＿＿＿

工程名称：＿＿＿＿＿＿＿＿＿＿＿＿＿＿＿＿＿＿＿

投标总价(小写)：＿＿＿＿＿＿＿＿＿＿＿＿＿＿＿＿＿元

　　　　(大写)：＿＿＿＿＿＿＿＿＿＿＿＿＿＿＿＿＿元

投 标 人：＿＿＿＿＿＿＿＿＿＿＿＿＿＿＿＿＿＿＿

　　　　　　　　　　（单位盖章）

法定代表人

或其授权人：＿＿＿＿＿＿＿＿＿＿＿＿＿＿＿＿＿＿＿

　　　　　　　　（签字或盖章）

编制人：＿＿＿＿＿＿＿＿＿＿＿＿＿＿＿＿＿＿＿

　　　　　（造价人员签字盖专用章）

编制时间：＿＿＿＿＿年＿＿月＿＿日

工程项目投标报价汇总表

工程名称：　　　　　　　　　　　　　　　　　　第　页　共　页

序　号	单项工程名称	金额/元	其　中		
			暂估价/元	安全文明施工费/元	规费/元
	合计				

单项工程投标报价汇总表

工程名称：　　　　　　　　　　　　　　　　　　第　页　共　页

序　号	单位工程名称	金额/元	其　中		
			暂估价/元	安全文明施工费/元	规费/元
	合计				

单位工程投标报价汇总表

工程名称：　　　　　　　　　　　　　　　　　　第　页　共　页

序号	汇总内容	金额/元	其中：暂估价/元
1	分部分项工程		
1.1			
1.2			
……			

（续）

序号	汇总内容	金额/元	其中：暂估价/元
2	措施项目		—
2.1	其中：安全文明施工费		—
3	其他项目		—
3.1	暂列金额（不包括计日工）		—
3.2	专业工程暂估价		—
3.3	计日工		—
3.4	总承包服务费		—
4	规费		—
5	税金		—
	投标报价合计 ＝ 1+2+3+4+5		—

六、施工组织设计

第一章 总体施工组织布置及规划

第二章 施工方案及技术措施

第三章 质量保证措施和创优计划

第四章 施工总进度计划及保证措施

第五章 施工安全措施计划

第六章 文明施工措施计划

第七章 施工场地治安保卫管理计划

第八章 施工环保措施计划（包括扬尘污染防治专项方案）

第九章 冬期和雨期施工方案

第十章 施工现场总平面布置

第十一章 施工机具配备计划、劳动力计划

第十二章 承包人自行施工范围内拟分包的非主体和非关键性工作、材料计划和劳动力计划

第十三章 成品保护和工程保修工作的管理措施与承诺

第十四章 任何可能的紧急情况的处理措施、预案以及抵抗风险（包括工程施工过程中可能遇到的各种风险）的措施

第十五章 对总包管理的认识以及对专业分包工程的配合、协调、管理、服务方案

第十六章 与发包人、监理单位及设计单位的配合、协调措施

第十七章 危险性较大的分部分项工程安全管理措施

附表一 拟投入本工程的主要施工设备表

附表二 拟配备本工程的试验和检测仪器设备表

附表三 劳动力计划表

附表四 计划开、竣工日期和施工进度横道图

附表五 施工总平面图

附表六 临时用地表

（第一章~第十七章具体内容略）

附表一 拟投入本工程的主要施工设备表

序号	设备名称	型号规格	数量	制造年份	额定功率/kW	生产能力	用于施工部位	备注
1	振动压路机	YX20	1	2018	118	良好	全过程	/
2	钢轮压路机	YZC16	1	2018	118	良好	全过程	/
3	洒水车	EQ1092F	1	2017	103	良好	全过程	/
4	混凝土运输罐车	HB30A	6	2015	/	良好	全过程	/
5	混凝土输送泵车	HB60C	1	2021	/	良好	全过程	/
6	手推车	/	5	2021	/	良好	全过程	/
7	自卸汽车	/	3	2019	228	良好	全过程	/
8	发电机	200GF	2	2018	250	良好	全过程	/
9	再生机	PR240	1	2017	/	良好	全过程	/
10	打夯机	/	4	2017	/	良好	全过程	/
11	挖掘机	CAT320	6	2019	/	良好	全过程	/

附表二 拟配备本工程的试验和检测仪器设备表

序号	仪器设备名称	型号规格	数量	制造年份	已使用台时数	用途	备注
1	全站仪	SOKKIA、SET4CII	2	2018	0	测量	/
2	经纬仪	T1	2	2019	0	测量	/
3	水准仪	NA2	2	2019	0	测量	/
4	电子天平	PB8001-S	2	2018	0	测量	/
5	电子天平	ARC-120	2	2018	0	测量	/
6	GPS	中海达	2	2018	0	测量	/
7	钢卷尺	50m	2	2018	0	测量	/
8	皮卷尺	50m	2	2018	0	测量	/

附表三 劳动力计划表

（单位：人）

工种	施工准备	土建工程	给排水工程	给排水外线工程	电气工程	医用气体管道工程	智能工程	竣工验收
管理员	3	10	10	10	10	10	10	3
测量员	15	18	18	18	18	18	18	15
试验员	2	5	5	5	5	5	5	2
材料员	2	10	10	10	10	10	10	2
安全员	2	5	5	5	5	5	5	2
技术员	2	5	5	5	5	5	5	2
司机	5	10	10	10	10	10	10	5
混凝土工	10	40	40	40	10	40	40	10
普工	10	50	50	50	50	50	50	10
机械操作工	15	15	15	15	15	15	15	15
电工	4	5	5	5	50	5	5	4

附表四　计划开、竣工日期和施工进度横道图

1. 投标人应递交施工进度横道图或施工进度表，说明按招标文件要求施工期进行施工的各个关键日期。
2. 施工进度表可采用网络图和（或）横道图表示。

总工期：365日历天

各分部分项	工期 天　天	15	30	45	60	75	90	105	120	135	150	165	180	195	210	225	240	255	270	285	300	315	330	345	365
1. 施工准备																									
2. 土建工程																									
3. 给排水工程																									
4. 给排水外线工程																									
5. 电气工程																									
6. 医用气体管道工程																									
7. 智能工程																									
8. 竣工验收																									

附表五 施工总平面图

投标人应递交一份施工总平面图，绘出现场临时设施布置图表并附文字说明，说明临时设施、围挡、加工车间、现场办公、设备及仓储、供电、供水、卫生、生活、道路、消防、环保等设施的布置情况。

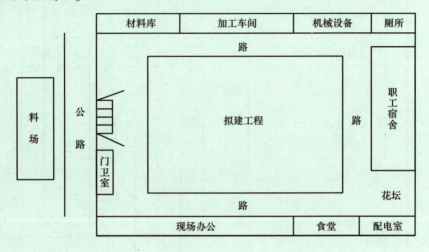

说明：

现场办公：用于项目部人员日常办公处理相关事务的办公场所。

职工宿舍：用于施工人员的休息场所。

食堂：驻地人员生活必需的场所。

机械设备及仓储：用于存放本工程施工机械和水泥等。

料场：用于项目上进场材料的临时存放。

加工车间：用于加工一些小型构件。

门卫室：用于看护场地。

配电室：供项目人员生活用电。

厕所：驻地人员生活配套用地。

附表六 临时用地表

用 途	面积/m²	位 置	需用时间
现场办公	200	如图所示	整个施工期
职工宿舍	100	如图所示	整个施工期
食堂	80	如图所示	整个施工期
机械设备及仓储	200	如图所示	整个施工期
料场	300	如图所示	整个施工期
加工车间	150	如图所示	整个施工期
门卫室	60	如图所示	整个施工期
配电室	80	如图所示	整个施工期
厕所	80	如图所示	整个施工期
花坛	30	如图所示	整个施工期

七、项目管理机构
(一) 项目管理机构组成表

职　务	姓　名	职　称	执业或职业资格证明					备　注
			证书名称	级别	证号	专业	养老保险	
项目经理	姚某	工程师	注册建造师证书	壹级	××××	建筑工程	已缴纳	
项目副经理	王某	工程师	注册建造师证书	贰级	××××	建筑工程	已缴纳	
技术负责人	安某	工程师	职称证	中级	××××	建筑工程	已缴纳	
合同商务负责人	张某	工程师	职称证	中级	××××	建筑工程	已缴纳	
安全生产管理人员	许某	工程师	安全生产考核合格证书	C证	××××	工民建	已缴纳	
施工员	王某某	工程师	职称证	中级	××××	工民建	已缴纳	
质量员	刘某	工程师	职称证	中级	××××	建筑工程	已缴纳	
资料员	张某某	工程师	职称证	中级	××××	建筑工程	已缴纳	

公司所有人员社保 (即企业职工缴纳社保情况说明) 需要所在辖区社保基金管理机构出具证明 (附图片)。

(二) 主要人员简历表
附1　项目经理简历表

项目经理应附建造师执业资格证书、注册证书、安全生产考核合格证书、身份证、职称证、养老保险 (20××年7月1日至20××年6月30日) 复印件及未担任其他在建工程项目项目经理的承诺书,管理过的项目业绩须附合同 (应为已竣工且在住房和城乡建设行政主管部门备案的合同) 及竣工验收报告复印件。类似项目限于以项目经理身份参与的项目。

姓　名	姚某	年　龄	33	职　称		工程师
建造师专业		建筑工程		拟在本工程任职		项目经理
注册建造师执业资格等级			壹级			
安全生产考核合格证书						
主要工作经历						
时　间	参加过的类似项目名称		工程概况说明		发包人及联系电话	
/	/	/	/		/	

执业资格证书照片、注册证书照片、安全生产考核合格证书照片	身份证正、反面照片,职称证照片

项目经理执业资格查询:

附2　主要项目管理人员简历表

主要项目管理人员是指项目副经理、技术负责人、合同商务负责人、专职安全生产管理人员等岗位人员。主要项目管理人员简历表应附注册资格证书、身份证、职称证、养老保险复印件，其中专职安全生产管理人员应附安全生产考核合格证书。主要工作业绩须附合同协议书。

岗位名称	项目副经理		
姓　　名	王某	年　　龄	36
性　　别	男	拥有的执业资格	
专业职称和工作年限	工程师 10 年	执业资格证书编号	
主要工作业绩及担任的主要工作	/		

执业资格证书照片	身份证正、反面照片

以上述表格形式列全主要项目管理人员简历表。

附3　承诺书
承诺书

_____（招标人名称）：

我方在此声明，我方拟派往 _____（项目名称，以下简称"本工程"）的项目经理

　　__姚某__（项目经理姓名）现阶段没有担任任何在建工程项目的项目经理。

　　我方保证上述信息的真实和准确，并愿意承担因我方就此弄虚作假所引起的一切法律后果。

　　特此承诺

投标人：××建设集团有限责任公司（盖单位章）

法定代表人或其委托代理人：_____（签字）

__2024__年__9__月__18__日

八、拟分包项目情况（略）
九、资格审查资料
（一）投标人基本情况表

投标人名称		××建设集团有限责任公司			
注册地址			邮政编码		
联系方式	联系人		电话		
	传真		网址		
组织结构		有限责任制			
法定代表人	姓名		技术职称		电话
技术负责人	姓名		技术职称		电话
成立时间	2006年06月02日		员工总人数：500		
企业资质等级	壹级		项目经理		92
营业执照号			高级职称人员		35
注册资金	3亿元	其中	中级职称人员		47
开户银行			初级职称人员		136
账号			技工		142
经营范围		房屋建筑工程、市政公用工程、公路工程、水利水电工程、机电安装工程、铁路工程、港口与航道工程、电力工程、化工石油工程、通信工程、矿山工程、冶炼工程、园林绿化工程、空气净化工程、实验室设备安装工程、环保工程的施工总承包；地基与基础工程、机电设备安装工程、钢结构工程、建筑装饰装修工程、建筑幕墙工程、消防设施工程、桥梁工程、隧道工程、公路路面工程、公路路基工程、土石方工程、建筑特种专业工程、园林古建工程、建筑防水工程、建筑用起重设备安装工程、防腐保温工程、建筑智能化工程、堤防工程、送变电工程、城市及道路照明工程、机场场道工程、预拌商品混凝土工程、管道工程、体育场地设施工程的专业承包；锅炉安装；压力管道安装；安全技术防范系统工程的设计、施工、维修；消防设施维护保养及消防设施检测、消防安全评估；房屋租赁；建筑设备及建筑机械租赁；干粉砂浆工程设计；承包境外工业与民用建筑工程及境内国际招标工程；建筑材料、设备的出口业务；新型建筑材料的研发、生产、销售；制造、施工；建筑劳务分包			
备注					

　　注：本表后应附企业法人营业执照、企业资质证书、安全生产许可证等材料的复印件。

企业资信查询截图：

（二）近年完成的类似项目情况表

项目名称	
项目所在地	
发包人名称	
发包人地址	
发包人联系人及电话	
合同价格	
开工日期	
竣工日期	
承担的工作	
工程质量	
项目经理	
技术负责人	
总监理工程师及电话	
项目描述	
备注	

注：1. 类似项目是指_____工程。

2. 本表后附合同（应为已竣工且在住房和城乡建设行政主管部门备案的合同）及竣工验收报告的复印件。每张表格只填写一个项目，并标明序号。

（三）正在施工的和新承接的项目情况表

项目名称	
项目所在地	
发包人名称	
发包人地址	
发包人电话	
签约合同价	
开工日期	
计划竣工日期	
承担的工作	
工程质量	
项目经理	
技术负责人	
总监理工程师及电话	
项目描述	
备注	

注：本表后附合同（应为已竣工且在住房和城乡建设行政主管部门备案的合同）复印件。每张表格只填写一个项目，并标明序号。

十、其他材料

企业信用查询截图：

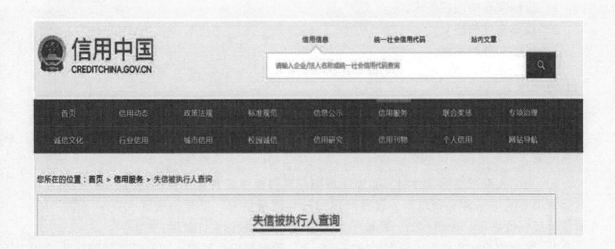

四、任务总结

【知识总结】

1）投标文件的内容组成。

2）投标文件的递交。

3）投标文件的示例。

【任务成果】

根据招标文件的要求编制了做出实质性响应的投标文件。

【注意事项】

1）投标人编制投标文件时，必须使用招标文件提供的投标文件的格式。填写表格时，凡要求填写的空格都必须填写，否则被视为放弃该项要求。重要的项目或数字（如工期、质量等级、价格等）未填写的，将被作为无效或作废的投标文件处理。

2）编制的投标文件正、副本必须按招标文件要求的份数提供，同时必须明确标明"投标文件正本"和"投标文件副本"字样。

3）投标文件均应使用不褪色的墨水笔书写或打印。投标文件的书写要字迹清楚、整洁、美观。

4）所有投标文件均由投标人的法定代表人签署、加盖印鉴，并加盖法人单位公章。

5）填报的投标文件应反复校核，保证分项和汇总计算均无错误。全套投标文件均无涂改和行间插字，如果这些删改是根据招标人的要求进行的，或者是投标人造成的必须修改的错误，修改处应由投标文件签字人签字证明并加盖公章。

6）如招标文件规定投标保证金为合同总价的百分比时，开具投标保函不宜太早，以免泄漏报价，投标人故意提前开出以麻痹竞争对手的情况除外。

7）投标文件的包封应严格按照招标文件的要求进行，否则会由于包封不合格造成废标。

8）认真对待招标文件中关于废标的条件，以免投标文件被判为废标而前功尽弃。

五、巩固与练习

1. 引例解析

投标文件的编写一定要实质性响应招标文件的要求，一定要使用招标文件提供的附表格式以及以同样的格式扩展，不得做任何改动。要认真对待招标文件中关于废标的条件，以免投标文件被判为废标而前功尽弃。投标文件应做到主次分明，层次清楚，内容全面，重点突出，字迹清晰、工整，美观整洁。如有涂改或行间插字，应由投标文件签字人在此处签字证明并加盖公章，投标文件应用不褪色的材料书写或打印。

总之，只要在编制投标文件时做到以上几点，投标文件就不会被评委会确定为废标。

练习题

引例中的投标文件之所以被认为是废标，是因为该投标代理公司不负责任，投标文件错误百出，出现了很多没有响应招标文件实质性要求的问题，导致投标失败。

2. 练习

3. 简答题

投标文件编制的注意事项有哪些？

4. 实训练习

1）2019 年 9 月 25 日，某市气象局要建设一栋大楼，大楼建筑面积 11500m²，连体附属 3 层停车楼一座，总造价 3000 万元。工程采用公开招标方式进行发包。对参加投标单位的资质要求是最低不得低于二级资质。

项目三任务三
简答题

经过公开招标，有 A、B、C、D 四家施工单位参加了投标，评标后发现 A、B 两家投标单位在施工资质、施工力量、施工工艺水平以及社会信誉上相差不大，D 在施工力量方面与 A、B 有一定差距，C 在施工力量、施工工艺水平以及社会信誉方面与前三个单位相差甚远。于是，气象局负责人以及招标工作领导小组的成员对 A、B 两家投标单位究竟选择哪一家作为中标单位出现了意见分歧。

这时，经 C 单位的法定代表人的私下活动，联系上了气象局负责人。气象局负责人同意让 C 与 A 联合承包工程，并明确向 A 暗示，如果不接受这个投标方案，则该工程的中标将授予 B 单位。A 为了获得该项工程，同意了与 C 联合承包该工程，并同意将停车楼交给 C 单位施工。于是 A 和 C

项目三任务三
实训练习第一题

联合投标获得成功。A与气象局签订了建设工程施工合同，A与C也签订了联合承包工程的协议。

问题：这个案例中成立联合体的方式有问题吗？为什么？

2）某制药厂发布本单位职工宿舍楼工程的招标公告，甲公司和乙公司计划组成联合体共同参与投标，请为他们拟定联合体协议书。

六、交流与拓展

1. 电子投标的相关知识

（1）电子投标的程序

1）熟悉制作电子投标所需使用的工具。

2）登录招标投标系统。

3）投标报名。

4）查看资格预审结果。

5）电子标书的制作。

（2）电子投标文件制作方法（见二维码资源）

2. 国际工程投标的相关知识

电子投标文件
制作系统

国际工程招
投标相关知识

实训二　投标文件编制实训

一、实训目标

通过投标文件编制实训，锻炼学生编制投标文件的能力，与工作岗位对接。

二、拟投标项目概况

××学校教学楼项目已由××省发展和改革委员会以【2024】××号文件批准建设，招标人（项目业主）为××学校，建设资金来自中央预算内资金及自筹，项目出资比例为政府70%，自筹30%。项目已具备招标条件，现对该项目的施工进行招标。

项目总建筑面积10000m²，地上11层，地下1层。结构类型：框架-剪力墙结构。招标内容：施工招标。招标范围：教学楼及外线工程，以及施工图纸范围内的全部内容（详见工程量清单及图纸）。标段划分：1个标段。计划工期：380日历天，计划开工日期为2024年6月17日。质量标准：合格。承包方式：包工包料。

要求投标人须具备建筑工程施工总承包叁级及以上资质，并在人员、设备、资金等方面具有相应的施工能力。其中，投标人拟派项目经理须具备建筑工程专业贰级（含以上级）的注册建造师执业资格，具备有效的安全生产考核合格证书，且未担任其他在建工程项目的项目经理。本项目不接受联合体投标。

投标文件递交的截止时间为2024年05月28日09时00分。地点为××市公共资源交易中心。逾期送达的或者未送达指定地点的投标文件，招标人不予受理。

招标代理机构：××工程项目管理有限公司。

三、实训任务

依据《中华人民共和国房屋建筑和市政工程标准施工招标文件》，投标文件由以下资料组成：投标函及投标函附录、法定代表人身份证明或附有法定代表人身份证明的授权委托书以及被委托人的身份证明、联合体协议书（适用联合体投标）、投标保证金、已标价工程量清单、施工组织设计、项目管理机构、拟分包项目情况、资格审查资料（资格后审）、投标人须知前附表规定的其他材料等。本次实训任务要在4个学时内完成以下三项任务：

任务1：编制投标函及投标函附录。

任务2：编制附有法定代表人身份证明的授权委托书。

任务3：编制投标保函及承诺书。

四、任务实施

1. 实训组织

实训教学分组进行，建议每组由6名同学组成，选出组长。由组长将任务1、2、3分配给不同组员，限定组员在3个学时内完成本职工作，交由组长合成投标文件（0.5个学时）。最后由老师点评各组成果，核定成绩（0.5个学时）。

2. 实训资料

五、实训成绩考核

1）内容准确，时间节点无误，按时完成得90~100分。

2）内容基本正确，时间节点80%准确，于规定时间完成任务的80%以上得80~90分。

3）内容60%准确，时间节点60%准确，于规定时间完成任务的60%以上得60~70分。

项目三实训二
实训资料

4）课上完不成任务不及格，需要课下完成。

投标文件的有关格式见本项目任务三相关内容。

项目四
开标、评标、定标

【知识目标】

1. 了解评标专家必须具备的条件。
2. 熟悉评标规则，以及评标委员会的组建方法。
3. 掌握评标原则，开标、评标、定标的工作流程，以及评标报告的内容。

【技能目标】

1. 能按照甲方要求参与制定评标规则。
2. 能利用信息技术组织开标、评标、定标。
3. 能编制评标报告。

【素养目标】

1. 通过对开标、评标、定标的实务操作，学习公平、公正、科学、择优的评标原则。
2. 通过分组协作完成模拟评标过程，培养严谨、细致的工作作风和团队协作意识，提升职业素养。

【任务分解】

项目名称	任务分解	知识点	学时分配		
			理论教学	实践教学	模拟现场教学
项目四 开标、评标、定标	任务一 制定评标规则	组建评标委员会	2	1	
		制定评标方法（经评审的最低投标价法、综合评估法）			
	任务二 组织开标、评标	开标的时间、地点、准备工作、参加人、内容	1	1	
		评标的原则、程序、内容，评标报告的撰写和提交			
	任务三 定标及签发中标通知书	定标	1		
		下达中标通知书			
		准备签订合同			
		招标备案			
	实训三 开标、评标、定标模拟实训	模拟开标、评标、定标的整个过程			4

任务一 制定评标规则

 引例

　　某大型工程，由于技术难度大，对施工单位的施工设备和同类工程施工经验要求高，而且对工期的要求也比较紧迫。建设单位（业主）在对有关单位和在建工程考察的基础上，仅邀请了 3 家一级施工企业参加投标，并预先与咨询单位和该 3 家施工单位共同研究确定了施工方案。业主要求投标单位将技术标和商务标分别装订报送。经招标领导小组研究确定的评标规则如下。

　　1）技术标共 30 分，其中施工方案 10 分（因已确定施工方案，各投标单位均得 10 分）、施工总工期 10 分、工程质量 10 分。满足业主总工期要求（36 个月）者得 4 分，每提前 1 个月加 1 分，不满足者不得分；自报工程质量合格者得 4 分，自报工程质量优良者得 6 分（若工程质量未达到优良将扣罚合同价的 2%），近三年内获鲁班工程奖每项加 2 分，获省优工程奖加 1 分。

　　2）商务标共 70 分。报价不超过基准价（35500 万元）的 ±5% 者为有效标，超过者为废标。报价为基准价的 98% 者得满分（70 分），在此基础上，报价比基准价每下降 1%，扣 1 分，每上升 1%，扣 2 分（计分按四舍五入取整）。各投标单位的有关情况见表 4-1。

表 4-1 各投标单位标书主要数据表

投标单位	报价/万元	总工期/月	自报工程质量	鲁班工程奖/个	省优工程奖/个
A	35642	33	优良	1	1
B	34364	31	优良	0	2
C	33867	32	合格	0	1

　　问题：1）该工程采用邀请招标方式且仅邀请 3 家施工单位投标，是否违反有关规定？为什么？

　　2）请按综合得分最高者中标的原则确定中标单位。

　　3）若改变该工程评标的有关规定，将技术标增加到 40 分，其中施工方案 20 分（各投标单位均得 20 分），商务标减少为 60 分，是否会影响评标结果？为什么？若影响，应由哪家施工单位中标？

一、任务准备

【任务依据】

《中华人民共和国招标投标法实施条例》：

第四十五条：国家实行统一的评标专家专业分类标准和管理办法。具体标准和办法由国务院发展改革部门会同国务院有关部门制定。省级人民政府和国务院有关部门应当组建综合评标专家库。

第四十六条：除招标投标法第三十七条第三款规定的特殊招标项目外，依法必须进行招标的项目，其评标委员会的专家成员应当从评标专家库内相关专业的专家名单中以随机抽取方式确定。任何单位和个人不得以明示、暗示等任何方式指定或者变相指定参加评标委员会的专家成员。

依法必须进行招标的项目的招标人非因招标投标法和本条例规定的事由，不得更换依法确定的评标委员会成员。更换评标委员会的专家成员应当依照前款规定进行。评标委员会成员与投标人有利害关系的，应当主动回避。有关行政监督部门应当按照规定的职责分工，对评标委员会成员的确定方式、评标专家的抽取和评标活动进行监督。行政监督部门的工作人员不得担任本部门负责监督项目的评标委员会成员。

第四十九条：评标委员会成员应当依照招标投标法和本条例的规定，按照招标文件规定的评标标准和方法，客观、公正地对投标文件提出评审意见。招标文件没有规定的评标标准和方法不得作为评标的依据。评标委员会成员不得私下接触投标人，不得收受投标人给予的财物或者其他好处，不得向招标人征询确定中标人的意向，不得接受任何单位或者个人明示或者暗示提出的倾向或者排斥特定投标人的要求，不得有其他不客观、不公正履行职务的行为。

第五十条：招标项目设有标底的，招标人应当在开标时公布。标底只能作为评标的参考，不得以投标报价是否接近标底作为中标条件，也不得以投标报价超过标底上下浮动范围作为否决投标的条件。

第五十三条：评标完成后，评标委员会应当向招标人提交书面评标报告和中标候选人名单。中标候选人应当不超过3个，并标明排序。

评标报告应当由评标委员会全体成员签字。对评标结果有不同意见的评标委员会成员应当以书面形式说明其不同意见和理由，评标报告应当注明该不同意见。评标委员会成员拒绝在评标报告上签字又不书面说明其不同意见和理由的，视为同意评标结果。

【相关知识】

在建设工程施工招标过程中，评标、定标是一个非常核心的环节，从某个角度来说，评价招标投标成功与否，只需考察其评标、定标即可。因为招标的目的是确定一个优秀的承包人，投标的目的是为了中标，而决定这两个目标能否实现的关键因素是评标、定标。在评标、定标过程中一般应确定以下几个方面的内容。

1. 组建评标委员会

依法招标的工程，需要组建评标委员会。评标委员会成员名单于开标前确定，在中标结果确定前应当保密。评标委员会由招标人的代表和有关技术、经济等方面的专家组成，成员人数为5人以上单数，其中技术、经济等方面专家不得少于成员总数的三分之二。评标委员会的专家成员，应当由招标人（或招标代理机构）从依法组建的评标专家库内相关专家的专家名单中以随机抽取方式确定，抽取工作应当在建设工程交易中心进行。对技术复杂、专业性强或者国家有特殊要求，采取随机抽取方式确定的专家难以保证胜任评标工作的项目，可以由招标人从评标专家库内或库外直接选聘确定评标专家，库外选聘的专家也需具备评标专家的相应条件。

(1) 评标专家必须具备的条件

1）具备良好的职业道德。

2）从事相关专业领域工作满八年并具有高级职称或者同等专业水平。

3）具备参加评标工作所需要的专业知识和实践经验。

4）熟悉有关招标投标的法律法规。

5）熟练掌握电子化评标技能。

6）具备正常履行职责的身体和年龄条件。

7）法律、法规、规章规定的其他条件。

评标专家库组建单位应当根据前款所列条件，制定入选评标专家库的具体标准，并向社会公布。

(2) 不得担任评标委员会成员的情况

1）无民事行为能力或者限制民事行为能力的。

2）被有关行政监督部门取消担任评标委员会成员资格的。

3）被开除公职的。

4）受过刑事处罚的。

5）被列入严重失信主体名单的。

6）法律、法规、规章规定的其他情形。

如果评标委员会成员有以上情形之一的，应当主动提出回避。任何单位或个人不得对评标委员会成员施加压力，影响评标工作的正常进行。评标委员会的成员在评标、定标过程中不得与投标人或者与招标结果有利害关系的人进行私下接触，不得收受投标人、中介机构及其他利害关系人的财物或其他好处，以保证评标、定标公正、公平。

2. 制定评标方法

评标的方法有多种，我国目前常用的评标方法有经评审的最低投标价法、综合评估法或者法律、行政法规允许的其他评标方法。

(1) 经评审的最低投标价法

经评审的最低投标价法一般适用于具有通用的技术、性能标准或者招标人对其技术、性能标准没有特殊要求的招标项目，是一种只对投标人的投标报价进行评议，从而确定中标人的评标方法。根据经评审的最低投标价法，能够满足招标文件的实质性要求，并且经评审的最低投标价的投标的投标人，应当推荐为中标候选人。

1）技术部分评审：技术部分评审为通过式评审，被评标委员会认定为不合格的投标文件不再进入商务部分评审。

2）商务部分评审。

第一步：对所有投标人经校核的投标报价进行汇总比较，并由低到高进行排序。

第二步：确定评标控制线。分部分项综合单价和措施项目报价分别以其平均值（有效投标人超过 7 家时，去掉一个最高价和一个最低价，再取平均值）的 96%~98%（由招标人自行确定）作为评标控制线。

第三步：投标人分部分项报价中，报价超过评标控制线 200% 且经评标委员会评审确定为不平衡报价的分部分项价格之和达到自己投标总报价的 3%~6%（由招标人自行确定）的，应当否决其投标。

第四步：评标委员会根据排序审核投标总报价，否决投标总报价被认定为低于成本的投标文件。

3）推荐中标候选人或确定中标人：评标委员会应当确定通过商务部分评审，且信用综合评价达标、投标总报价最低的投标人为中标候选人。

（2）综合评估法

综合评估法俗称"打分法"，是一种采用量化评分的办法，对价格、施工组织设计（或施工方案）、项目经理的资历和业绩、质量、工期、投标人的信誉和业绩等因素进行综合评价，从而确定中标人的评标方法。

综合评估法需要综合考虑投标书的各项内容是否同招标文件所要求的各项文件、资料和技术要求相一致。不仅要对价格因素进行评议，还要对其他因素进行评议。在全面评审商务标、技术标、综合标等内容的基础上，评判投标人关于具体招标项目的施工技术水平、对管理难点把握的准确程度、技术措施采用的适用程度、管理资源投入的合理程度及充分程度等。

采用综合评估法评标时，对投标人的每一项指标进行符合性审查，核对并给出分数值，评标委员会成员互相不商讨，最后汇总比较，取分数值最高者为中标人。

综合评估法强调的是最大限度地满足招标文件的各项要求，将技术和经济因素综合在一起决定投标文件的优劣，不仅强调价格因素，也强调技术因素和综合实力因素。

1）分值构成：总分值按 $P=K_1P_1+K_2P_2+K_3P_3$ 计算。其中，P 为总得分；P_1 为技术部分得分（满分 100 分），P_2 为商务部分得分（满分 100 分），P_3 为信用综合评价部分得分（投标截止日从当地建设工程信息网中查询的得分/120×100）；K_1、K_2、K_3 为对应的权重，$K_1+K_2+K_3=100\%$，$0<K_1\leqslant20\%$，$K_2\geqslant70\%$，$K_3=10\%$。

2）评分计算要求。

① 在投标文件拆封前由招标人通过系统随机抽取商务部分评分基准价的系数 C，从 95%~99% 中抽取任一整数值。

② 评分计算保留 2 位小数（百分比亦取 2 位小数），第三位小数四舍五入。

③ 评分计算出现中间值的，按插入法计算得分。

④ 有下列情况之一的为无效分，该单项评分视为弃权：计分高出规定最高分或最低分的；计分明显不合理的；一个计分内容有 2 个或 2 个以上计分的；其他违反本方法未按规定要求计分的。

3）技术部分评审。

① 技术部分的得分权重占总得分的权重为 ＿＿＿（0~20%，由招标人定）。

② 评标委员会根据招标文件中的要求及投标人递交的投标文件对技术部分进行评审。技术部分评审分为基本内容评审和附加内容评审。先进行基本内容评审，对通过得标准分的投标人再进行附加内容评审。

③ 通过阅审，根据具体的评审内容对各子项进行评审，评标委员会通过对各子项的评审综合考虑做出最终技术部分的基本内容是否通过的结论，基本内容不通过须写明评审理由。

④ 评审内容及评分标准。评审内容分基本内容（见表 4-2）与附加内容（见表 4-3），两项合计 100 分。招标人可自行选择是否有附加内容。基本内容的评审，不设打分区间，评审结论为通过，此时得标准分，不通过则不再进入后续评审。未按本规则评审，则评审无

效。招标人可根据项目需要调整评审内容。

表 4-2 技术部分评审基本内容

序号	评审内容	评审标准	评审理由
1	施工部署及现场平面布置	满足要求	
		不满足要求	
2	施工方法及主要技术措施	满足要求	
		不满足要求	
3	工程质量保证措施	满足要求	
		不满足要求	
4	安全生产及文明施工措施	满足要求	
		不满足要求	
5	施工进度计划及保证措施	满足要求	
		不满足要求	
6	项目班子组成、资历情况	满足要求	
		不满足要求	
7	主要施工机具、劳动力使用计划	满足要求	
		不满足要求	
基本内容评审结论		通过（得标准分 95~100 分）	
		不通过	

表 4-3 技术部分评审附加内容

序　号	评审内容	标准分（0~5）/分	评　分
1	投标人具有一项类似项目	2.5	
2	拟投入本项目的项目经理具有一项类似项目	2.5	

附加内容中的类似项目应从项目的规模、类型、技术难度等方面明确范围。需要查验投标人业绩的，以合同（应为已竣工且在住房和城乡建设行政主管部门备案的合同）及竣工验收报告为准。

4）商务部分评审。

① 商务部分的得分权重占总得分的权重为 ＿＿（不低于 70%，由招标人定）。

② 对通过技术部分评审的投标文件进行商务部分评审。程序如下：

第一步：确定评标控制线。分部分项综合单价和措施项目报价分别以其平均值（有效投标人超过 7 家时，去掉一个最高价和一个最低价，再取平均值）的 ＿＿（96%~98%，由招标人自行确定）作为评标控制线。

第二步：投标人分部分项报价中，报价超过评标控制线 200% 且经评标委员会评审确定为不平衡报价的分部分项价格之和达到自己投标总报价的 ＿＿（3%~6%，由招标人自行确定）的，应否决其投标。

第三步：确定分部分项报价、措施项目报价及总报价的评分基准价。

第四步：计算各投标人商务部分得分。

③ 评分内容。商务部分评分包括对分部分项报价、措施项目报价、总报价三部分内容

进行评分。分部分项报价的分值权重占商务标分值的 ____ （不得低于50%），措施项目报价的分值权重占商务标分值的 ____ （5%~10%），总报价的分值权重占商务标分值的 ____ （不得高于40%）。分部分项报价、措施项目报价和总报价分别按百分制进行评分。

商务标得分=分部分项报价得分×权重+措施项目报价得分×权重+总报价得分×权重

④ 评分程序和评分标准。

- 分部分项报价评分（标准分100分）。

各分部分项分值按照该分部分项合价的平均值（进入商务部分评审的投标个数为 N，$0<N\le7$ 时报价全部参与计算；$7<N\le13$ 时去掉1个最高报价和1个最低报价计算平均值；$13<N\le20$ 时去掉2个最高报价和2个最低报价计算平均值；$N>20$ 时去掉3个最高报价和3个最低报价计算平均值）占全部分部分项合价平均值之和的比重进行分配，分值为该项标准分。综合单价填报0以及未填报的分部分项报价得0分。

评分基准价为上述各对应的算术平均值乘以 C。例如，进入商务部分评审的投标人数为 N，$0<N\le7$ 时分部分项单价的算术平均值乘以 C 为评分基准价；$7<N\le13$ 时分部分项单价去掉1个最高报价和1个最低报价后的算术平均值乘以 C 为评分基准价；$13<N\le20$ 时分部分项单价去掉2个最高报价和2个最低报价后的算术平均值乘以 C 为评分基准价；$N>20$ 时分部分项单价去掉3个最高报价和3个最低报价后的算术平均值乘以 C 为评分基准价。

当分部分项价格等于评分基准价时得该分部分项标准分。投标人填报的分部分项综合单价每高出评分基准价1%，减该项标准分 ____ （2%~4%，由招标人自行确定）的分值，减完为止；每低于评分基准价1%，减该项标准分 ____ （1%~3%，由招标人自行确定）的分值，减完为止。

- 措施项目报价评分（标准分100分）。

评分基准价的确定方法同分部分项报价评分的评分基准价的确定方法。

当措施项目报价等于评分基准价时得标准分。投标人填报的措施项目报价每高出评分基准价1%，减该项标准分 ____ （2%~4%，由招标人自行确定）的分值，减完为止；每低于评分基准价1%，减该项标准分 ____ （3%~5%，由招标人自行确定）的分值，减完为止。

- 投标总报价评分（标准分100分）。

评分基准价的确定方法同分部分项报价、措施项目报价评分的评分基准价的确定方法。

当总报价等于评分基准价时得标准分。投标人填报的总报价每高出评分基准价1%，减该项标准分____分（2~4分，由招标人自行确定），减完为止；每低于评分基准价1%，减该项标准分____分（1~3分，由招标人自行确定），减完为止。

5）投标人信用综合评价得分：信用综合评价得分占总得分的权重为10%。

6）汇总评分结果并排序：评标委员会按照总得分从高到低的顺序对投标人进行排序。

7）确定中标候选人。评标委员会应遵照以下原则推荐中标候选人：

① 评标委员会按技术部分、商务部分和信用综合评价部分的综合加权得分由高至低的顺序，推荐排名顺序位于前三名的投标人作为中标候选人。如果在排序中出现评审得分相同的情况，则投标价格较低的投标人排序优先；如果投标价格相同，则技术部分得分较高者排序优先；如果技术部分得分相同，则信用综合评价得分较高者排序优先。

② 如果评标委员会根据本办法的规定，否决不合格投标后，有效投标不足三个，评标委员会能够阐明原因说明投标形成了有效竞争而不否决全部投标的，则评标委员会可以将所

有的有效投标按综合加权得分由高至低的顺序排序向招标人推荐。

③ 所有投标被否决的，招标人应当依法重新招标。

8）确定中标人：按照评标委员会推荐的中标候选人顺序，招标人或招标人授权的评标委员会按照相关规定确定中标人。

综合评估法一般适用于招标人对招标项目的技术、性能标准有特殊要求的项目，同时也适用于工程建设规模较大，履约工期较长，技术复杂，工程施工技术管理方案选择性较大，且工程质量、工期、技术、成本受施工技术管理方案影响较大，工程管理要求较高的工程招标项目。

二、任务内容

制定项目二任务六引例中背景项目的评标规则。

三、任务实施

本项目采用抽取系数为评分基准价的综合评估法评标。

失信被执行人的查询工作以开标当天查询为准。在"信用中国"网站查询到投标人为失信被执行人的，招标人将否决其投标。

1. 填写评标办法前附表

本案例按照《中华人民共和国房屋建筑和市政工程标准施工招标文件》编制评标办法前附表，见表4-4。

表4-4　评标办法前附表

条款号		评审因素	评审标准
2.1.1	形式评审标准	投标人名称	与营业执照、资质证书、安全生产许可证一致
		投标函签字盖章	有法定代表人或其委托代理人签字或加盖单位公章
		投标文件格式	符合"投标文件格式"的要求
		联合体投标人（如有）	不接受联合体投标
		报价唯一	只能有一个有效报价
2.1.2	资格评审标准	营业执照	具备有效的营业执照
		安全生产许可证	具备有效的安全生产许可证
		资质等级	投标人须具备建筑工程施工总承包叁级及以上资质
		财务状况	符合"投标人须知"规定
		类似项目业绩	符合"投标人须知"规定
		信誉	符合"投标人须知"规定
		项目经理	符合"投标人须知"规定
		其他要求	符合"投标人须知"规定
		联合体投标人（如有）	符合"投标人须知"规定
2.1.3	响应性评审标准	投标内容	符合"投标人须知"规定
		工期	符合"投标人须知"规定
		工程质量	符合"投标人须知"规定
		投标有效期	符合"投标人须知"规定

（续）

条　款　号		评审因素	评审标准
2.1.3	响应性评审标准	投标保证金	符合"投标人须知"规定
		权利、义务	投标函附录中的相关承诺符合或优于"合同条款及格式"的相关规定
		已标价工程量清单	符合"工程量清单"给出的子目编码、子目名称、子目特征、计量单位和工程量
		技术标准和要求	符合"技术标准和要求"规定
		投标价格	□ 低于（含等于）招标控制价 拦标价＝标底价×（1+　　%） □ 低于（含等于）"投标人须知"前附表第10.2款载明的招标控制价
		分包计划	符合"投标人须知"规定
		……	

条　款　号	条款内容	编列内容
2.2.1	分值构成 （总分100分）	技术标：　　20　　分 商务标：　　70　　分 信用综合评价：　　10　　分
2.2.2	评标基准价计算方法	见"2. 评分办法"
2.2.3	投标报价的偏差率计算公式	偏差率＝100%×（投标报价-评标基准价）/评标基准价

条　款　号		评分因素	评分标准
2.2.4 (1)	施工组织设计评分标准	内容完整性和编制水平	……
		施工方案与技术措施	……
		质量管理体系与措施	……
		安全管理体系与措施	……
		环保管理体系与措施	……
		工程进度计划与措施	……
		资源配备计划	……
		……	
2.2.4 (2)	项目管理机构评分标准	项目经理资格与业绩	……
		技术负责人资格与业绩	……
		其他主要人员	……
		……	
2.2.4 (3)	投标报价评分标准	偏差率	……
2.2.4 (4)	其他因素评分标准	……	

条　款　号		编列内容
3	评标程序	详见"2. 评分办法"
3.1.2	废标条件	具体内容扫描二维码查看
3.2.2	判断投标报价是否低于成本	按标准施工招标文件执行
补1	备选投标方案的评审	不采用
补2	计算机辅助评标	根据各地具体情况自行编写

2. 确定评分方法

技术标、商务标和信用综合评价结果的评分标准按百分制。技术标和商务标评审后，按下式计算总分：

$$P = K_1P_1 + K_2P_2 + K_3P_3$$

废标条件

3. 技术部分评审

1）技术部分的得分权重占总得分的权重为20%。

2）评标委员会根据招标文件中的要求对投标人递交的投标文件中的技术部分进行通过式评审，不通过则不再进入后续评审，见表4-5。

表4-5　技术标评审表（标准分为100分）

序号	评审内容	评审标准	评审理由
1	施工部署及现场平面布置	满足要求	
		不满足要求	
2	施工方法及主要技术措施	满足要求	
		不满足要求	
3	工程质量保证措施	满足要求	
		不满足要求	
4	安全生产及文明施工措施	满足要求	
		不满足要求	
5	施工进度计划及保证措施	满足要求	
		不满足要求	
6	项目班子组成、资历情况	满足要求	
		不满足要求	
7	主要施工机具、劳动力使用计划	满足要求	
		不满足要求	
	基本内容评审结论	通过	
		不通过	

4. 商务部分评审

（1）商务部分的得分权重占总得分的权重为 70%

（2）评审程序

对通过初步评审即技术部分评审的投标文件进行商务部分评审，按下列程序进行：

1）对投标人的投标报价进行校核、修正。

2）确定评标控制线。分部分项综合单价和措施项目报价分别以其平均值（有效投标人超过7家时，去掉1个最高价和1个最低价，再取平均值）的97%（96%~98%，由招标人自行确定）作为评标控制线。

3）投标人分部分项报价中，报价超过评标控制线200%且经评标委员会评审确定为不平衡报价的分部分项价格之和达到自己投标总报价5%的，应否决其投标。

4）对需要投标人澄清、说明、补正的问题，评标委员会以书面形式进行询问。

5）确定分部分项报价、措施项目报价及总报价的评分基准价。

6）计算各投标人商务部分得分。

（3）评分内容

1）商务部分评分包括对分部分项报价、措施项目报价、总报价三部分内容进行评分。分部分项报价的分值权重占商务标分值的 <u>50%</u>（不得低于 50%），措施项目报价的分值权重占商务标分值的 <u>10%</u>（5% ~ 10%），总报价的分值权重占商务标分值的 <u>40%</u>（不得高于 40%）。

2）分部分项报价、措施项目报价和总报价分别按百分制进行评分。

商务标得分 = 分部分项报价得分 × 权重 + 措施项目报价得分 × 权重 + 总报价得分 × 权重

（4）评分程序和评分标准

1）分部分项报价评分（标准分 100 分）：

各分部分项分值按照该分部分项合价的平均值（进入商务部分评审的投标人个数为 N，$0 < N \leqslant 7$ 时，报价全部参与计算；$7 < N \leqslant 13$ 时，去掉 1 个最高报价和 1 个最低报价计算平均；$13 < N \leqslant 20$ 时，去掉 2 个最高报价和 2 个最低报价计算平均值；$N > 20$ 时，去掉 3 个最高报价和 3 个最低报价计算平均值）占全部分部分项合价平均值之和的比重进行分配，分值为该项标准分。综合单价填报 0 以及未填报的分部分项报价得 0 分。

确定评分基准价进入商务部分评审的投标人家数为 N，$0 < N \leqslant 7$ 时，分部分项单价的算术平均值乘以 C 为评分基准价；$7 < N \leqslant 13$ 时，分部分项单价去掉 1 个最高报价和 1 个最低报价后的算术平均值乘以 C 为评分基准价；$13 < N \leqslant 20$ 时，分部分项单价去掉 2 个最高报价和 2 个最低报价后的算术平均值乘以 C 为评分基准价；$N > 20$ 时，分部分项单价去掉 3 个最高报价和 3 个最低报价后的算术平均值乘以 C 为评分基准价。

当分部分项价格等于评分基准价时得该分部分项标准分。投标人填报的分部分项综合单价每高出评分基准价 1%，减该项标准分<u>3%</u>的分值，减完为止；每低于评分基准价 1%，减该项标准分<u>2%</u>的分值，减完为止。

2）措施项目报价评分（标准分 100 分）：

评分基准价的确定方法同分部分项报价评分的评分基准价的确定方法。

当措施项目报价等于评分基准价时得标准分。投标人填报的措施项目报价每高出评分基准价 1%，减该项标准分<u>3%</u>的分值，减完为止；每低于评分基准价 1%，减该项标准分<u>4%</u>的分值，减完为止。

3）投标总报价评分（标准分 100 分）：

评分基准价的确定方法同分部分项报价、措施项目报价评分的评分基准价的确定方法。

当总报价等于评分基准价时得标准分。投标人填报的总报价每高出评分基准价 1%，减该项标准分 3 分，减完为止；每低于评分基准价 1%，减该项标准分 2 分，减完为止。

5. 信用综合评价得分

信用综合评价得分占总得分的权重为<u>10%</u>。

6. 汇总评分结果

投标人总得分 = 技术标得分 + 商务标得分 + 信用综合评价得分

评标委员会按照得分高低顺序对投标人进行排序。

7. 确定中标候选人

评标委员会应遵照以下原则推荐中标候选人：

1）评标委员会按投标人总得分由高至低的顺序，推荐排名顺序位于前三名的投标人作为中标候选人。如果在排序中出现评审得分相同的情况，则投标价格较低的投标人排序优先；如果投标价格相同，则技术部分得分较高者排序优先；如果技术部分得分相同，则信用综合评价得分较高者排序优先。

2）如果评标委员会根据本办法的规定，否决不合格投标后，有效投标不足 3 个，评标委员会能够阐明原因说明投标形成了有效竞争而不否决全部投标的，则评标委员会可以将所有的有效投标按综合加权得分由高至低的顺序排序向招标人推荐。

8. 确定中标人

按照相关规定确定排名第一的中标候选人为中标人。

9. 评标报告

评标委员会完成评标后，应当向招标人提出书面评标报告，并抄送有关行政监督部门备案。评标报告应当由全体评标委员会成员签字，并如实记载以下内容：

1）基本情况和数据表。

2）评标委员会成员名单。

3）开标记录。

4）符合要求的投标人一览表。

5）否决投标的情况说明。

6）评标标准、评标方法或者评标因素一览表。

7）经评审的价格或者评分比较一览表。

8）经评审的投标人排序。

9）推荐的中标候选人名单与签订合同前要处理的事宜。

10）澄清、说明、补正事项纪要。

四、任务总结

【知识总结】

1）评标委员会的组建，评标专家必须具备的条件。

2）常用的评标方法有经评审的最低投标价法和综合评估法。

【任务成果】

制定了项目二任务六引例中背景项目的评标规则。

【注意事项】

随着招标投标政策的进一步完善，为保证产品及服务质量的侧供给，经评审的最低投标价法的应用受到严格限制，在实际的评标工作中更多地采用综合评估法。

五、巩固与练习

1. 引例解析

问题 1：符合有关规定。因为根据相关规定，对于技术复杂的工程，经主管部门批准，允许采用邀请招标方式，邀请参加投标的单位不得少于3家。

问题2：1）计算各投标单位的技术标得分，见表4-6。

表4-6　各投标单位技术标得分表

投标单位	施工方案/分	总工期/分	工程质量/分	合计/分
A	10	4+（36−33）×1=7	6+2+1=9	26
B	10	4+（36−31）×1=9	6+1×2=8	27
C	10	4+（36−32）×1=8	4+1=5	23

2）计算各投标单位的商务标得分，见表4-7。

表4-7　各投标单位商务标得分表

投标单位	①报价/万元	②标底价×98%/万元	③=①−②/万元	④=③/②（%）	⑤扣分/分	得分/分
A	35642	34790	852	2.4	2.4×2≈5	70−5=65
B	34364	34790	−426	−1.2	1.2×1≈1	70−1=69
C	33867	34790	−923	−2.7	2.7×1≈3	70−3=67

3）计算各投标单位的综合得分，见表4-8。

表4-8　各投标单位综合得分表

投标单位	技术标得分/分	商务标得分/分	综合得分/分
A	26	65	91
B	27	69	96
C	23	67	90

B单位综合得分最高，因此B单位中标。

问题3：这样改变评标办法不会改变评标结果，因为各投标单位的技术标得分同时增加了10分，而商务标得分同时减少了10分，综合得分不变。

练习题

2. 练习

3. 简答题

简述综合评估法的适用范围。

项目四任务一
简答题

六、交流与拓展

1）登录当地公共资源交易平台，搜索本地现行评标规则。

2）如果以合理次低价作为评分基准价，采用综合评估法如何评标？

合理次低价评标
的综合评估法

任务二　组织开标、评标

 引例

　　某依法必须进行招标的工程施工项目采用资格后审组织公开招标。在投标截止时间前，招标人共受理了 6 份投标文件，随后组织有关人员对投标人的资格进行审查，审查有关证明、证件的原件。有 1 个投标人没有派人参加开标会议，还有 1 个投标人少携带了 1 个证件的原件，都没能通过招标人组织的资格审查。招标人对通过资格审查的投标人 A、B、C、D 组织了开标。

　　投标人 A 没有递交投标保证金，招标人当场宣布 A 的投标文件为无效投标文件，不进入唱标程序。唱标过程中，投标人 B 的投标函上有两个投标报价，招标人要求其确认了其中 1 个报价进行唱标；投标人 C 在投标函上填写的报价，大写与小写不一致，招标人审查了其投标文件中的投标报价汇总表，发现投标函上报价的小写数值与投标报价汇总表一致，于是按照其投标函上的小写数值进行了唱标；投标人 D 的投标函没有盖投标人单位印章，同时也没有法定代表人或其委托代理人签字，招标人唱标后，当场宣布 D 的投标为废标。这样，仅剩 B、C 两家的投标文件合格，招标人认为有效投标少于 3 家，不具有竞争性，否决了所有投标。

　　1）招标人确定进入开标或唱标投标人的做法是否正确？为什么？

　　2）招标人在唱标过程中针对一些特殊情况的处理是否正确？为什么？

　　3）开标会议上，招标人是否有权否决所有投标？为什么？给出正确的做法。

一、任务准备

【任务依据】

1. 关于组织开标、评标的相关规定

　　《中华人民共和国招标投标法》关于开标、评标的规定：

　　第三十四条：开标应当在招标文件确定的提交投标文件截止时间的同一时间公开进行；开标地点应当为招标文件中预先确定的地点。

　　第三十五条：开标由招标人主持，邀请所有投标人参加。

　　第三十六条：开标时，由投标人或者其推选的代表检查投标文件的密封情况，也可以由招标人委托的公证机构检查并公证；经确认无误后，由工作人员当众拆封，宣读投标人名称、投标价格和投标文件的其他主要内容。

　　招标人在招标文件要求提交投标文件的截止时间前收到的所有投标文件，开标时都应当当众予以拆封、宣读。

　　开标过程应当记录，并存档备查。

　　《中华人民共和国招标投标法实施条例》关于组织开标、评标的相关规定：

第四十四条：招标人应当按照招标文件规定的时间、地点开标。投标人少于 3 个的，不得开标；招标人应当重新招标。投标人对开标有异议的，应当在开标现场提出，招标人应当当场做出答复，并做好记录。

第四十五条：国家实行统一的评标专家专业分类标准和管理办法。具体标准和办法由国务院发展改革部门会同国务院有关部门制定。省级人民政府和国务院有关部门应当组建综合评标专家库。

2. 关于评标纪律的规定

《中华人民共和国招标投标法》第四十四条：评标委员会应当客观、公正地履行职务，遵守职业道德，对所提出的评审意见承担个人责任。评标委员会成员不得私下接触投标人，不得收受投标人的财物或者其他好处。评标委员会成员和参与评标的有关工作人员不得透露对投标文件的评审和比较情况、中标候选人的推荐情况以及与评标有关的其他情况。

《中华人民共和国招标投标法实施条例》第四十八条：招标人应当向评标委员会提供评标所必需的信息，但不得明示或者暗示其倾向或者排斥特定投标人。招标人应当根据项目规模和技术复杂程度等因素合理确定评标时间。超过 1/3 的评标委员会成员认为评标时间不够的，招标人应当适当延长。评标过程中，评标委员会成员有回避事由、擅离职守或者因健康等原因不能继续评标的，应当及时更换。被更换的评标委员会成员做出的评审结论无效，由更换后的评标委员会成员重新进行评审。

《中华人民共和国招标投标法实施条例》第四十九条：评标委员会成员应当依照招标投标法和本条例的规定，按照招标文件规定的评标标准和方法，客观、公正地对投标文件提出评审意见。招标文件没有规定的评标标准和方法不得作为评标的依据。评标委员会成员不得向招标人征询确定中标人的意向，不得接受任何单位或者个人明示或者暗示提出的倾向或者排斥特定投标人的要求，不得有其他不客观、不公正履行职务的行为。

3. 关于评标报告的规定

《中华人民共和国招标投标法实施条例》关于评标报告的规定：

第五十三条：评标完成后，评标委员会应当向招标人提交书面评标报告和中标候选人名单。中标候选人应当不超过 3 个，并标明排序。评标报告应当由评标委员会全体成员签字。对评标结果有不同意见的评标委员会成员应当以书面形式说明其不同意见和理由，评标报告应当注明该不同意见。评标委员会成员拒绝在评标报告上签字又不书面说明其不同意见和理由的，视为同意评标结果。

第五十四条：依法必须进行招标的项目，招标人应当自收到评标报告之日起 3 日内公示中标候选人，公示期不得少于 3 日。投标人或者其他利害关系人对依法必须进行招标的项目的评标结果有异议的，应当在中标候选人公示期间提出。招标人应当自收到异议之日起 3 日内做出答复；做出答复前，应当暂停招标投标活动。

4. 关于联合体投标的规定

《中华人民共和国招标投标法》对联合体的规定：联合体各方均应当具备承担招标项目的相应能力；国家有关规定或者招标文件对投标人资格条件有规定的，联合体各方均应当具备规定的相应资格条件。由同一专业的单位组成的联合体，按照资质等级较低的单位确定资质等级。

开标

【相关知识】

1. 开标工作

开标是指在招标投标活动中，由招标人主持，在招标文件预先载明的开标时间和开标地点，邀请所有投标人参加，公开宣布全部投标人的名称、投标价格及投标文件中其他主要内容，并且将相关情况记录在案。

（1）开标时间、地点

开标时间和提交投标文件截止时间应为同一时间，应具体确定到某年某月某日的几时几分，并在招标文件中明示。招标人和招标代理机构必须按照招标文件中的规定按时开标，不得擅自提前或拖后开标，杜绝招标人和投标人非法串通。

开标地点应在招标文件中具体明示，应具体确定到要进行开标活动的房间，以便投标人和相关人参加开标。

（2）开标前的准备工作

1）提前联系当地公共资源交易中心确定开标室。

2）开标大会开始前，项目负责人准备好投标人签到及投标文件签收表、监督人员签到表、开标大会议程、开标记录、监督员开标会议致辞等资料，清理开标室，校准时间，做好开标准备工作。

3）按规定抽取评标专家，并通知评标专家到评标现场。

（3）开标参加人

1）开标主持人：开标由招标人主持，也可以由委托的招标代理机构主持。

2）投标人：招标人应邀请所有投标人参加。《工程建设项目货物招标投标办法》第四十条规定："投标人或其授权代表有权出席开标会，也可以自主决定不参加开标会。"

3）其他依法可以参加开标的人员：根据项目的不同情况，招标人可以邀请除投标人以外的其他方面相关人员参加开标。在实际的招标投标活动中，招标人经常邀请行政监督部门、纪检监察部门人员参加开标，对开标程序进行监督。

（4）开标的内容

1）密封情况检查：由投标人或者其推选的代表当众检查投标文件的密封情况。如果招标人委托了公证机构对开标情况进行公证，也可以由公证机构检查并公证。如果投标文件未密封，或者存在拆开过的痕迹，则不能进入后续的程序。

2）拆封：当众拆封所有的投标文件。招标人或者其委托的招标代理机构的工作人员，应当对所有在投标文件截止时间之前收到的合格的投标文件，在开标现场当众拆封。

3）唱标：招标人或者其委托的招标代理机构的工作人员应当根据法律规定和招标文件的要求进行唱标，即宣读投标人名称、投标价格和投标文件的其他主要内容。

4）记录并存档：招标人或者其委托的招标代理机构应当场制作开标记录，记载开标的时间、地点、参与人、唱标内容等情况，并由参加开标的投标人代表签字确认，开标记录应作为评标报告的组成部分存档备查。

5）主持人宣布开标会结束。

2. 评标工作

评标是招标投标活动中，由招标人依法组建的评标委员会根据法律规定和招标文件确定的评标方法和具体评标标准，对开标中所有拆封并唱标的投标文件进行评审，根据评审过程出具评标报告，并向招标人推荐中标候选人，或者根据招标人的授权直接确定中标人的过程。

（1）评标原则

评标原则是招标投标活动中应遵循的基本原则。根据有关法律规定，评标原则可以概括为以下 4 个方面：

1）公平、公正、科学、择优。

2）严格保密。

3）独立评审。

4）严格遵守评标方法。

（2）评标程序

1）评标准备。

2）初步评审。

3）详细评审。

4）澄清、说明或补正。

5）推荐中标候选人或者直接确定中标人及提交评标报告。

（3）评审内容

评标组织对投标文件评审的主要内容包括：

1）评标委员会对所有通过资格审查的投标文件进行初步评审。

初步评审一般包括形式评审、资格评审（如有）、响应性评审 3 部分内容。

首先，评标委员会审定每份投标文件是否响应招标文件的实质性要求和条件。投标文件出现下列情形之一的，由评标委员会初审后，应否决其投标，且不得再参与后续评审。

① 投标文件有关内容未按要求加盖投标人印章、未经法定代表人或其委托代理人签字或盖章的。有委托代理人签字或盖章，但未随投标文件一起提交有效的"授权委托书"原件的。

② 投标文件的内容不完整或者关键内容字迹模糊、无法辨认的。

③ 投标人未按照招标文件的要求提交投标保证金的。

④ 联合体投标没有提交共同投标协议的。

⑤ 联合体共同投标协议未按照招标文件要求的格式签署的。

⑥ 投标人不符合国家或招标文件规定的资格条件的。

⑦ 同一投标人提交 2 个以上不同的投标文件或投标报价的，但招标文件要求提交备选投标文件的除外。

⑧ 投标文件载明的工期超过招标文件规定工期的。

⑨ 投标文件附有招标人不能接受的条件的。

⑩ 投标报价低于成本或者高于招标文件设定的最高投标限价的。

⑪ 投标文件没有对招标文件的实质性要求和条件做出响应的。

⑫ 投标文件有关内容违反国家法律法规、强制性标准的。

⑬ 投标人有串通投标、弄虚作假、行贿等违法行为的。

然后，使用计算机辅助评标系统对电子版投标文件进行甄别，检查是否存在围标、串标行为，一般通过投标文件特征码识别、商务标雷同性检查、错误雷同性检查3项内容进行甄别。评标委员会依据甄别结果评审并认定是否存在围标、串标行为。

2）对投标文件进行符合性鉴定：包括商务符合性和技术符合性鉴定。投标文件应实质上响应招标文件的要求，具体是指投标文件应该与招标文件的所有条款、条件和规定相符，无显著差异或保留。如果投标文件实质上不响应招标文件的要求，招标人应予以拒绝，不允许投标人通过修正或撤销其不符合要求的差异或保留，使之成为具有响应性的投标文件。如果没有进行资格预审的工作，就需要进行资格后审，审查投标人是否符合招标文件要求，具备投标条件。

3）对投标文件进行技术性评估：主要包括对投标人所报的方案或施工组织设计、关键工序、进度计划、人员和机械设备的配备、技术能力、质量控制措施、临时设施的布置和临时用地情况、施工现场周围环境污染的预防保护措施等进行评估。

4）对投标文件进行商务性评估：是指对确定为实质上响应招标文件要求的投标文件进行投标报价评估，包括对投标报价进行校核，审查全部报价数据是否有计算上或累计上的算术错误，分析报价构成的合理性。发现报价数据有算术错误的，修改的原则是如果用数字表示的数额与用文字表示的数额不一致时，以文字数额为准；当单价与工程量的乘积与合价之间不一致时，通常以单价为准，除非评标委员会认为有明显的小数点错位，此时应以标书的合价为准，并修改单价。按上述原则调整投标书中的投标报价，经投标人确认同意后，对投标人起约束作用。如果投标人不接受修正后的投标报价，则其投标将被拒绝。

5）对投标文件进行综合评价与比较：评标应当按照招标文件确定的评标标准和方法，遵循评标原则，对投标人的报价、工期、质量、主要材料用量、施工组织设计方案、业绩、社会信誉、优惠条件等方面进行综合评价，公正合理地推荐中标候选人。

(4) 评标报告的撰写和提交

根据《中华人民共和国招标投标法》第四十条和《评标委员会和评标方法暂行规定》的相关规定，评标委员会完成评标后，应向招标人提出书面评标报告，并推荐1~3名中标候选人，招标人也可以授权评标委员会直接确定中标人。评标报告应当如实记载以下内容：

1）基本情况和数据表。

2）评标委员会成员名单。

3）开标记录。

4）符合要求的投标人一览表。

5）否决投标的情况说明。

6）评标标准、评标方法或者评标因素一览表。

7）经评审的价格或者评分比较一览表。

8）经评审的投标人排序。

9）推荐的中标候选人名单与签订合同前要处理的事宜。

10）澄清、说明、补正事项纪要。

评标报告由评标委员会全体成员签字。对评标结论持有异议的评标委员会成员可以书面方式阐述其不同意见和理由。评标委员会成员拒绝在评标报告上签字且不陈述其不同意见和理由的，视为同意评标结论。评标委员会应当对此做出书面说明并记录在案。

二、任务内容

按照相关法律、法规编制引例项目的评标计划，准备评标用表格。

三、任务实施

1. 评标准备

（1）评标委员会成员签到

评标委员会成员到达评标现场时应在签到表上签到以证明其出席，评标委员会签到表见表 4-9。

表 4-9　评标委员会签到表

工程名称：_____（项目名称）_____标段　　　　　　　评标时间：　　年　月　日

序　号	姓　　名	职　　称	工 作 单 位	专家证号码	签 到 时 间
1					
2					
3					
4					
5					

（2）评标委员会的分工

评标委员会首先推选 1 名评标委员会主任。招标人也可以直接指定评标委员会主任。评标委员会主任负责评标活动的组织领导工作。评标委员会主任在与其他评标委员会成员商议的基础上可以将评标委员会划分为技术组和商务组。

（3）熟悉文件资料

评标委员会主任应组织评标委员会成员认真研究招标文件，了解和熟悉招标目的、招标范围、主要合同条件、技术标准和要求、质量标准和工期要求，掌握评标标准和方法，熟悉本章及附件中包括的评标表格的使用。如果本章及附件所附的表格不能满足评标所需，评标委员会应补充制编评标所需的表格，尤其是用于详细分析计算的表格。未在招标文件中规定的标准和方法不得作为评标的依据。

招标人或招标代理机构应向评标委员会提供评标所需的信息和数据，包括招标文件，未在开标会上当场拒绝的投标文件，开标会记录，资格预审文件及投标人在资格预审阶段递交的资格预审申请文件（适用于已进行资格预审的情况），标底（如有），工程所在地工程造价管理部门颁布的工程造价信息，定额（如作为计价依据时），有关的法律、法规、规章、国家标准以及招标人或评标委员会认为必要的其他信息和数据。

2. 初步评审

（1）形式评审

评标委员会根据评标办法前附表中规定的评审因素和评审标准，对投标人的投标文件进行形式评审，并使用表 4-10 记录评审结果。

表 4-10 形式评审记录表

工程名称：_____（项目名称）_____标段

序 号	评审因素	投标人名称及评审意见					
1	投标人名称						
2	投标函签字盖章						
3	投标文件格式						
4	联合体投标人						
5	报价唯一						
6	……						

评标委员会全体成员签名：　　　　　　　　　　　　　　　　日期：　年　月　日

（2）资格评审

评标委员会根据评标办法前附表中规定的评审因素和评审标准，对投标人的投标文件进行资格评审，并使用表 4-11 记录评审结果（适用于未进行资格预审的情况）。

表 4-11 资格评审记录表

工程名称：_____（项目名称）_____标段

序号	评审因素	投标人名称及评审意见			
1	营业执照				
2	安全生产许可证				
3	资质等级				
4	财务状况				
5	类似项目业绩				
6	信誉				
7	项目经理				
8	其他要求				
9	联合体投标人				
10	……				

评标委员会全体成员签名：　　　　　　　　　　　　　　　　日期：　年　月　日

（3）响应性评审

评标委员会根据评标办法前附表中规定的评审因素和评审标准，对投标人的投标文件进行响应性评审，并使用表 4-12 记录评审结果。

表 4-12 响应性评审记录表

工程名称：_____（项目名称）_____标段

序号	评审因素	投标人名称及评审意见			
1	投标内容				
2	工期				
3	工程质量				

（续）

序号	评审因素	投标人名称及评审意见					
4	投标有效期						
5	投标保证金						
6	权利、义务						
7	已标价工程量清单						
8	技术标准和要求						
9	投标价格						
10	……						

评标委员会全体成员签名：　　　　　　　　　　　　　　　　日期：　　年　月　日

投标人投标价格不得超出（不含等于）投标人须知前附表载明的招标控制价，凡投标人的投标价格超出招标控制价的，该投标人的投标文件不能通过响应性评审（适用于设立招标控制价的情形）。

3. 详细评审

只有通过了初步评审并被审定为合格的投标文件才可进入详细评审。详细评审方法已在前文中讲过，这里不再赘述。

评标专家严格按照已制定的评标规则进行评审。技术标、商务标和企业信用综合评价结果评分标准采取百分制。技术标和商务标评审后，按下式计算总分：

$$P = K_1 P_1 + K_2 P_2 + K_3 P_3$$

详细评审工作全部结束后，按表 4-13 的格式汇总各个评标委员会成员的详细评审评分结果，并按照详细评审最终得分由高至低的顺序对投标人进行排序。

表 4-13　评标结果汇总表

工程名称：＿＿＿＿＿＿＿＿＿（项目名称）＿＿＿＿＿＿标段

评委序号和姓名	投标人名称（或代码）及其得分				
1：					
2：					
3：					
4：					
5：					
各评委评分合计					
各评委评分平均值					
投标人最终排名顺序					

评标委员会全体成员签名：　　　　　　　　　　　　　　　　日期：　　年　月　日

4. 澄清、说明或补正

在实际评标过程中视具体情况而定。

5. 推荐中标候选人或者直接确定中标人

评标委员会在推荐中标候选人时，评标委员会按照最终得分由高至低的顺序排列投标人，将排序在前的投标人推荐为中标候选人。如果因有效投标不足三个使得投标明显缺乏竞争的，评标委员会可以建议招标人重新招标。

授权评标委员会直接确定中标人的，评标委员会按照最终得分由高至低的顺序排列投标人，并确定排名第一的投标人为中标人。

6. 编制评标报告（此部分内容略）

四、任务总结

【知识总结】

1）严格按照评标顺序、评标内容评标。
2）参加评标的人员要合规，分工要明确，不得越权工作。
3）要利用现代信息技术甄别围标、串标行为。
4）评标过程要公开、透明，不得暗箱操作。

【任务成果】

编制完成了××学校教学楼工程的评标计划。

五、巩固与练习

1. 引例解析

1）本案例中，招标人确定进入开标或唱标投标人的做法不正确。《中华人民共和国招标投标法》第三十六条规定："招标人在招标文件要求提交投标文件的截止时间前收到的所有投标文件，开标时都应当当众予以拆封、宣读。"《中华人民共和国招标投标法实施条例》第二十条规定："招标人采用资格后审办法对投标人进行资格审查的，应当在开标后由评标委员会按照招标文件规定的标准和方法对投标人的资格进行审查。"招标人采用投标截止时间后组织有关人员对投标人进行资格审查，查对有关证明、证件的原件并以此确定进入开标的投标人的做法不符合上述规定。

《中华人民共和国招标投标法》第三十五条规定："开标由招标人主持，邀请所有投标人参加。"所以，投标人参加开标是一种自愿行为。投标人参加开标的权利是监督招标人开标的合法性，确保投标人递交的投标文件与提交评标委员会评审的投标文件是同一份文件，了解其他投标人的投标情况。如果投标人不参加开标，视同其放弃了这项权利，不能以投标人是否参加开标而判定其投标的有效无效或其资格合格与否，更不能作为确定是否对投标进行开标或唱标的判断标准。

2）招标人开标过程中对一些特殊情况的处理不正确。针对 B 的投标函上有两个投标报价，招标人应直接宣读投标人在投标函（正本）上填写的两个报价，不能要求该投标人确认其报价是哪一个报价，否则其行为相当于允许该投标人二次报价，违反了投标报价一次性的原则；针对 C 在投标函上填写的报价大写与小写不一致的情况，招标人在开标会议上无须去审查投标报价汇总表，仅需按照投标函（正本）上的大写数值唱标即可；针对投标人 D 的投标函没有盖投标人单位章，同时又没有法定代表人或其委托代理人签字，招标人仅需按照招标文件约定的唱标内容进行唱标即可，招标人唱标后宣布 D 的投标为废标的行为属于招标人越权。

3）招标人在开标会议上没有权利否决所有投标。《中华人民共和国招标投标法》将对投标文件的评审和比较权利依法赋予了招标人依法组建的评标委员会，其第四十二条规定，评标委员会经评审，认为所有投标都不符合招标文件要求的，可以否决所有投标。本案例中，招标人否决所有投标的行为违反了法律规定。

正确的做法是招标人应针对接收的 6 份投标文件组织开标，详细记录开标、唱标过程中发现的特殊事件或问题，然后将这 6 份投标文件及开标结果交由其依法组建的评标委员会进行评审和比较。

练习题

2. 练习

3. 简答题

简述什么是开标？开标的基本程序是什么？

项目四任务二
简答题

4. 案例分析

【案例1】某建设单位发布的招标公告中，对投标人资格条件要求为：①本次招标的资质要求是主项资质为房屋建筑工程施工总承包叁级及以上资质；②有同类工程业绩，并在人员、设备、资金等方面具有相应的施工能力；③本次招标接受联合体投标。

A 建筑公司具备房屋建筑工程施工总承包贰级资质，且具有多个同类工程业绩；B 建筑公司具备房屋建筑工程施工总承包叁级资质，但同类工程业绩较少。A、B 公司都想参加此次投标，但 A 公司目前资金比较紧张，而 B 公司则担心由于自己的业绩一般，在投标中处于劣势，因此，两公司协商组成联合体进行投标。在评标过程中，该联合体的资质等级被确定为房屋建筑工程施工总承包叁级。

问题：1）什么是联合体投标？A、B 怎样组成联合体投标？如果中标，双方的权利、义务是什么？

2）法律对联合体有何规定？A、B 组成的联合体资质等级是如何确定的？

【案例2】某依法必须进行招标的市政工程施工（涉及市政道路、隧道施工技术和造价等主要专业）。开标后，招标人组建了总人数为 5 人的评标委员会，其中招标人代表 1 人，为建设合同管理专业；招标代理机构代表 1 人，为市政工程造价专业；从政府组建的综合评标专家库抽取 3 人，专业为市政道路工程施工。该项目评标委员会采用了以下评标程序对投标文件进行了评审和比较：

1）评标委员会成员签到。

2）选举评标委员会的主任委员。

3）学习招标文件，讨论并通过了招标代理机构提出的评标细则，该评标细则对招标文件中的评标标准和方法中的一些指标进行了具体量化。

4）对投标文件的封装进行检查，确认封装合格后进行拆封。

5）逐一查验投标人的营业执照、资质证书、安全生产许可证、建造师证书、项目经理部主要人员执业或职业证书、合同及获奖证书的原件等。按评标细则，依据原件查验结果对投标人的资质、业绩、项目管理机构等评标因素进行了打分。

6）按评标细则，对投标报价进行评审打分。此时，评标委员会成员赵某在完成其评标工作前突发疾病，不得不紧急送往医院，其他人员完成了对投标报价的评审工作。

7）除赵某外的其他人员按评标细则，对施工组织设计进行了打分。

8）进行评分汇总，推荐中标候选人和完成评标报告工作，其中赵某的签字由评标委员会主任代签。

项目四任务二
案例分析

9）向招标人提交评标报告，评标结束。

问题：1）评标委员会组成是否存在问题？为什么？

2）上述评标程序是否存在问题？为什么？

六、交流与拓展

1. 开标时间和地点的修改

如果招标人需要修改开标时间和地点，应以书面形式通知所有购买招标文件的收受人。如果涉及房屋建筑和市政基础设施工程施工项目招标，根据《房屋建筑和市政基础设施工程施工招标投标管理办法》的规定，招标文件的澄清和修改均应在通知招标文件收受人的同时，报工程所在地的县级以上地方人民政府建设行政主管部门备案。

2. 关于禁止串标的规定

《中华人民共和国建筑法》《中华人民共和国招标投标法》《评标委员会和评标方法暂行规定》《工程建设项目施工招标投标办法》都有禁止串标的有关规定。其中，《中华人民共和国招标投标法》第三十二条指出："投标人不得相互串通投标报价，不得排挤其他投标人的公平竞争，损害招标人或者其他投标人的合法权益。投标人不得与招标人串通投标，损害国家利益、社会公共利益或者他人的合法权益。禁止投标人以向招标人或者评标委员会成员行贿的手段谋取中标。"第三十三条指出："投标人不得以低于成本的报价竞标，也不得以他人名义投标或者以其他方式弄虚作假，骗取中标。"

《工程建设项目施工招标投标办法》第四十七条规定，下列行为均属招标人与投标人串通投标。

1）招标人在开标前开启投标文件并将有关信息泄露给其他投标人，或者授意投标人撤换、修改投标文件。

2）招标人向投标人泄露标底、评标委员会成员等信息。

3）招标人明示或者暗示投标人压低或抬高投标报价。

4）招标人明示或者暗示投标人为特定投标人中标提供方便。

5）招标人与投标人为谋求特定中标人中标而采取的其他串通行为。

《关于禁止串通招标投标行为的暂行规定》第三条指出投标者不得违反《中华人民共和国反不正当竞争法》第十五条第一款的规定，实施下列串通投标行为。

1）投标者之间相互约定，一致抬高或者压低投标报价。

2）投标者之间相互约定，在招标项目中轮流以高价位或者低价位中标。

3）投标者之间先进行内部竞价，内定中标人，然后再参加投标。

4）投标者之间其他串通投标行为。

在评标过程中，评标委员会发现投标人以他人的名义投标、串通投标、以行贿手段谋取中标或者以其他弄虚作假方式投标的，该投标人的投标应作废标处理。实现电子招标投标后，可通过软件有效检查上述行为，有效杜绝不正当竞争。

3. 特殊情况的处置程序

(1) 评标活动暂停

1）评标委员会应当执行连续评标的原则，按评标办法中规定的程序、内容、方法、标准完成全部评标工作。只有发生不可抗力导致评标工作无法继续时，评标活动方可暂停。

2）发生评标暂停情况时，评标委员会应当封存全部投标文件和评标记录，待不可抗力的影响结束且具备继续评标的条件时，由原评标委员会继续评标。

(2) 评标中途更换评标委员会成员

评标过程中，评标委员会成员有回避事由、擅离职守或者因健康等原因不能继续评标的，应当及时更换。被更换的评标委员会成员做出的评审结论无效，由更换后的评标委员会成员重新进行评审。

评标委员会成员更换方式依据评标委员会组成方式确定。

4. 投标有效期的规定

投标有效期是针对投标保证金或投标保函的有效期间所做的规定，投标有效期从提交投标文件截止日起计算，一般到发出中标通知书或签订承包合同为止。招标文件应当载明投标有效期。

《评标委员会和评标方法暂行规定》第四十条规定："评标和定标应当在投标有效期结束日30个工作日前完成。不能在投标有效期结束日30个工作日前完成评标和定标的，招标人应当通知所有投标人延长投标有效期。拒绝延长投标有效期的投标人有权收回投标保证金。同意延长投标有效期的投标人应当相应延长其投标担保的有效期，但不得修改投标文件的实质性内容。因延长投标有效期造成投标人损失的，招标人应当给予补偿，但因不可抗力需延长投标有效期的除外。"中标人确定后，招标人应当向中标人发出中标通知书，同时通知未中标人，并与中标人在30个工作日之内签订合同。招标人与中标人签订合同后5个工作日内，应当向中标和未中标的投标人退还投标保证金。

任务三 定标及签发中标通知书

 引例

某综合楼工程项目的施工，经当地主管部门批准后，由建设单位自行组织施工公开招标。现有A、B、C、D 4家经资格审查合格的施工企业参加该工程投标，与评标指标有关的数据见表4-14。

表4-14 投标报价汇总表

投标单位	A	B	C	D
投标报价/万元	3420	3528	3600	3636
工期/天	460	455	460	450

经招标工作小组确定的评标指标及评分方法为：

1）报价以标底价（3600万元）的±3%以内为有效标，评分方法是报价−3%为100分，在报价−3%的基础上，每上升1%扣5分。

2）定额工期为500天，评分方法是工期提前10%为100分，在此基础上每拖后5天扣2分。

3）企业信誉和施工经验均已在资格审查时评定。企业信誉得分：C单位为100分，A、B、D单位均为95分；施工经验得分：A、B单位为100分，C、D单位为95分。

4）上述3项评标指标的总权重：投标报价占45%；投标工期占25%；企业信誉和施工经验均为15%。

试在表4-15中填写每个投标单位的各项指标得分及总得分，其中报价得分要求列出计算式。请根据总得分列出名次并确定中标单位。

表4-15　各项指标得分及总得分表

投标单位	A	B	C	D	总 权 重
投标报价/万元					
报价得分/分					
投标工期/天					
工期得分/分					
企业信誉得分/分					
施工经验得分/分					
总得分/分					
名次					

一、任务准备

【任务依据】

《中华人民共和国招标投标法》：

第四十一条：中标人的投标应当符合下列条件之一：

1）能够最大限度地满足招标文件中规定的各项综合评价标准。

2）能够满足招标文件的实质性要求，并且经评审的投标价格最低；但是投标价格低于成本的除外。

第四十三条：在确定中标人前，招标人不得与投标人就投标价格、投标方案等实质性内容进行谈判。

【相关知识】

1. 定标

确定中标人要执行《中华人民共和国招标投标法》的规定。

1）采用综合评估法评标的，应能够最大限度满足招标文件中规定的各项综合评价标准。

2）采用经评审的最低投标价法评标的，应能够满足招标文件的实质性要求，并且经评审的投标价格最低（但是投标价格低于成本的除外）。

在确定中标人之前，招标人不得与投标人就投标价格、投标方案等实质性内容进行谈判。

评标委员会完成评标后，应当向招标人提出书面评标报告，阐明评标委员会对各投标文件的评审和比较意见，并按照招标文件中规定的评标方法，推荐不超过3名有排序的合格的中标候选人。招标人根据评标委员会提出的书面评标报告和推荐的中标候选人确定中标人。招标人也可以授权评标委员会直接确定中标人。使用国有资金投资或者国家融资的项目，招标人应当确定排名第一的中标候选人为中标人。排名第一的中标候选人放弃中标、因不可抗力提出不能履行合同，或者招标文件规定应当提交履约保证金而在规定的期限内未能提交的，招标人可以确定排名第二的中标候选人为中标人。排名第二的中标候选人因前述规定的同样原因不能签订合同的，招标人可以确定排名第三的中标候选人为中标人。

2. 下达中标通知书

确定中标人且公示结束后，招标人应当向中标人发出中标通知书，告知中标人中标结果，并向所有未中标人发出未中标通知书。

中标通知书的主要内容一般包括招标人、中标人名称，招标项目名称，投标文件递交的时间，中标价格，工期，质量要求，中标的项目经理姓名及签订合同的时间要求等。中标通知书对招标人和中标人具有法律效力。中标通知书发出后，招标人改变中标结果的或者中标人放弃中标的，应当依法承担法律责任。

未中标通知书一般包括招标人、中标人、未中标人名称，招标项目名称，投标文件递交的时间等。

3. 准备签订合同

中标人收到中标通知书后，招标人、中标人双方应具体协商谈判签订合同事宜，招标人与中标人应当自中标通知书发出之日起30天内签订书面合同。招标人和中标人不得订立背离合同实质性内容的其他协议。同时，双方要按照招标文件的约定相互提交履约保证金或者履约保函，招标人最迟在合同签订后5日内退还中标人的投标保证金。招标人如拒绝与中标人签订合同，除双倍返还投标保证金外，还需赔偿有关损失。

履约保证金或履约保函是为约束招标人和中标人履行各自的合同义务而设立的一种合同担保形式。承包商履约担保的有效期应当在合同中约定。合同约定的有效期截止时间为工程建设合同约定的工程竣工验收合格之日后30天至180天。如果合同规定的项目在履约保证金或履约保函到期日未能完成，则可以对履约保证金或履约保函延期。履约保证金或履约保函的金额不超过中标合同金额的10%。合同订立后，应将合同副本分送各有关部门备案，以便接受保护和监督。招标工作结束后，应将有关文件资料整理归档，以备查考。

4. 招标备案

招标人确认正式中标人后15日，必须向有关建设行政主管部门提交招标投标的书面报告。有关招标投标情况的书面报告应包括：①招标投标的基本情况（包括招标范围、招标方式、资格审查、开标过程和确定中标人的方式及理由等）；②相关的文件资料（包括招标公告或者投标邀请书、投标报名表、资格预审文件、招标文件、评标委员会的评标报告、中标人的投标文件等），委托招标代理的，还应当附工程施工招标代理委托合同。

二、任务内容

1）根据工程项目特点确定中标人。
2）在指定媒体上发布并公示中标结果。
3）发出中标通知书，向未中标人发出未中标通知书。

三、任务实施

1. 确定中标人

工程评标报告

由招标人根据评标报告，按照确定中标人的原则确定中标人。

1）核查评标报告。
2）按照确定中标人的原则确定中标人：①采用综合评估法评标的，应能够最大限度满足招标文件中规定的各项综合评价标准；②采用经评审的最低投标价法评标的，应能够满足招标文件的实质性要求，并且经评审的投标价格最低（但是投标价格低于成本的除外）。

2. 公示评标结果

招标人在收到评标委员会书面评标报告后 3 个工作日内，在建设工程交易中心公示中标结果，中标公示样式如下所示：

施工招标中标结果公示

建 设 单 位：××开发有限公司
招标代理单位：××工程咨询有限公司
工程报建编号：×××
招标公告编号：××施工［2024］0529
招标备案编号：123120180×××（标段号：1）
发布公告日期：2024 年 05 月 23 日 至 2024 年 05 月 29 日
建设单位___×××___的___×××施工项目___，通过公开招标，在___××建设工程交易中心___的监督下，于___2024 年 06 月 24 日___进行开标，共___19___家投标人参加投标，其招标控制价为___35987830.34___元，经评标委员会评审，中标结果如下：
中标单位：××集团有限公司
中标规模：138826m^2
中标价：35263423.56 元
中标工期：2024 年 07 月 15 日 至 2024 年 12 月 31 日
现将该项目的评标结果予以公示。如有异议请按照相关法律、法规的规定，向招标人提出质疑，向××建设工程交易中心实名投诉。如未收到异议通知，建设单位将发放中标通知书。
公示发布日期：2024 年 06 月 26 日 至 2024 年 06 月 28 日
公示发布人：××开发有限公司

联系人：×××

电话：×××

招标代理单位：××工程咨询有限公司

联系人：×××

电话：×××

××开发有限公司

××工程咨询有限公司

2024年06月26日

投标人或者其他利害关系人（包括中标候选人）对评标结果有异议的，应在公示期间向招标人提出书面异议，招标人自收到异议之日起3日内做出答复。对评标结果提出异议是投诉的前置条件，未提出异议的投诉事项不予受理。投标人或者其他利害关系人认为招标投标活动不符合法律、行政法规规定的，招标人未在规定的时间内做出答复的，或答复未解决异议问题的，可以自知道或者应当知道之日起10内向有关行政监督部门投诉。依据《工程建设项目招标投标活动投诉处理办法》等有关规定，以书面形式向行业行政监督部门提交投诉书，同时提交有效线索和相关证明材料。逾期或未提交有效线索和相关证明材料的投诉不予受理。

3. 下达中标通知书

评标结果公示期间若对中标结果有异议，进入争议处理环节。若无异议，公示期满后，最迟在投标有效期满30日前招标人向中标人发出中标通知书，同时向未中标人发出未中标通知书。

中标通知书样式如下所示：

中标通知书

_____（中标人名称）_____ ：

你方递交的 _____（项目名称）_____ 标段施工（安装）投标文件于 _（开标时间）_ 开标，并经评标委员会评审，已被我方接受，被确定为中标人。

中 标 价：×××。

工　　期：×××。

质量标准：合格。

项目经理：_____（姓名、执业资格注册证书编号、级别）_____ 。

请你方在接到本通知书后的____日内到 _（指定地点）_ 与我方签订施工（安装）承包合同。

特此通知。

招　标　人：_____（盖单位章）

法定代表人：_____（签字或盖章）

____年___月___日

附录：

本项目委托 _____（招标代理机构名称、级别）_____ 负责代理招标，项目组负责人：_（姓名、执业资格注册证书编号、专业、级别）_ ，成员：×××。

未中标通知书样式如下所示：

未中标通知书

（未中标人名称）：

我方已接受（中标人名称）于（投标日期）所递交的（项目名称）标段施工投标文件，确定（中标人名称）为中标人。

感谢你单位对我方工作的大力支持！

招标人：＿＿＿＿＿＿＿＿＿＿＿＿＿（盖单位章）

法定代表人：＿＿＿＿＿＿＿＿＿（签字或盖章）

＿＿＿＿年＿＿月＿＿日

四、任务总结

【知识总结】

1）严格按照招标文件确定的评标原则确定中标人。

2）招标人在收到评标委员会书面评标报告后 3 个工作日内，在建设工程交易中心公示中标结果。

3）对无异议的公示结果，由招标人向中标人发出中标通知书，同时向未中标人发出未中标通知书。

【任务成果】

1）按照确定中标人的原则确定了中标人。

2）对中标结果进行了公示。

3）向中标人发出了中标通知书，向未中标人发出了未中标通知书。

五、巩固与练习

1. 引例解析

答：报价得分计算：

1）A 单位报价降低率为（3420－3600）÷3600＝－5%，相对报价＝报价/标底×100%＝3420/3600×100%＝95%，超过－3%，为废标。

2）B 单位报价上升率为（3528－3600×97%）÷（3600×97%）×100%＝1%，B 单位报价得95 分或得 95×0.45＝42.75 分。

3）C 单位报价上升率为（3600－3600×97%）÷（3600×97%）×100%＝3%，C 单位报价得分 85 分或得 85×0.45＝38.25 分。

4）D 单位报价上升率为（3636－3600×97%）÷（3600×97%）×100＝4%，D 单位报价得分80 分或得 80×0.45＝36 分。

各项指标得分及总得分见表4-16。

表 4-16　各项指标得分及总得分

投标单位	A	B	C	D	权　重
投标报价/万元	3420	3528	3600	3636	0.45
报价得分/分	废标	95（42.75）	85（38.25）	80（36）	
投标工期/天		455	460	450	0.25
工期得分/分		98（24.50）	96（24）	100（25）	
企业信誉得分/分		95（14.25）	100（15）	95（14.25）	0.15
施工经验得分/分		100（15）	95（14.25）	95（14.25）	0.15
总得分/分		96.5	91.5	89.5	1.00
名次	4	1	2	3	—

故 B 单位中标。

2. 练习

3. 实训练习

练习题

假如项目二任务六引例中项目由××工程项目管理有限公司代理招标，试编制项目的中标通知书、未中标通知书，并进行中标结果公示。

六、交流与拓展

1. 招标失败的处理

在评标过程中，如发现有下列情形之一不能确定中标结果的，可宣布招标失败：

1）所有投标报价高于或低于招标文件所规定的幅度的。

2）所有投标人的投标文件均实质上不符合招标文件的要求，被评标委员会否决的。

如果发生招标失败，招标人应认真审查招标文件及标底，做出合理修改，重新招标。在重新招标时，原采用公开招标方式的，仍可继续采用公开招标方式，经审批也可改用邀请招标方式；原采用邀请招标方式的，仍可继续采用邀请招标方式。

2. 招标工作中几个关键的时间节点

1）投标保证金有效期：与投标有效期一致。

2）投标保证金返还期限：最迟在合同签订后 5 日内。

3）中标候选人公示开始时间：自收到评标报告之日起 3 日内。

4）中标候选人公示期：不少于 3 日。

5）评标结果异议提出期限：公示期内。

6）评标结果异议答复期限：收到异议之日起 3 日内。

7）合同签订期限：在投标有效期内及发出中标通知书之日起 30 日内。

8）投标人或其他利害关系人提出投诉期限：自知道或应当知道之日起 10 日内。

9）行政监督部门处理投诉期限：自收到投诉之日起 3 个工作日内决定是否受理，并自受理之日起 30 个工作日内做出处理，需要检验、检测、鉴定、专家评审的，所需时间不计算在内。

10）提出延长投标有效期的时间：在投标有效期内不能完成评标和定标工作时。

11）招标投标情况书面报告期限：自确定中标人之日起 15 日内。

12）招标投标违法行为对外公告期限：自招标投标违法行为处理决定做出之日起 20 个

工作日内对外进行公告，违法行为对外公告期限为 6 个月，公告期满后，转入后台保存。依法限制招标投标当事人资质（资格）等方面的行政处理决定，所认定的限制期限长于 6 个月的，公告期限从其决定。

3. 招标投标相关罚则

4. 登录本地招标投标交易平台，浏览"中标结果公示"

招标投标
相关罚则

实训三 开标、评标、定标模拟实训

一、实训目标

通过开标、评标、定标模拟实训，让学生熟悉评标工作流程，锻炼学生组织开标、评标的实操能力，以及沟通协作能力、语言表达能力。

二、实训任务

利用项目二实训任务完成的招标文件和项目三实训任务完成的投标文件，用角色扮演法演练完成开标、评标、定标工作。本实训模拟真实的开标、评标情境，学生分别扮演招标人、招标代理人、公证人、建设工程交易中心工作人员、投标人、评标专家等不同角色，各角色履行本职工作，完成开标、评标、定标工作。

项目背景同本项目任务二、任务三引例中项目实训用表 *（可在本书配套资源中查看）*。

三、任务实施

本次实训任务要在 4 个学时内完成以下几项任务：

任务 1 开标

招标代理机构在招标公告约定的时间、地点接收投标人的投标书，投标文件接收时间截止即开标。

1）密封情况检查：由投标人推举的代表当众检查投标文件的密封情况，并由招标人委托的公证机构对开标情况进行公证。如果投标文件未密封，或者存在拆开过的痕迹，则不能进入后续的程序。

2）拆封：招标代理机构的工作人员应当对所有在投标文件截止时间之前收到的合格的投标文件，在开标现场当众拆封。

3）唱标：招标代理机构的工作人员应当根据法律规定和招标文件的要求进行唱标，即宣读投标人名称、投标价格和投标文件的其他主要内容。

4）记录并存档：招标代理机构应当场填写开标记录表，记载开标的时间、地点、参与人、唱标内容等情况，并由参加开标的投标人代表签字确认。开标记录表应作为评标报告的组成部分存档备查。

5）主持人宣布开标会结束。

任务 2 评标

1）抽取评标专家：由招标代理机构在建设工程交易中心于评标前 2 小时抽取 4 名评标

专家，与招标人委派的 1 名代表构成 5 人组成的评标委员会。

2）进入评标准备阶段的工作。

① 评标委员会成员签到，填写评标委员会签到表。

② 评标委员会分工，并推举 1 名评标委员会主任。

③ 熟悉文件资料。

3）进行初步评审。

① 形式评审。由评标专家填写形式评审记录表。

② 资格评审。由评标专家填写资格评审记录表（适用于未进行资格预审的情况）。

③ 响应性评审。由评标专家填写响应性评审记录表。

4）进行详细评审。由评标专家详细评审商务标和技术标，填写施工组织设计和项目管理机构评审记录表及评标结果汇总表。

5）如果评标专家需要投标人澄清、说明或补正，则由评标专家填写问题澄清通知，投标人填写问题的澄清。

6）编制评标报告。评标报告应当如实记载以下内容：

① 基本情况和数据表。

② 评标委员会成员名单。

③ 开标记录。

④ 符合要求的投标人一览表。

⑤ 否决投标的情况说明。

⑥ 评标标准、评标方法或者评标因素一览表。

⑦ 经评审的价格或者评分比较一览表。

⑧ 经评审的投标人排序。

⑨ 推荐的中标候选人名单与签订合同前要处理的事宜。

⑩ 澄清、说明、补正事项纪要。

评标报告由评标委员会全体成员签字。对评标结论持有异议的评标委员会成员可以书面方式阐述其不同意见和理由。评标委员会成员拒绝在评标报告上签字且不陈述其不同意见和理由的，视为同意评标结论。

任务3　定标

推荐中标候选人或者直接确定中标人。评标委员会推荐综合排名前 3 位的投标人为中标候选人。招标人从中标候选人中确定中标人，发出中标通知书和未中标通知书。

招标代理机构给评标专家发放评标费，招标投标工作结束。

四、实训组织

实训角色分工建议：招标人 3 名同学、招标代理人 3 名同学、公证人 1 名同学、建设工程交易中心工作人员 1 名同学、投标人 10 家（2 人 1 组，20 名同学）、评标专家 5 名同学。老师负责总协调。

实训学时建议：招标投标及评标任务在 3.5 个学时内完成。老师点评各角色成果，核定成绩（0.5 个学时）。

五、实训成绩考核

1) 任务定位准确，效率高，任务圆满完成者得 90~100 分。

2) 任务定位较准确，在老师指导下完成得 80~90 分。

3) 进入角色较慢，在老师指导下完成大部分任务得 60~70 分。

项目五
建设工程合同管理

【知识目标】

1. 了解建设工程合同的基础知识。
2. 掌握《建设工程施工合同（示范文本）》（GF—2017—0201）相关知识。
3. 熟悉建设工程施工合同管理知识。
4. 掌握建设工程施工合同索赔知识。

【技能目标】

1. 学会签订建设工程施工合同协议书。
2. 学会用《建设工程施工合同（示范文本）》（GF—2017—0201）签订合同。
3. 学会在建设工程施工合同管理中及时、合理地进行索赔。
4. 具有一定的合同管理能力及合同谈判能力。

【素养目标】

1. 通过合同管理的学习，培养知法守法、诚实守信、有效规避合同风险的意识，形成依法依规办事、工作严谨细致的作风。
2. 通过合同索赔的学习，培养凡事预则立不预则废、维护自身合法权益的意识，对自身的职业发展和人生目标有充分的规划，戒骄戒躁、踏实做事。

【任务分解】

项目名称	任务分解	知识点	学时分配		
			理论教学	实践教学	模拟现场教学
项目五 建设工程合同管理	任务一 签订建设工程施工合同	建设工程合同的概念、特点、种类	2	2	4
		建设工程施工合同的概念、订立条件、订立原则、订立程序			
		《建设工程施工合同（示范文本）》（GF—2017—0201）的性质、作用、适用范围			
		《建设工程施工合同（示范文本）》（GF—2017—0201）的组成和签订			
	任务二 施工合同管理	施工准备阶段的合同管理	4	2	
		施工阶段的合同管理			
		竣工和缺陷责任期阶段的合同管理			
		施工分包合同管理			
	任务三 施工索赔	建设工程施工索赔的概念、作用、分类	2	4	
		施工索赔程序			
		施工索赔依据			
		施工索赔计算			

任务一 签订建设工程施工合同

 引例

同项目四任务四实训任务。工程编号为×××，位于××市××学校内，总建筑面积11000m²，地上11层，地下1层。该工程招标工作已经完成，中标通知书已经下达，业主与中标人应按照法规和招标文件规定，签订建设工施工合同。如何签订这份建设工程施工合同？

一、任务准备

【任务依据】

1）依据《中华人民共和国民法典》第三编第十八章：建设工程合同。

2）依据《中华人民共和国建筑法》第一章：总则，第三章：建筑工程发包与承包，第五章：建筑安全生产管理，第六章：建筑工程质量管理，第七章：法律责任。

3）依据《中华人民共和国招标投标法》第四章：开标、评标和中标。

4）依据《建设工程施工合同（示范文本）》（GF—2017—0201）*（以上法律条规相关条款可在本书配套资源中查看）*。

5）招标文件、投标文件、中标通知书。

6）其他相关法规文件。

【相关知识】

1. 合同的概念

合同，也叫"契约"或"协议"。合同是平等主体的自然人、法人、其他组织之间设立、变更、终止民事权利、义务关系的协议。

2. 建设工程合同的基本知识

(1) 建设工程合同的概念

建设工程合同是指为完成特定建设工程任务，当事人为了明确各方权利、义务关系而签订的协议。

(2) 建设工程合同的种类

建设工程合同的种类主要有：建设工程勘察合同、建设工程设计合同、建设工程施工合同、建设工程监理合同等。

(3) 建设工程合同的特点

1）合同主体严格：建设工程合同的主体（发包人和承包人）一般要求具备法人资格，

承包人还要求具有相应资质。

2）合同标的特殊：建设工程合同的标的物是各类建筑产品。建筑产品具有单件性、固定性、生产流动性、生产周期长等特性。

3）合同格式严格：建设工程合同的格式必须采用书面格式。这是由其事关重要、内容复杂、履行期限较长等原因决定的。

4）合同程序严格：由于建设工程对国民经济发展、人民工作生活具有重大影响，因此国家对建设工程合同的签订规定了严格的前提条件、招标投标过程及审批备案程序。

5）合同周期较长：由于建设工程具有目标成果体量大、工作量大的特点，因此建设工程合同的履行期限可长达几年，具有周期较长的特点。

3. 建设工程施工合同的基本知识

（1）建设工程施工合同的概念

建设工程施工合同是建设工程合同的一种，是指为完成特定建设工程施工任务，当事人为了明确各方权利、义务关系而签订的协议。

（2）建设工程施工合同的订立条件

1）工程项目初步设计已经批准。

2）工程项目已经列入年度建设计划。

3）有能够满足施工需要的设计文件和有关技术资料。

4）建设资金和主要材料设备来源已经落实。

5）实行招标投标的工程，中标通知书已经下达。

（3）建设工程施工合同的订立原则

1）守法：订立合同必须遵守国家法律法规，不得有违反和抵触法律法规的条款内容。

2）平等自愿：订立合同当事人的地位是平等的，意思表示必须是完全真实自愿的，一方不得将自己的意志强加给另一方。

3）公平：订立合同当事人应当遵循公平原则确定各方的权利和义务。

4）诚实信用：订立和履行合同要讲究信用、恪守诺言、诚实不欺。

5）公序良俗：订立合同要尊重公共秩序和善良风俗习惯。

（4）建设工程施工合同的订立程序

合同的订立必须经过要约和承诺两个阶段。

要约是希望和他人订立合同的意思表示；承诺是受要约人接受要约的意思表示。还有一种行为叫要约邀请，是希望他人向自己发出要约的意思表示。

建设工程施工合同的订立也要经过要约和承诺两个阶段。工程招标投标过程中，招标人的招标公告、投标邀请书和招标文件都属于要约邀请，即希望他人向自己发出要约的意思表示。投标人按照招标文件规定报送的投标文件即为要约。招标人通过评标，向中标人发出中标通知书即为承诺。中标通知书发出后30日内，招标人（即发包人）与中标人（即承包人）依法依规、依据招标文件和投标文件签订建设工程施工合同，双方就完成了合同的缔结过程。

4. 《建设工程施工合同（示范文本）》（GF—2017—0201）的颁布、性质、作用、适用范围

（1）《建设工程施工合同（示范文本）》（GF—2017—0201）的颁布

建设工程施工的突出特点是投资大、周期长、参与方多、涉及面广、内容庞杂。签订建设工程施工合同是一项法律性、政策性、专业性、技术性很强的工作。

为了指导建设工程施工合同当事人的签约行为，防止和减少在合同签约过程中容易出现的合同条款不完备、表述不规范、内容有纰漏等现象，维护合同当事人的合法权益，依据《中华人民共和国合同法》《中华人民共和国建筑法》《中华人民共和国招标投标法》以及相关法律法规，住房和城乡建设部、国家工商行政管理总局于 2017 年 9 月 22 日发布了《建设工程施工合同（示范文本）》（GF—2017—0201），自 2017 年 10 月 1 日起执行。

（2）《建设工程施工合同（示范文本）》（GF—2017—0201）的性质

示范文本为非强制性使用文本。合同当事人可结合建设工程具体情况，根据示范文本订立合同，并按照法律法规规定和合同约定承担相应的法律责任及合同权利。

（3）《建设工程施工合同（示范文本）》（GF—2017—0201）的作用

《建设工程施工合同（示范文本）》对于指导建设工程施工合同签约行为，规范市场秩序，维护合同当事人合法权益具有重要作用。

（4）《建设工程施工合同（示范文本）》（GF—2017—0201）的适用范围

示范文本适用于房屋建筑工程、土木工程、线路管道和设备安装工程、装修工程等建设工程的施工承发包活动。

5.《建设工程施工合同（示范文本）》（GF—2017—0201）的组成

示范文本由合同协议书、通用合同条款和专用合同条款 3 部分组成，附件有 11 个。

（1）合同协议书

合同协议书是示范文本中总纲性的文件，是发包人与承包人依照《中华人民共和国合同法》《中华人民共和国建筑法》及其他有关法律、法规，遵循守法、平等自愿、公平、诚实信用、公序良俗原则，就建设工程施工中最重要的事项协商一致而订立的协议。虽然其文字量并不大，但是它规定了合同当事人双方最主要的权利、义务，规定了组成合同的文件及当事人对履行合同义务的承诺，并且合同双方当事人要在这份文件上签字盖章，因此具有很高的法律效力。

合同协议书共计 13 条，集中约定了合同当事人基本的合同权利、义务，包括：工程概况、合同工期、质量标准、签约合同价和合同价格形式、项目经理、合同文件构成、承诺、词语含义、签订时间、签订地点、补充协议、合同生效、合同份数等。

（2）通用合同条款

通用合同条款是合同当事人根据《中华人民共和国建筑法》《中华人民共和国民法典》等法律法规的规定，就工程建设的实施及相关事项，对合同当事人的权利、义务做出的原则性约定。它是将建设工程施工合同中共性的一些内容归纳出来编写的一份完整的合同文件，具有很强的通用性，基本适用于各类建设工程施工合同。通用合同条款共计 20 条，分别为：一般约定、发包人、承包人、监理人、工程质量、安全文明施工与环境保护、工期和进度、材料与设备、试验与检验、变更、价格调整、合同价格、计量与支付、验收和工程试车、竣工结算、缺陷责任与保修、违约、不可抗力、保险、索赔、争议解决。

（3）专用合同条款

专用合同条款与通用合同条款一一对应，是对通用合同条款原则性约定的细化、完善、补充、修改或另行约定的条款。

合同当事人可以根据不同建设工程的特点及具体情况，通过双方的谈判、协商对相应的专用合同条款进行修改、补充。

在使用专用合同条款时，应注意以下事项：

1）专用合同条款的编号应与相应的通用合同条款的编号一致。

2）合同当事人可以通过对专用合同条款的修改，满足具体建设工程的特殊要求，避免直接修改通用合同条款。

3）在专用合同条款中有横道线的地方，合同当事人可针对相应的通用合同条款进行细化、完善、补充、修改或另行约定；如无细化、完善、补充、修改或另行约定，则填写"无"或画"/"。

（4）附件

示范文本共附有 11 个附件，其中协议书附件 1 个，专用合同条款附件 10 个。

1）协议书附件：

附件 1：承包人承揽工程项目一览表。

2）专用合同条款附件：

附件 2：发包人供应材料设备一览表。

附件 3：工程质量保修书。

附件 4：主要建设工程文件目录。

附件 5：承包人用于本工程施工的机械设备表。

附件 6：承包人主要施工管理人员表。

附件 7：分包人主要施工管理人员表。

附件 8：履约担保格式。

附件 9：预付款担保格式。

附件 10：支付担保格式。

附件 11：暂估价一览表。

6. 建设工程施工合同文件的构成及解释顺序

建设工程施工合同文件的构成：合同协议书、中标通知书（如果有）、投标函及其附录（如果有）、专用合同条款及其附件、通用合同条款、技术标准和要求、图纸、已标价工程量清单或预算书、其他合同文件。

施工合同文件应该能够相互解释、相互说明。当合同文件中出现不一致时，上面的顺序就是合同的优先解释顺序。

二、任务内容

签订建设工程施工合同协议书和合同专用条款。

三、任务实施

按照《建设工程施工合同（示范文本）》（GF—2017—0201）*（可在本书配套资源中查看）*，参照以下建设工程施工合同示例（本示例为教学之用，并非真实合同，其中的信息为虚构，特此说明），签订建设工程施工合同协议书和合同专用条款。

建设工程施工合同

工程名称：<u>某理工大学六号教学楼工程</u>
工程地点：<u>某市某理工大学院内</u>
发 包 人：<u>某理工大学</u>
承 包 人：<u>某建工集团</u>

住房和城乡建设部
国家工商行政管理总局 制定

目　　录

第一部分　合同协议书

发包人（全称）：　　　某理工大学　　　

承包人（全称）：　　　某建工集团　　　

根据《中华人民共和国建筑法》及有关法律规定，遵循平等、自愿、公平和诚实信用的原则，双方就　某理工大学六号教学楼　工程施工及有关事项协商一致，共同达成如下协议：

一、工程概况

1. 工程名称：　　　某理工大学六号教学楼工程　　　。

2. 工程地点：　某市南坪区学府路 68 号某理工大学院内　。

3. 工程立项批准文号：　某发建 2017—42 号　。

4. 资金来源：　　　国家投资　　　。

5. 工程内容：　　某理工大学六号教学楼施工　　。

群体工程应附承包人承揽工程项目一览表（附件1）。

6. 工程承包范围：

　　工程施工图纸全部内容（详见施工图）　。

二、合同工期

计划开工日期：　2023　年　7　月　8　日。

计划竣工日期：　2024　年　9　月　1　日。

工期总日历天数：　420　天。工期总日历天数与根据前述计划开（竣）工日期计算的工期天数不一致的，以工期总日历天数为准。

三、质量标准

工程质量符合　《建筑工程施工质量验收统一标准》（GB 50300—2013）规定的合格　标准。

四、签约合同价和合同价格形式

1. 签约合同价为：

人民币（大写）　叁仟捌佰叁拾贰万陆仟零伍拾元　　　（¥　38326050　元）。

其中：

（1）安全文明施工费：

人民币（大写）　壹佰贰拾伍万伍仟陆佰壹拾元　（¥　1255610　元）。

（2）材料和工程设备暂估价金额：

人民币（大写）　壹佰零贰万叁仟陆佰元　（¥　1023600　元）。

（3）专业工程暂估价金额：

人民币（大写）　/　（¥　/　元）。

（4）暂列金额：

人民币（大写）　/　（¥　/　元）。

2. 合同价格形式：　可调合同价格　。

五、项目经理

承包人项目经理：　　　代学炳德　　　。

六、合同文件构成

本协议书与下列文件一起构成合同文件：

（1）中标通知书（如果有）。

（2）投标函及其附录（如果有）。

（3）专用合同条款及其附件。

（4）通用合同条款。

（5）技术标准和要求。

（6）图纸。

（7）已标价工程量清单或预算书。

（8）其他合同文件。

在合同订立及履行过程中形成的与合同有关的文件均构成合同文件组成部分。

上述各项合同文件包括合同当事人就该项合同文件所做出的补充和修改，属于同一类内容的文件，应以最新签署的为准。专用合同条款及其附件须经合同当事人签字或盖章。

七、承诺

1. 发包人承诺按照法律规定履行项目审批手续、筹集工程建设资金并按照合同约定的期限和方式支付合同价款。

2. 承包人承诺按照法律规定及合同约定组织完成工程施工，确保工程质量和安全，不进行转包及违法分包，并在缺陷责任期及保修期内承担相应的工程维修责任。

3. 发包人和承包人通过招标投标形式签订合同的，双方理解并承诺不再就同一工程另行签订与合同实质性内容相背离的协议。

八、词语含义

本协议书中词语含义与第二部分通用合同条款中赋予的含义相同。

九、签订时间

本合同于　　2023　　年　　6　　月　　18　　日签订。

十、签订地点

本合同在　　某市南坪区学府路 68 号某理工大学　　签订。

十一、补充协议

合同未尽事宜，合同当事人另行签订补充协议，补充协议是合同的组成部分。

十二、合同生效

本合同自　　2023 年 6 月 18 日订立之日起　　生效。

十三、合同份数

本合同一式　壹拾贰　份，均具有同等法律效力，发包人执　陆　份，承包人执　陆　份。

发包人：（公章）某理工大学　　　　　　承包人：（公章）某建工集团

法定代表人或其委托代理人：　　　　　　法定代表人或其委托代理人：

（签字）孙学展鹏　　　　　　　　　　　（签字）魏习国栋

组织机构代码：63240000508712　　　　组织机构代码：3215000040652813

地址：某市南坪区学府路 68 号　　　　　地址：某市东开发区临江道 52 号

邮政编码：　000000　　　　　　　　　　邮政编码：　000000

法定代表人：　孙学展鹏　　　　　　　　法定代表人：　魏习国栋

委托代理人：　　/　　　　　　　　　　　委托代理人：　　/

电　话：　12345678901　　　　　　　　电　话：　12345678902

传 真：＿＿＿＿＿／＿＿＿＿＿ 　　传 真：＿＿＿＿＿／＿＿＿＿＿

电子信箱：0000666@ qq. com 　　电子信箱：0000888@ qq. com

开户银行：建设银行某支行 　　开户银行：建设银行某支行

账 号：6666000000000 　　账 号：8888000000000

第二部分　通用合同条款 （略）
第三部分　专用合同条款

1. 一般约定

1.1　词语定义

1.1.1　合同

1.1.1.10　其他合同文件包括：<u>合同协议书、中标通知书、投标函及其附录、专用合同条款及其附件、通用合同条款、技术标准和要求、图纸、已标价工程量清单或预算书</u>。

1.1.2　合同当事人及其他相关方

1.1.2.4　监理人：

名　　称：<u>某信诚监理有限公司</u>。

资质类别和等级：<u>房屋建筑专业　甲级</u>。

联系电话：<u>12345678907</u>。

电子信箱：<u>000222@ qq. com</u>。

通信地址：<u>某市城东区乐府大街 33 号</u>。

1.1.2.5　设计人：

名　　称：<u>某卓远建筑设计有限公司</u>。

资质类别和等级：<u>建筑工程专业设计　甲级</u>。

联系电话：<u>12345678908</u>。

电子信箱：<u>000444@ qq. com</u>。

通信地址：<u>某市城西区潭青路 79 号</u>。

1.1.3　工程和设备

1.1.3.7　作为施工现场组成部分的其他场所包括：<u>拟建建筑物北侧马路，东起求真楼，西至求实楼东 20m；拟建建筑物西侧小广场</u>。

1.1.3.9　永久占地包括：<u>根据设计图纸确定</u>。

1.1.3.10　临时占地包括：<u>施工现场临时办公生活用房及材料储存和构件加工场地占地</u>。

1.3　法律

适用于合同的其他规范性文件：<u>《中华人民共和国合同法》《中华人民共和国建筑法》《中华人民共和国招标投标法》《建设工程质量管理条例》《建设工程安全生产管理条例》以及国家、地方相关法律、法规和规定</u>。

1.4　标准和规范

1.4.1　适用于工程的标准规范包括：<u>国家、行业和地方现行的有关建筑工程施工的标准、规范及施工图</u>。

1.4.2　发包人提供国外标准、规范的名称：<u>无</u>。

发包人提供国外标准、规范的份数：<u>无</u>。

发包人提供国外标准、规范的名称：<u>无</u>。

1.4.3　发包人对工程的技术标准和功能的特殊要求：__无__。

1.5　合同文件的优先顺序

合同文件组成及优先顺序为：__合同协议书、中标通知书、投标函及其附录、专用合同条款及其附件、通用合同条款、技术标准和要求、图纸、已标价工程量清单或预算书、其他合同文件__。

1.6　图纸和承包人文件

1.6.1　图纸的提供

发包人向承包人提供图纸的期限：__开工前14天__。

发包人向承包人提供图纸的数量：__六套（其中四套为编制竣工图所用），施工中承包人还需增加套数的应自行解决，发包人提供便利__。

发包人向承包人提供图纸的内容：__全部施工图纸__。

1.6.4　承包人文件

需要由承包人提供的文件，包括：__实施性施工组织设计及方案__。

承包人提供的文件的期限为：__开工日7天前__。

承包人提供的文件的数量为：__四份__。

承包人提供的文件的形式为：__书面文本__。

发包人审批承包人文件的期限：__收到文件后5天内审查完毕__。

1.6.5　现场图纸准备

关于现场图纸准备的约定：__承包人应在施工现场另外保存一套完整的施工图和承包人文件，供发包人、监理人及相关工作人员进行工程检查时使用__。

1.7　联络

1.7.1　发包人和承包人应当在__3__天内将与合同有关的通知、批准、证明、证书、指示、指令、要求、请求、同意、意见、确定和决定等书面函件送达对方当事人。

1.7.2　发包人接收文件的地点：__现场工程部__。

发包人指定的接收人为：__吕教良伟__。

承包人接收文件的地点：__现场项目部__。

承包人指定的接收人为：__代学炳德__。

监理人接收文件的地点：__现场监理部__。

监理人指定的接收人为：__周用志力__。

1.10　交通运输

1.10.1　出入现场的权利

关于出入现场的权利的约定：__由承包人按照发包人要求负责取得出入施工现场所需的批准手续和全部权利。承包人应协助发包人办理修建场内外道路、桥梁以及其他基础设施的手续。施工现场人员、车辆出入由项目安全保卫组负责登记管理。工作人员凭门禁卡刷卡出入。车辆在专用通道出入。严禁闲杂人员随意进出，外来人员出入应办理登记手续__。

1.10.3　场内交通

关于场外交通和场内交通的边界的约定：__以现场实际施工条件为准__。

关于发包人向承包人免费提供满足工程施工需要的场内道路和交通设施的约定：__以现场实际施工条件为准__。

1.10.4　超大件和超重件的运输

运输超大件或超重件所需的道路和桥梁临时加固改造费用和其他有关费用由　承包人　承担。

1.11　知识产权

1.11.1　关于发包人提供给承包人的图纸、发包人为实施工程自行编制或委托编制的技术规范以及反映发包人关于合同要求或其他类似性质的文件的著作权的归属：　属于发包人　。

关于发包人提供的上述文件的使用限制的要求：　按通用条款执行　。

1.11.2　关于承包人为实施工程所编制文件的著作权的归属：除署名权以外的著作权属于发包人　。

关于承包人提供的上述文件的使用限制的要求：　按通用条款执行　。

1.11.4　承包人在施工过程中所采用的专利、专有技术、技术秘密的使用费的承担方式：　按通用条款执行　。

1.13　工程量清单错误的修正

出现工程量清单错误时，是否调整合同价格：　是　。

允许调整合同价格的工程量偏差范围：　工程量清单存在缺项、漏项的事项　。

2. 发包人

2.2　发包人代表

发包人代表：

姓　　名：　吕教良伟　。

身份证号：　000000198606060000　。

职　　务：　后勤处处长、发包人驻施工现场代表　。

联系电话：　12345678911　。

电子信箱：　000555@qq.com　。

通信地址：　某市南坪区学府路68号　。

发包人对发包人代表的授权范围如下：　①确认承包人提出的顺延工期的签证；②对发生的不可抗力造成工程无法施工的处置；③设计变更及施工条件变更等有关签证的确认；④工程竣工验收报告的确认；⑤工程预付款和进度款的审批；⑥处理和协调外部施工条件；⑦代表发包人行使本合同约定的其他权利和义务　。

2.4　施工现场、施工条件和基础资料的提供

2.4.1　提供施工现场

关于发包人移交施工现场的期限要求：　开工前7天　。

2.4.2　提供施工条件

关于发包人应负责提供施工所需要的条件，包括：

发包人负责提供电源，距离项目地块红线100m距离内，由本工程承包人接入施工现场，设置分电源箱，并单独装表计量。从发包人提供的电源至施工用电设备线路的安装由承包人负责实施，安装费、线路、设备购置费及施工过程中发生的所有电费，无论承包人是否在投标报价中单独列支，发包人均认为此项费用包含在投标报价中。结算时，发包人将按照向供电部门缴纳电费的单价和承包人的实际用电数量扣回用电费用（含分摊的线路损耗费用）。

发包人负责提供水源，距离项目地块红线 100m 距离内，由本工程承包人接入施工现场，并单独装表计量。从水源至施工各用水点的管路安装、布置由承包人负责实施，其安装费、管材、设备购置费及施工过程中发生的所有水费，无论承包人是否在投标报价中单独列支，发包人均认为此项费用包含在投标报价中。结算时，发包人将按照向供水部门缴纳水费的单价和承包人的实际用水数量扣回用水费用（含分摊的损耗费用）。

2.5　资金来源证明及支付担保

发包人提供资金来源证明的期限要求：＿＿＿＿＿／＿＿＿＿＿。

发包人是否提供支付担保：＿＿＿＿＿＿＿＿／＿＿＿＿＿＿＿。

发包人提供支付担保的形式：＿＿＿＿＿＿／＿＿＿＿＿＿＿。

3. 承包人

3.1　承包人的一般义务

（9）承包人提交的竣工资料的内容：＿＿提供符合城建档案馆和行政质检监督部门要求的竣工图及竣工资料＿＿。

承包人需要提交的竣工资料套数：＿＿四套＿＿。

承包人提交的竣工资料的费用承担：＿＿承包人承担＿＿。

承包人提交的竣工资料移交时间：＿＿本工程竣工验收后 28 日内＿＿。

承包人提交的竣工资料形式要求：＿＿书面及电子文档＿＿。

（10）承包人应履行的其他义务：

承包人应按发包人的指令，完成发包人要求的对工程内容的任何增加和删减。

承包人应积极主动核对图纸中的标高、轴线等技术数据，充分理解设计意图。若由于明显的设计图纸问题（例如尺寸标注不闭合、文字标识相互矛盾等）和发包人（包括监理人）不正确的指令，承包人发现后有口头或书面告知义务，否则造成工程质量、安全、进度的损失，也不能免除承包人的责任。

承包人应按照政府相关规定，建立健全雇员工资发放和劳动保障制度。如因雇员的工资发放和劳动保障制度不健全而引发纠纷，导致雇员围堵发包人等，发包人有权解除合同，并要求承包人退场并支付 10 万元的违约金。

承包人做好现场安全文明施工及已有成品保护工作。现场运输材料、堆放材料等造成的路面的污染，承包人应该有专人负责跟踪打扫；现场施工及生活产生的垃圾应该每天有人清除。

3.2　项目经理

3.2.1　项目经理：

姓　　名：＿＿＿＿＿代学炳德＿＿＿＿＿。

身份证号：＿＿000000198406250000＿＿。

建造师执业资格等级：＿＿全国注册 一级＿＿。

建造师注册证书号：＿＿000000＿＿。

建造师执业印章号：＿＿某 12340000＿＿。

安全生产考核合格证书号：＿＿某建安 00012345＿＿。

联系电话：＿＿12345678903＿＿。

电子信箱：＿＿000000@ qq. com＿＿。

通信地址：＿＿某市东开发区临江道 52 号＿＿

承包人对项目经理的授权范围如下：　全权处理本项目的一切事务　。

关于项目经理每月在施工现场的时间要求：开工之日起到竣工结束，项目经理每周至少5日，每天必须不少于8小时在现场组织施工。

承包人未提交劳动合同，以及没有为项目经理缴纳社会保险证明的违约责任：承包人承担3万元的违约金，责令限期提交劳动合同并补缴社会保险。

项目经理未经批准，擅自离开施工现场的违约责任：发包人有权要求承包人承担1000元/天的违约金。

3.2.3　承包人擅自更换项目经理的违约责任：发包人有权要求承包人承担10万元的违约金。并有权解除合同并责令承包人退场，由此产生的一切损失及后果由承包人承担。

3.2.4　承包人无正当理由拒绝更换项目经理的违约责任：发包人有权要求承包人承担10万元的违约金。并有权解除合同并责令承包人退场，由此产生的一切损失及后果由承包人承担。

3.3　承包人人员

3.3.1　承包人提交项目管理机构及施工现场管理人员安排报告的期限：开工前7天内。

3.3.3　承包人无正当理由拒绝撤换主要施工管理人员的违约责任：发包人有权要求承包人承担2万元的违约金。并有权解除合同并责令承包人退场，由此产生的一切损失及后果由承包人承担。

3.3.4　承包人主要施工管理人员离开施工现场的批准要求：由总监理工程师批准，发包人认可方可离开。

3.3.5　承包人擅自更换主要施工管理人员的违约责任：发包人有权要求承包人承担1万元的违约金。并有权解除合同并责令承包人退场，由此产生的一切损失及后果由承包人承担。

承包人主要施工管理人员擅自离开施工现场的违约责任：承包人承担1万元的违约金。

3.5　分包

3.5.1　分包的一般约定

禁止分包的工程包括：　本工程不允许分包　。

主体结构、关键性工作的范围：　／　。

3.5.2　分包的确定

允许分包的专业工程包括：　／　。

其他关于分包的约定：　／　。

3.5.4　分包合同价款

关于分包合同价款支付的约定：　／　。

3.6　工程照管与成品、半成品保护

承包人负责照管工程及工程相关的材料、工程设备的起始时间：　执行通用条款　。

3.7　履约担保

承包人是否提供履约担保：　提供　。

承包人提供履约担保的形式、金额及期限的：　提供10万元保证金，以现金的方式提供，工程完工验收合格后履行手续退还　。

4. 监理人

4.1　监理人的一般规定

关于监理人的监理内容：　见监理合同　。

关于监理人的监理权限：<u>见监理合同</u>。

关于监理人在施工现场的办公场所、生活场所的提供和费用承担的约定：<u>由承包人承担</u>。

4.2 监理人员

总监理工程师：

姓　　名：<u>　　　　　周用志力　　　　　</u>。

职　　务：<u>　　　总监理工程师　　　</u>。

监理工程师执业资格证书号：<u>0000001234567</u>。

联系电话：<u>　　　12345678906　　　</u>。

电子信箱：<u>　　000111000qq.com　　</u>。

通信地址：<u>某市城东区乐府大街33号</u>。

关于监理人的其他约定：<u>　　　／　　　</u>。

4.4 商定或确定

在发包人和承包人不能通过协商达成一致意见时，发包人授权监理人对以下事项进行确定：<u>　　　　　／　　　　　</u>。

5. 工程质量

5.1 质量要求

5.1.1 特殊质量标准和要求：<u>　　　／　　　</u>。

关于工程奖项的约定：<u>工程质量达到"省级优质工程奖项"标准的，发包人按工程造价的百分之零点贰伍（0.25%）给予承包人补偿奖励</u>。

5.3 隐蔽工程检查

5.3.2 承包人提前通知监理人隐蔽工程检查的期限的约定：<u>共同检查前48小时书面通知监理人</u>。

监理人不能按时进行检查时，应提前<u>12</u>小时提交书面延期要求。

关于延期最长不得超过：<u>24</u>小时。

6. 安全文明施工与环境保护

6.1 安全文明施工

6.1.1 项目安全生产的达标目标及相应事项的约定：

<u>承包人应遵守工程建设安全生产有关管理规定，严格按现行安全标准组织施工，并随时接受行业安全检查人员依法实施的监督检查，采取必要的安全防护措施，消除事故隐患。其安全施工防护费用已经含在合同价款内。</u>

<u>本工程在整个施工期间杜绝一切人身伤亡和重大质量安全事故，如发生上述事故，则发包人视为承包人违约；在施工期间每发生一起人身损害（不包括死亡）事故，承包人除了接受政府相关部门处罚外，承包人须向发包人支付违约金10万元；每发生一起人身死亡事故，承包人除接受相关部门处罚外，承包人须向发包人支付违约金20万元。</u>

6.1.4 治安保卫

关于治安保卫的特别约定：<u>按通用条款执行</u>。

关于编制施工场地治安管理计划的约定：<u>开工前3天提供</u>。

6.1.5 文明施工

合同当事人对文明施工的要求：<u>按通用条款执行</u>。

6.1.6　安全文明施工费

关于安全文明施工费支付比例和支付期限的约定：工程开工前，发包人向承包人预付现场安全文明施工措施费：按现场安全文明施工措施费基本费的60%预付，主体完工后再支付20%，余款20%于工程竣工前付清。

7. 工期和进度

7.1　施工组织设计

7.1.1　施工组织设计的内容

合同当事人约定的施工组织设计应包括的其他内容：按通用条款执行。

7.1.2　施工组织设计的提交和修改

承包人提交详细施工组织设计的期限的约定：　开工前7天　。

发包人和监理人在收到详细的施工组织设计后确认或提出修改意见的期限：　收到后7天内　。

7.2　施工进度计划

7.2.2　施工进度计划的修订

发包人和监理人在收到修订的施工进度计划后确认或提出修改意见的期限：　收到后7天内　。

7.3　开工

7.3.1　开工准备

关于承包人提交工程开工报审表的期限：　开工前7天　。

关于发包人应完成的其他开工准备工作及期限：　　/　　。

关于承包人应完成的其他开工准备工作及期限：　　/　　。

7.3.2　开工通知

因发包人原因造成监理人未能在计划开工日期之日起30天内发出开工通知的，承包人有权提出价格调整要求，或者解除合同。

7.4　测量放线

7.4.1　发包人通过监理人向承包人提供测量基准点、基准线和水准点及其书面资料的期限：　开工前7天　。

7.5　工期延误

7.5.1　因发包人原因导致工期延误

(7) 因发包人原因导致工期延误的其他情形：　　/　　。

7.5.2　因承包人原因导致工期延误

因承包人原因造成工期延误，逾期竣工违约金的计算方法为：　每拖延1天，由承包人向发包人按合同总造价的0.1%支付违约金　。

因承包人原因造成工期延误，逾期竣工违约金的上限：　合同价的20%　。

7.6　不利物质条件

不利物质条件的其他情形和有关约定：　　/　　。

7.7　异常恶劣的气候条件

发包人和承包人同意以下情形视为异常恶劣的气候条件：　执行通用条款　。

7.9.2　提前竣工的奖励：　/　。

8. 材料与设备

8.4 材料与工程设备的保管与使用

8.4.1 发包人供应的材料设备的保管费用的承担：<u>由承包人承担</u>。

8.6 样品

8.6.1 样品的报送与封存

需要承包人报送样品的材料或工程设备，样品的种类、名称、规格、数量要求：<u>按管理部门及发包人要求确定</u>。

8.8 施工设备和临时设施

8.8.1 承包人提供的施工设备和临时设施

关于修建临时设施费用承担的约定：<u>由承包人承担</u>。

9. 试验与检验

9.1 试验设备与试验人员

9.1.2 试验设备

施工现场需要配置的试验场所：<u>按相关规定执行</u>。

施工现场需要配备的试验设备：<u>按相关规定执行</u>。

施工现场需要具备的其他试验条件：<u>按相关规定执行</u>。

9.4 现场工艺试验

现场工艺试验的有关约定：<u>/</u>。

10. 变更

10.1 变更的范围

关于变更的范围的约定：<u>增加或减少合同中任何工作，或追加额外的工作；改变合同中任何工作的质量标准或其他特性</u>。

10.4 变更估价

10.4.1 变更估价原则

关于变更估价的约定：

①工程量清单项目的项目特征与投标报价中项目相同的，按投标报价的综合单价计算。

②新增工程量清单项目的项目特征与投标报价中项目类似的，综合单价参照类似项目的单价进行计算。

上述的"与投标报价中项目类似的"新增项目，是指与投标分部分项工程量清单项目编码1~9位完全相同的新增的分部分项工程。

③投标报价中没有综合单价的新的工程量清单项目，新增项目的综合单价由承包人提出，经发包人确认后执行。

10.5 承包人的合理化建议

监理人审查承包人合理化建议的期限：<u>自收到报告之日起14日内</u>。

发包人审批承包人合理化建议的期限：<u>自收到报告之日起14日内</u>。

承包人提出的合理化建议降低了合同价格或者提高了工程经济效益的奖励的方法和金额为：<u>按发包人认同的已降低了的合同价格或者已提高了的经济效益金额的20%给予承包人奖励</u>。

10.7　暂估价

暂估价材料和工程设备的明细详见附件 11：暂估价一览表。

10.7.1　依法必须招标的暂估价项目

对于依法必须招标的暂估价项目的确认和批准采取第＿＿／＿＿种方式确定。

10.7.2　不属于依法必须招标的暂估价项目

对于不属于依法必须招标的暂估价项目的确认和批准采取第＿＿／＿＿种方式确定。

第 3 种方式：承包人直接实施的暂估价项目

承包人直接实施的暂估价项目的约定：＿＿／＿＿。

10.8　暂列金额

合同当事人关于暂列金额使用的约定：＿＿／＿＿。

11. 价格调整

11.1　市场价格波动引起的调整

市场价格波动是否调整合同价格的约定：＿＿不调整＿＿。

因市场价格波动调整合同价格，采用以下第＿＿／＿＿种方式对合同价格进行调整：

第 1 种方式：采用价格指数进行价格调整。

关于各可调因子、定值和变值权重，以及基本价格指数及其来源的约定：＿＿／＿＿。

第 2 种方式：采用造价信息进行价格调整。

（2）关于基准价格的约定：＿＿／＿＿。

专用合同条款①承包人在已标价工程量清单或预算书中载明的材料单价低于基准价格的：专用合同条款合同履行期间材料单价涨幅以基准价格为基础超过＿＿＿％时，或材料单价跌幅以已标价工程量清单或预算书中载明材料单价为基础超过＿＿／＿＿％时，其超过部分据实调整。②承包人在已标价工程量清单或预算书中载明的材料单价高于基准价格的：专用合同条款合同履行期间材料单价跌幅以基准价格为基础超过＿＿／＿＿％时，材料单价涨幅以已标价工程量清单或预算书中载明材料单价为基础超过＿＿／＿＿％时，其超过部分据实调整。③承包人在已标价工程量清单或预算书中载明的材料单价等于基准单价的：专用合同条款合同履行期间材料单价涨跌幅以基准单价为基础超过±＿＿／＿＿％时，其超过部分据实调整。

第 3 种方式：其他价格调整方式：＿＿／＿＿。

12. 合同价格、计量与支付

12.1　合同价格形式

1. 单价合同

综合单价包含的风险范围：a 人工费结算时不做调整的内容；b 材料费、机械费结算不予调整的风险；c 施工期间政策性调整的风险；d 合同中明示及隐含的风险及有经验的承包商可以或应该预见的，为完成整体工程内容所必须考虑的风险；e 分部分项工程量变更，投标综合单价将不予调整的风险；f 一周内非承包人原因停水、停电造成累计停工在八小时以内的风险。

风险费用的计算方法：＿＿风险费用已包含在合同价中＿＿。

风险范围以外合同价格的调整方法：

①工程量清单项目的项目特征与投标报价中项目相同的，按投标报价的综合单价计算。

②新增工程量清单项目的项目特征与投标报价中项目类似的，综合单价参照类似项目的单价进行结算。

上述的"与投标报价中项目类似的"新增项目，是指与投标分部分项工程量清单项目编码1~9位完全相同的新增的分部分项工程。

③投标报价中没有综合单价的新的工程量清单项目，新增项目的综合单价由承包人提出，经发包人确认后执行。

2. 总价合同

总价包含的风险范围： ＿＿/＿＿ 。

风险费用的计算方法： ＿＿/＿＿ 。

风险范围以外合同价格的调整方法： ＿＿/＿＿ 。

3. 其他价格方式： ＿＿/＿＿ 。

12.2　预付款

12.2.1　预付款的支付

预付款支付比例或金额： ＿＿支付合同价的10%＿＿ 。

预付款支付期限： ＿＿开工后7日内＿＿ 。

预付款扣回的方式： ＿＿第一次工程款付款时扣回＿＿ 。

12.2.2　预付款担保

承包人提交预付款担保的期限： ＿＿/＿＿ 。

预付款担保的形式为： ＿＿/＿＿ 。

12.3　计量

12.3.1　计量原则

工程量计算规则：《建设工程工程量清单计价规范》（GB 50500—2013）、《某省建筑工程综合定额》、《某省安装工程综合定额》。

12.3.2　计量周期

关于计量周期的约定： ＿＿按形象进度计量＿＿ 。

12.3.3　单价合同的计量

关于单价合同计量的约定： ＿＿按形象进度计量＿＿ 。

12.3.4　总价合同的计量

关于总价合同计量的约定： ＿＿/＿＿ 。

12.3.5　总价合同采用支付分解表计量支付的，是否适用第12.3.4项（总价合同的计量）约定进行计量： ＿＿/＿＿ 。

12.3.6　其他价格形式合同的计量

其他价格形式合同的计量方式和程序： ＿＿/＿＿ 。

12.4　工程进度款支付

12.4.1　付款周期

关于付款周期的约定：

①基坑支护工程及挖孔桩工程完成并经验收合格后，出具验收合格文件30个工作日内，支付合同价的20%。

②地下1层主体完成并经验收合格后，出具验收合格文件30个工作日内，支付合同价的20%。

③主体完成并经验收合格后，出具验收合格文件30个工作日内，支付合同价的20%。

④工程整体竣工验收合格后，出具验收合格文件30个工作日内，支付合同价的15%。

⑤工程结算审计结束后 1 年内支付工程审计总价的 95%，余款在工程保修期满后 30 个工作日内付清。

12.4.2　进度付款申请单的编制

关于进度付款申请单编制的约定：　执行通用条款　。

12.4.3　进度付款申请单的提交

(1) 单价合同进度付款申请单提交的约定：　执行通用条款　。

(2) 总价合同进度付款申请单提交的约定：　/　。

(3) 其他价格形式合同进度付款申请单提交的约定：　/　。

12.4.4　进度款审核和支付

(1) 监理人审查并报送发包人的期限：　收到申请 3 个工作日　。

发包人完成审批并签发进度款支付证书的期限：　收到监理审查报告后 7 个工作日　。

(2) 发包人支付进度款的期限：进度款支付证书签发后 14 天内完成支付。

发包人逾期支付进度款的违约金的计算方式：　/　。

12.4.6　支付分解表的编制

2. 总价合同支付分解表的编制与审批：　/　。

3. 单价合同的总价项目支付分解表的编制与审批：　/　。

13. 验收和工程试车

13.1　分部分项工程验收

13.1.2　监理人不能按时进行验收时，应提前　24　小时提交书面延期要求。

关于延期最长不得超过：　48　小时。

13.2　竣工验收

13.2.2　竣工验收程序

关于竣工验收程序的约定：　执行通用条款　。

发包人不按照本项约定组织竣工验收、颁发工程接收证书的违约金的计算方法：　/　。

13.2.5　移交、接收全部与部分工程

承包人向发包人移交工程的期限：颁发工程接收证书后 7 天内完成工程的移交。

发包人未按本合同约定接收全部或部分工程的，违约金的计算方法为：　/　。

承包人未按时移交工程的，违约金的计算方法为：由承包人向发包人按合同总造价的 1% 支付违约金。

13.3　工程试车

13.3.1　试车程序

工程试车内容：　/　。

(1) 单机无负荷试车费用由　/　承担。

(2) 无负荷联动试车费用由　/　承担。

13.3.3　投料试车

关于投料试车相关事项的约定：　/　。

13.6　竣工退场

13.6.1　竣工退场

承包人完成竣工退场的期限：颁发工程接收证书后 7 天内完成工程的移交。

14. 竣工结算

14.1 竣工结算申请

承包人提交竣工结算申请单的期限：___执行通用条款___。

竣工结算申请单应包括的内容：___执行通用条款___。

14.2 竣工结算审核

发包人审批竣工付款申请单的期限：___执行通用条款___。

发包人完成竣工付款的期限：___执行通用条款___。

关于竣工付款证书异议部分复核的方式和程序：___执行通用条款___。

14.4 最终结清

14.4.1 最终结清申请单

承包人提交最终结清申请单的份数：___四份___。

承包人提交最终结算申请单的期限：___执行通用条款___。

14.4.2 最终结清证书和支付

（1）发包人完成最终结清申请单的审批并颁发最终结清证书的期限：___执行通用条款___。

（2）发包人完成支付的期限：___执行通用条款___。

15. 缺陷责任期与保修

15.2 缺陷责任期

缺陷责任期的具体期限：___24个月___。

15.3 质量保证金

关于是否扣留质量保证金的约定：___扣留___。

在工程项目竣工前，承包人按专用合同条款第3.7条提供履约担保的，发包人不得同时预留工程质量保证金。

15.3.1 承包人提供质量保证金的方式

质量保证金采用以下第___（2）___种方式：

（1）质量保证金保函，保证金数额为：___/___。

（2）___5___％的工程款。

（3）其他方式：___/___。

15.3.2 质量保证金的扣留

质量保证金的扣留采取以下第___（2）___种方式：

（1）在支付工程进度款时逐次扣留，在此情形下，质量保证金的计算基数不包括预付款的支付、扣回以及价格调整的金额。

（2）工程竣工结算时一次性扣留质量保证金。

（3）其他扣留方式：___/___。

关于质量保证金的补充约定：___/___。

15.4 保修

15.4.1 保修责任

工程保修期为：___见工程质量保修书___。

15.4.3　修复通知

承包人收到修复通知并到达工程现场的合理时间：___24 小时内___。

16. 违约

16.1　发包人违约

16.1.1　发包人违约的情形

发包人违约的其他情形：___/___。

16.1.2　发包人违约的责任

发包人违约责任的承担方式和计算方法：

（1）因发包人原因未能在计划开工日期前 7 天内下达开工通知的违约责任：___/___。

（2）因发包人原因未能按合同约定支付合同价款的违约责任：___/___。

（3）发包人违反第 10.1 款（变更的范围）第（2）项的约定，自行实施被取消的工作或转由他人实施的违约责任：___/___。

（4）发包人提供的材料、工程设备的规格、数量或质量不符合合同约定，或因发包人原因导致交货日期延误或交货地点变更等情况的违约责任：___/___。

（5）因发包人违反合同约定造成暂停施工的违约责任：___/___。

（6）发包人无正当理由没有在约定期限内发出复工指示，导致承包人无法复工的违约责任：___/___。

（7）其他：___/___。

16.1.3　因发包人违约解除合同

承包人按 16.1.1 项（发包人违约的情形）约定暂停施工满___/___天后发包人仍不纠正其违约行为并致使合同目的不能实现的，承包人有权解除合同。

16.2　承包人违约

16.2.1　承包人违约的情形：

承包人存在以下行为的，发包人有权要求解除合同，并由承包人承担由此引起的一切损失，并负责由此引起的一切法律责任，并赔偿由此引起的发包人的一切经济损失：①本工程具体分项工程完成时间应服从发包人的总体要求，如果因承包人原因导致实际进度与发包人要求的进度计划不符，承包人无措施或无法按工期完工或质量无法达到合同要求的，发包人有权对部分分项工程指定第三方施工，承包人必须无条件服从和配合；此分项工程费用由发包人按实际发生费用从承包人的工程款中扣除，并加收 10% 的管理费；当累计完成工程量不足计划进度的 70% 时，可认为承包人无能力按期履行合同，发包人有权解除合同，并要求承包人支付 100 万元的违约金，承包人无条件退场。②承包人未按照程序报验的，每次向发包人支付 1000 元违约金；工序验收不合格的，每次向发包人支付 2000 元违约金。违约金在发包人履行书面告知程序（监理人签发）后，于最近一次工程进度款中扣除。③承包人须服从发包人发布的各项符合现行法律、法规的管理规定，如承包人不服从发包人及监理工程师的管理，每次向发包人支付 1000 元违约赔偿金，且发包人有权解除合同并要求承包人支付 100 万元的违约金，承包人无条件退场。④工程竣工验收合格后 28 天内，承包人必须将符合发包人要求的竣工资料上报给发包人，否则每延迟 1 天支付 1000 元作为违约金。⑤工程竣工验收合格后 28 天内，承包人必须将符合发包人要求的竣工结算书及相关资料上报给发包人，否则每延迟 1 天支付 2000 元作为违约金。

16.2.2 承包人违约的责任

承包人违约责任的承担方式和计算方法：___由承包人承担全部费用并承担相关费用___。

16.2.3 因承包人违约解除合同

关于承包人违约解除合同的特别约定：___按通用条款执行___。

发包人继续使用承包人在施工现场的材料、设备、临时工程、承包人文件和由承包人或以其名义编制的其他文件的费用承担方式：___双方另行协商___。

17. 不可抗力

17.1 不可抗力的确认

除通用合同条款约定的不可抗力事件之外，视为不可抗力的其他情形：___/___。

17.4 因不可抗力解除合同

合同解除后，发包人应在商定或确定发包人应支付款项后___60___天内完成款项的支付。

18. 保险

18.1 工程保险

关于工程保险的特别约定：___/___。

18.3 其他保险

关于其他保险的约定：___/___。

承包人是否应为其施工设备等办理财产保险：___按通用条款执行___。

18.7 通知义务

关于变更保险合同时的通知义务的约定：___按通用条款执行___。

20. 争议解决

20.3 争议评审

合同当事人是否同意将工程争议提交争议评审小组决定：___/___。

20.3.1 争议评审小组的确定

争议评审小组成员的确定：___/___。

选定争议评审员的期限：___/___。

争议评审小组成员的报酬承担方式：___/___。

其他事项的约定：___/___。

20.3.2 争议评审小组的决定

合同当事人关于本项的约定：___/___。

20.4 仲裁或诉讼

因合同及合同有关事项发生的争议，按下列第___(2)___种方式解决：

（1）向___/___仲裁委员会申请仲裁。

（2）向___/___人民法院起诉。

20.6 补充协议

___承包人必须首先确保施工一线工人的工资发放，不得拖欠工资，否则发包人可采取必要的措施予以处理，并保留进一步追究承包人责任的权利___。

附件（略）

四、任务总结

【知识总结】

1）合同、建设工程合同、建设工程施工合同的概念。

2）建设工程合同的特点、种类。

3）建设工程施工合同的订立条件、订立原则、订立程序。

4）《建设工程施工合同（示范文本）》（GF—2017—0201）的组成。

5）《建设工程施工合同（示范文本）》（GF—2017—0201）合同协议书、通用合同条款、专用合同条款和附件的内容。

【任务成果】

1）签订了建设工程施工合同协议书。

2）签订了建设工程施工合同专用合同条款。

五、巩固与练习

1. 引例解析

引例工程已经完成工程招标工作，中标通知书已经发出。按照法规和招标文件规定，在中标通知书发出后 30 日内，招标人与中标人应签订建设工程施工合同。

签订建设工程施工合同是一项法律性、政策性、专业性、技术性很强的工作。要签订好这份建设工程施工合同，需要熟悉《中华人民共和国民法典》《中华人民共和国建筑法》等相关法律法规知识，还要掌握《建设工程施工合同（示范文本）》（GF—2017—0201）知识，该示范文本对于规范建设工程施工合同的表述、减少签约纰漏具有重要作用，具有很强的指导性和可操作性，是指导建设工程施工合同签约的范本，适用于房屋建筑工程、土木工程、装修工程等建设工程的施工承发包活动。应按照示范文本的组成、格式、内容，结合工程实际签订好建设工程施工合同。

2. 练习

练习题

六、交流与拓展

1）学习《建设工程施工合同（示范文本）》（GF—2017—0201）的解读 *（可在本书配套资源中查看）*。

2）了解 FIDIC 施工合同条件简要内容 *（可在本书配套资源中查看）*。

任务二 施工合同管理

 引例

　　同项目四任务四实训任务。某学院教学楼工程，位于××市××学校内，总建筑面积 11000m²，地下 1 层，地上 11 层，框架结构。已经签订建设工程施工合同，工程项目进入施工阶段。在施工准备、施工、竣工验收、缺陷责任期等阶段以及涉及施工分包时，发包人、承包人、监理人应做好哪些施工合同管理的工作。

一、任务准备

【任务依据】

　　1）《中华人民共和国民法典》第三编第十八章：建设工程合同。

　　2）《中华人民共和国建筑法》第一章：总则，第三章：建筑工程发包与承包，第五章：建筑安全生产管理，第六章：建筑工程质量管理，第七章：法律责任。

　　3）《建设工程施工合同（示范文本）》（GF—2017—0201）。*（以上法律条规相关条款可在本书配套资源中查看）*。

　　4）建设工程施工合同。

　　5）招标文件、投标文件。

　　6）其他相关法规文件。

【相关知识】

1. 施工准备阶段的合同管理

（1）发包人的义务

　　为了保障承包人按约定的时间顺利开工，发包人应按合同约定的责任完成开工的准备工作。

　　1）提供施工场地。

　　① 施工现场。发包人应及时完成施工场地的征用、移民、拆迁工作，按专用合同条款约定的时间和范围向承包人提供施工场地。

　　② 地下管线和地下设施的相关资料。发包人应按专用合同条款约定及时向承包人提供施工场地范围内地下管线和地下设施等有关资料。保证资料的真实、准确、完整。

　　③ 现场外的道路通行权。发包人应根据合同工程的施工需要，负责办理出入施工场地的专用和临时道路的通行权，取得为工程建设所需修建场外设施的权利，并承担有关费用。

　　2）组织设计交底：发包人应根据合同进度计划，组织设计单位向承包人和监理人对提供的施工图纸和设计文件进行交底，以便承包人制定施工方案和编制施工组织设计。

　　3）约定开工时间：具体工程项目根据实际情况在合同协议书或专用合同条款中约定开

工时间。

（2）承包人的义务

1）现场查勘：签订合同协议书后，承包人应对施工场地和周围环境进行查勘，核对发包人提供的有关资料。并进一步收集相关的地质、水文、气象条件、交通条件、风俗习惯以及其他与完成合同工作有关的当地资料，以便编制施工组织设计和专项施工方案。在全部的合同施工过程中，应视为承包人已充分估计了应承担的责任和风险，不得再以不了解现场情况为理由而推脱合同责任。

对现场查勘中发现的实际情况与发包人所提供资料之间有重大差异之处，应及时通知监理人，由其做出相应的指示或说明，以便明确合同责任。

2）编制施工实施计划。

① 施工组织设计。承包人应按合同约定的工作内容和施工进度要求，编制施工组织设计和施工进度计划，并对所有施工作业和施工方法的完备性、安全性、可靠性负责。按照《建设工程安全生产管理条例》规定，在施工组织设计中应针对深基坑工程、地下暗挖工程、高大模板工程、高空作业工程、深水作业工程、大爆破工程的施工编制专项施工方案。对于前3项危险性较大的分部分项工程的专项施工，还需经5人以上专家论证方案的安全性和可靠性。

施工组织设计完成后，按专用合同条款的约定，将施工进度计划和施工方案说明报送监理人审批。

② 质量管理体系。承包人应在施工场地设置专门的质量检查机构，配备专职质量检查人员，建立完善的质量检查制度。在合同约定的期限内，提交工程质量保证措施文件，包括质量检查机构的组织和岗位责任、质检人员的组成、质量检查程序和实施细则等，报送监理人审批。

③ 环境保护措施计划。承包人在施工过程中，应遵守有关环境保护的法律和法规，履行合同约定的环境保护义务，按合同约定的环保工作内容编制施工环保措施计划，报送监理人审批。

3）施工现场内的交通道路和临时工程。承包人应负责修建、维修、养护和管理施工所需的临时道路，以及为开始施工所需的临时工程和必要的设施，满足开工的要求。

4）施工控制网。承包人依据监理人提供的测量基准点、基准线、水准点及相关书面资料，根据国家测绘基准、测绘系统、工程测量技术规范以及合同中对工程测量精度的要求，测设施工控制网，并将施工控制网点的资料报送监理人审批。

承包人在施工过程中负责管理施工控制网点，对丢失或损坏的施工控制网点应及时修复，并在工程竣工后将施工控制网点移交发包人。

5）提出开工申请。承包人的施工前期准备工作满足开工条件后，向监理人提交工程开工报审表。开工报审表应详细说明按合同进度计划正常施工所需的施工道路、临时设施、材料设备、施工人员等施工组织措施的落实情况以及工程的进度安排。

（3）监理人的职责

1）审查承包人的实施方案。

① 审查的内容。监理人对承包人报送的施工组织设计、质量管理体系、环境保护措施进行认真的审查，批准或要求承包人对不满足合同要求的部分进行修改。

② 审查进度计划。监理人对承包人的施工组织设计中的进度计划的审查，不仅要看施工阶段的时间安排是否满足合同要求，更应评审拟采用的施工组织、技术措施能否保证计划的实现。监理人审查后，应在专用合同条款约定的期限内，批复或提出修改意见，否则该进度计划视为已得到批准。经监理人批准的施工进度计划称为合同进度计划。

监理人为了便于工程进度管理，可以要求承包人在合同进度计划的基础上编制并提交分阶段和分项的进度计划，特别是合同进度计划关键线路上的单位工程或分部工程的详细施工计划。

③ 合同进度计划。合同进度计划是控制合同工程进度的依据，对承包人、发包人和监理人均有约束力，不仅要求承包人按计划施工，还要求发包人的材料供应、图纸发放等不应造成施工延误，以及监理人应按照计划进行协调管理。

合同进度计划的另一重要作用是施工进度受到非承包人责任原因的干扰后，用于判定是否应给承包人顺延合同工期。

2）发出开工通知。

① 发出开工通知的条件。当发包人的开工前期工作已完成且临近约定的开工日期时，应委托监理人按专用合同条款约定的时间向承包人发出开工通知。如果约定的开工日期已至但发包人应完成的开工配合义务尚未完成（如现场移交延误），由于监理人不能按时发出开工通知，则要顺延合同工期并赔偿承包人的相应损失。

如果发包人开工前的配合工作已完成且约定的开工日期已至，但承包人的开工准备工作还不满足开工条件，监理人仍应按时发出开工的指示，合同工期不予顺延。

② 发出开工通知的时间。监理人征得发包人同意后，应在开工日期7天前向承包人发出开工通知。合同工期按开工通知中载明的开工日计算。

2. 施工阶段的合同管理

（1）合同履行涉及的几个时间界限

1）合同工期。合同工期是指承包人在投标函内承诺完成合同工程的时间期限，以及按照合同条款通过变更和索赔程序应给予顺延工期的时间之和。合同工期的作用是用于判定承包人是否按期竣工的标准。

2）施工期。承包人施工期从监理人发出的开工通知中写明的开工日起算至工程接收证书中写明的实际竣工日止。以此期限与合同工期相比较，用于判定是提前竣工还是延误竣工。延误竣工则承包人承担拖期赔偿责任，提前竣工是否应获得奖励需看专用合同条款中是否有约定。

3）缺陷责任期。缺陷责任期从工程接收证书中写明的竣工日开始起算，期限视具体工程的性质和使用条件的不同在专用合同条款内约定（一般为1年）。对于合同内约定有分步移交的单位工程，按提前验收的该单位工程接收证书中确定的竣工日为准，起算时间相应提前。

由于承包人拥有施工技术、设备和施工经验，缺陷责任期内工程运行期间出现的工程缺陷，承包人应负责修复，直到检验合格为止。修复费用以缺陷原因的责任划分，经查验属于发包人原因造成的缺陷，承包人修复后可获得查验、修复的费用及合理利润。如果承包人不能在合理时间内修复缺陷，发包人可以自行修复或委托其他人修复，修复费用由缺陷原因的责任方承担。

承包人责任原因产生的较大缺陷或损坏，致使工程不能按原定目标使用，经修复后需要再行检验或试验时，发包人有权要求延长该部分工程或设备的缺陷责任期。影响工程正常运行的有缺陷工程或部位，在修复检验合格日前已经计算的时间归于无效，重新计算缺陷责任期，但包括延长时间在内的缺陷责任期最长时间不得超过 2 年。

4）保修期。保修期自实际竣工日起算，发包人和承包人按照有关法律、法规的规定，在专用合同条款内约定工程质量保修的范围、期限和责任，对于提前验收的单位工程起算时间应相应提前。承包人对保修期内出现的不属于其责任原因的工程缺陷，不承担修复义务。

（2）施工进度管理

1）合同进度计划的动态管理。为了保证实际施工过程中承包人能够按计划施工，监理人通过协调保障承包人的施工不受到外部或其他承包人的干扰，对已确定的施工计划要进行动态管理。

承包人可以主动向监理人提交修订合同进度计划的申请报告，并附有关措施和相关资料，报监理人审批；监理人也可以向承包人发出修订合同进度计划的指示，承包人应按该指示修订合同进度计划后报监理人审批。

监理人应在专用合同条款约定的期限内予以批复。如果修订的合同进度计划对竣工时间有较大影响或需要补偿额超过监理人独立确定的范围时，在批复前应取得发包人同意。

2）可以顺延合同工期的情况。

① 发包人原因延长合同工期。通用合同条款中明确规定，因发包人原因导致的延误，承包人有权获得工期顺延和（或）费用加利润补偿的情况包括：增加合同工作内容，改变合同中任何一项工作的质量要求或其他特性，发包人迟延提供材料、工程设备或变更交货地点，因发包人原因导致的暂停施工，提供图纸延误，未按合同约定及时支付预付款、进度款，发包人造成工期延误的其他原因。

② 异常恶劣的气候条件。按照通用合同条款的规定，出现专用合同条款约定的异常恶劣气候条件导致工期延误，承包人有权要求发包人延长工期。监理人处理气候条件对施工进度造成不利影响的事件时应注意两条基本原则。

● 正确区分气候条件对施工进度影响的责任。判明因气候条件对施工进度产生影响的持续期间内，属于异常恶劣气候条件有多少天。如土方填筑工程的施工中，因连续降雨导致停工 15 天，其中 6 天的降雨强度超过专用合同条款约定的标准构成延长合同工期的条件，而其余 9 天的停工或施工效率降低的损失属于承包人应承担的不利气候条件风险。

● 异常恶劣气候条件的停工是否影响总工期。异常恶劣气候条件导致的停工是进度计划中的关键工作，则承包人有权获得合同工期的顺延。如果被迫暂停施工的工作不在关键线路上且总时差多于停工天数，则不必顺延合同工期，但对施工成本的增加可以获得补偿。

3）承包人原因的延误。未能按合同进度计划完成工作时，承包人应采取措施加快进度，并承担加快进度所增加的费用。由于承包人原因造成工期延误，承包人应支付逾期竣工违约金。

订立合同时，应在专用合同条款内约定逾期竣工违约金的计算方法和逾期违约金的最高限额。专用合同条款说明中建议违约金计算方法约定的日延期赔偿额，可采用每天为多少钱或每天为签约合同价的千分之几；最高赔偿限额为签约合同价的3%。

4）暂停施工。

① 暂停施工的责任。施工过程中发生被迫暂停施工的原因可能源于发包人的责任，也可能属于承包人的责任。通用合同条款规定，承包人责任引起的暂停施工，增加的费用和工期由承包人承担；发包人暂停施工的责任，承包人有权要求发包人延长工期和（或）增加费用，并支付合理利润，如图 5-1、图 5-2 所示。

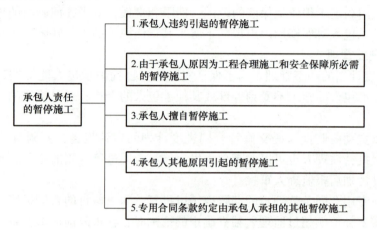

图 5-1　承包人责任的暂停施工

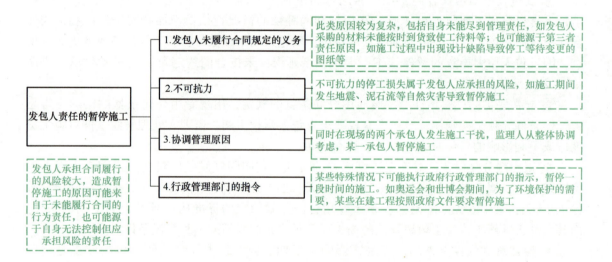

图 5-2　发包人责任的暂停施工

② 暂停施工程序：

• 停工：监理人根据施工现场的实际情况，认为必要时可向承包人发出暂停施工的指示，承包人应按监理人指示暂停施工。

不论由于何种原因引起的暂停施工，监理人应与发包人和承包人协商，采取有效措施积极消除暂停施工的影响。暂停施工期间由承包人负责妥善保护工程并提供安全保障。

• 复工：当工程具备复工条件时，监理人应立即向承包人发出复工通知，承包人收到复工通知后，应在指示的期限内复工。承包人无故拖延和拒绝复工，由此增加的费用和工期延误由承包人承担。

因发包人原因无法按时复工时，承包人有权要求延长工期和（或）增加费用，以及合理的利润。

● 紧急情况下的暂停施工：由于发包人的原因发生暂停施工的紧急情况，且监理人未及时下达暂停施工指示的，承包人可先暂停施工并及时向监理人提出暂停施工的书面请求。监理人应在接到书面请求后的 24 小时内予以答复，逾期未答复视为同意承包人的暂停施工请求。

5）发包人要求提前竣工。如果发包人根据实际情况向承包人提出提前竣工要求，由于涉及合同约定的变更，应与承包人通过协商达成提前竣工协议作为合同文件的组成部分。协议的内容应包括：承包人修订进度计划及为保证工程质量和安全采取的赶工措施；发包人应提供的条件；所需追加的合同价款，提前竣工（给发包人带来效益）应给承包人的奖励等。专用合同条款使用说明中的建议奖励金额可为发包人实际效益的 20%。

（3）施工质量管理

1）质量责任。

① 因承包人原因造成工程质量达不到合同约定的验收标准，监理人有权要求承包人返工直至符合合同要求为止，由此造成的费用增加和（或）工期延误由承包人承担。

② 因发包人原因造成工程质量达不到合同约定的验收标准，发包人应承担由于承包人返工造成的费用增加和（或）工期延误，并支付承包人合理利润。

2）承包人的管理。

① 项目部的人员管理：

● 质量检查制度：承包人应在施工场地设置专门的质量检查机构，配备专职质量检查人员，建立完善的质量检查制度。

● 规范施工作业的操作程序：承包人应加强对施工人员的质量教育和技术培训，定期考核施工人员的劳动技能，严格执行规范和操作规程。

● 撤换不称职的人员：当监理人要求撤换不能胜任本职工作、行为不端或玩忽职守的承包人项目经理和其他人员时，承包人应予以撤换。

② 质量检查：

● 材料和设备的检验：承包人应对使用的材料和设备进行进场检验和使用前的检验，不允许使用不合格的材料和有缺陷的设备。

承包人应按合同约定进行材料、工程设备和工程的试验与检验，并向监理人对材料、工程设备和工程的质量检查提供必要的试验资料与原始记录。按合同约定由监理人与承包人共同进行试验和检验的，承包人负责提供必要的试验资料和原始记录。

● 施工部位的检查：承包人应对施工工艺进行全过程的质量检查和检验，认真执行自检、互检和工序交叉检验制度，尤其要做好工程隐蔽前的质量检查。

承包人自检确认的工程隐蔽部位具备覆盖条件后，通知监理人在约定的期限内检查，承包人的通知应附有自检记录和必要的检查资料。经监理人检查确认质量符合隐蔽要求并在检查记录上签字后，承包人才能进行覆盖。监理人检查确认质量不合格的，承包人应在监理人指示的时间内修整或返工，由监理人重新检查。

承包人未通知监理人到场检查，私自将工程隐蔽部位覆盖的，监理人有权指示承包人钻孔探测或揭开检查，由此增加的费用和（或）工期延误由承包人承担。

● 现场工艺试验：承包人应按合同约定或监理人指示进行现场工艺试验。对大型的现场工艺试验，监理人认为必要时，应由承包人根据监理人提出的工艺试验要求，编制工艺试验措施计划报送监理人审批。

3）监理人的质量检查和试验。

① 与承包人的共同检验和试验，监理人应与承包人共同进行材料、设备的试验和工程隐蔽前的检验。收到承包人共同检验的通知后，监理人既未发出变更检验时间的通知，又未按时参加，承包人为了不延误施工可以单独进行检查和试验，将检查和试验记录送交监理人后可继续施工，此次检查或试验视为监理人在场情况下进行，监理人应签字确认。

② 监理人指示的检验和试验：

● 材料、设备和工程的重新检验与试验：监理人对承包人的试验和检验结果有疑问，或为查清承包人试验和检验成果的可靠性而要求承包人重新试验和检验时，由监理人与承包人共同进行。重新试验和检验的结果证明该项材料、工程设备或工程的质量不符合合同要求，由此增加的费用和（或）工期延误由承包人承担；重新试验和检验结果证明符合合同要求，由发包人承担由此增加的费用和（或）工期延误，并支付承包人合理利润。

● 隐蔽工程的重新检验：监理人对已覆盖的隐蔽工程部位质量有疑问时，可要求承包人对已覆盖的部位进行钻孔探测或揭开重新检验，承包人应遵照执行，并在检验后重新覆盖恢复原状。经检验证明工程质量符合合同要求，由发包人承担由此增加的费用和（或）工期延误，并支付承包人合理利润；经检验证明工程质量不符合合同要求，由此增加的费用和（或）工期延误由承包人承担。

4）对发包人提供的材料和工程设备的管理。

① 承包人应根据合同进度计划的安排，向监理人报送要求发包人交货的日期计划。发包人应按照监理人与合同双方当事人商定的交货日期，向承包人提交材料和工程设备，并在到货7日前通知承包人。承包人会同监理人在约定的时间内，在交货地点共同进行验收。发包人提供的材料和工程设备验收后，由承包人负责接收、保管和施工现场内的二次搬运并承担所发生的费用。

② 发包人要求承包人提前接货的物资，承包人不得拒绝，但发包人应承担承包人由此增加的保管费用。发包人提供的材料和工程设备的规格、数量或质量不符合合同要求，或由于发包人原因发生交货日期延误及交货地点变更等情况时，发包人应承担由此增加的费用和（或）工期延误，并向承包人支付合理利润。

5）对承包人施工设备的控制。

① 承包人使用的施工设备不能满足合同进度计划或质量要求时，监理人有权要求承包人增加或更换施工设备，增加的费用和工期延误由承包人承担。

② 承包人的施工设备和临时设施应专用于合同工程，未经监理人同意，不得将施工设备和临时设施中的任何部分运出施工场地或挪作他用。对目前闲置的施工设备或后期不再使用的施工设备，经监理人根据合同进度计划审核同意后，承包人方可将其撤离施工现场。

（4）工程款支付管理

1）通用合同条款中涉及工程款支付管理的几个概念：标准施工合同的通用合同条款对涉及工程款支付管理的几个价格的用词做出了明确的规定。

① 合同价格。

• 签约合同价：签订合同时合同协议书中写明的，包括了暂列金额、暂估价的合同总金额，即中标价。

• 合同价格：承包人按合同约定完成了包括缺陷责任期内的全部承包工作后，发包人应付给承包人的金额。合同价格即承包人完成施工、竣工、保修全部义务后的工程结算总价，包括履行合同过程中按合同约定进行的变更、价款调整，以及通过索赔应予补偿的金额。

二者的区别表现为签约合同价是写在协议书和中标通知书内的固定数额，作为结算价款的基数；而合同价格是承包人最终完成全部施工和保修义务后应得的全部合同价款，包括施工过程中按照合同相关条款的约定，在签约合同价基础上应给承包人补偿或扣减的费用之和。因此，只有在最终结算时，合同价格的具体金额才可以确定。

② 签订合同时签约合同价内尚不确定的款项。

• 暂估价：发包人在工程量清单中给出的，用于支付必然发生但暂时不能确定价格的材料、设备以及专业工程的金额。该笔款项属于签约合同价的组成部分。因合同履行阶段一定发生，但由于招标阶段局部设计深度不够、质量标准尚未最终确定，投标时市场价格差异较大等原因；要求承包人按暂估价格报价，合同履行阶段再最终确定该部分的合同价格金额。

暂估价内的工程材料、设备或专业工程施工，属于依法必须招标的项目，施工过程中由发包人和承包人以招标的方式选择供应商或分包人，按招标的中标价确定。未达到必须招标的规模或标准时，材料和设备由承包人负责提供，经监理人确认相应的金额。专业工程施工的价格由监理人进行估价确定，与工程量清单中所列暂估价的金额差以及相应的税金等其他费用列入合同价格。

• 暂列金额：已标价工程量清单中所列的一笔款项，用于在签订协议书时尚未确定或不可预见变更的施工所需材料、工程设备、服务等的金额，包括以计日工方式支付的款项。

上述两笔款项均属于包括在签约合同价内的金额，二者的区别表现为暂估价是在招标投标阶段暂时不能合理确定价格，但合同履行阶段必然发生，发包人一定予以支付的款项；暂列金额则是指招标投标阶段已经确定价格，监理人在合同履行阶段根据工程实际情况指示承包人完成相关工作后给予支付的款项。签约合同价内约定的暂列金额可能全部使用或部分使用，因此承包人不一定能够全部获得支付。

③ 费用和利润。通用合同条款内对费用的定义：为履行合同所发生的或将要发生的不计利润的所有合理开支，包括管理费和应分摊的其他费用。

合同条款中的费用涉及两个方面：一是施工阶段处理变更或索赔时，确定应给承包人补偿的款额；二是按照合同责任应由承包人承担的开支。通用合同条款中有很多涉及应给予承包人补偿的事件中明确了调整价款的内容为"增加的费用"或"增加的费用及合理利润"。导致承包人增加开支的事件如果属于发包人也无法合理预见和克服的情况，应补偿费用但不计利润；若属于发包人应予控制而未做好的情况，如因图纸资料错误导致的施工放线返工，则应补偿费用和合理利润。

利润可以通过工程量清单单价分析表中相关子项标明的利润或拆分报价单费用组成确定，也可以在专用合同条款内具体约定利润占费用的百分比。

④ 质量保证金。质量保证金（保留金）是将承包人的部分应得款扣留在发包人手中，用于因施工原因修复缺陷工程的开支项目。发包人和承包人需在专用合同条款内约定两个值：一是每次支付工程进度款时应扣质量保证金的比例（如10%）；二是质量保证金总额，可以采用具体的金额或签约合同价的百分比（通常为3%）。

质量保证金从第一次支付工程进度款时开始起扣，从承包人本期应获得的工程进度款中，以扣除预付款的支付、扣减金额以及因物价浮动对合同价格的调整三项金额后的款额为基数，按专用合同条款约定的比例扣留本期的质量保证金。累计扣留达到约定的总额为止。

质量保证金用于约束承包人在施工阶段、竣工阶段和缺陷责任期内，均必须按照合同要求对施工的质量和数量承担约定的责任。如果将施工期内承包人修复工程缺陷的费用从工程进度款内扣除，可能影响承包人后期施工的资金周转，因此规定质量保证金从第一次支付工程进度款时起扣。

监理人在缺陷责任期满颁发缺陷责任终止证书后，承包人向发包人申请到期应返还承包人质量保证金的金额，发包人应在14天内会同承包人按照合同约定的内容核实承包人是否完成缺陷修复责任。如无异议，发包人应当在核实后将剩余质量保证金返还承包人。如果约定的缺陷责任期满时，承包人还没有完成全部缺陷修复或部分单位工程延长的缺陷责任期尚未到期，发包人有权扣留与未履行缺陷责任剩余工作所需金额相应的质量保证金。

2）外部原因引起的合同价格调整。

① 物价浮动的变化。工期12个月以上的工程，应考虑市场价格浮动对合同价格的影响，由发包人和承包人分担市场价格变化的风险。通用合同条款规定用公式法调价，但仅适用于工程量清单中单价支付部分。在调价公式的应用中，有以下几个基本原则：

- 在每次支付工程进度款计算调整差额时，如果得不到现行价格指数，可暂用上一次价格指数计算，并在以后的付款中再按实际价格指数进行调整。
- 由于变更导致合同中调价公式约定的权重变得不合理时，由监理人与承包人和发包人协商后进行调整。
- 因非承包人原因导致工期顺延，原定竣工日后的支付过程中，调价公式继续有效。
- 因承包人原因未在约定的工期内竣工，后续支付时应采用原约定竣工日与实际支付日的两个价格指数中较低的一个作为支付计算的价格指数。
- 人工、机械使用费按照国家或省、自治区、直辖市建设行政管理部门、行业建设管理部门或其授权的工程造价管理机构发布的人工成本信息、机械台班单价或机械使用费系数进行调整。需要调整价格的材料，以监理人复核后确认的材料单价及数量作为调整工程合同价格差额的依据。

② 法律法规的变化，基准日后，因法律、法规变化导致承包人的施工费用发生增减变化时，监理人根据法律，国家或省、自治区、直辖市有关部门的规定，采用商定或确定的方式对合同价款进行调整。

3）工程量计量。已完成合格工程工程量计量的数据是工程进度款支付的依据，工程量清单或报价单内承包工作的内容，既包括单价支付的项目，也可能有总价支付的部分，如设备安装工程的施工。单价支付与总价支付的项目在计量和付款中有较大区别，单价子目已完成工程量按月计量，总价子目的计量周期按已批准承包人的支付分解报告确定。

① 单价子目的计量。对已完成的工程进行计量后，承包人向监理人提交进度付款申请

单、已完成工程量报表和有关计量资料。监理人应在收到承包人提交的工程量报表后的7天内进行复核，监理人未在约定时间内复核，承包人提交的工程量报表中的工程量视为承包人实际完成的工程量，据此计算工程价款。

监理人对数量有异议或监理人认为有必要时，可要求承包人进行共同复核和抽样复测。承包人应协助监理人进行复核，并按监理人要求提供补充计量资料。承包人未按监理人要求参加复核，监理人单方复核或修正的工程量作为承包人实际完成的工程量。

② 总价子目的计量。总价子目的计量和支付应以总价为基础，不考虑市场价格浮动的调整。承包人实际完成的工程量是进行工程目标管理和控制进度支付的依据。

承包人在合同约定的每个计量周期内，对已完成的工程进行计量，并向监理人提交进度付款申请单、专用合同条款约定的合同总价支付分解表所表示的阶段性或分项计量的支持性资料，以及所达到的工程形象进度的工程量和有关计量资料或分阶段完成的工程量和有关计量资料。监理人对承包人提交的资料进行复核，有异议时可要求承包人进行共同复核和抽样复测。除变更外，总价子目表中标明的工程量是用于结算的工程量，通常不进行现场计量，只进行图纸计量。

4）工程进度款的支付。

① 进度付款申请单。承包人应在每个付款周期末，按监理人批准的格式和专用条款约定的份数，向监理人提交进度付款申请单，并附相应的支持性证明文件。通用合同条款中要求进度付款申请单的内容包括：截至本次付款周期末已实施工程的价款、变更金额、索赔金额、本次应支付的预付款和扣减的返还预付款、本次扣减的质量保证金，以及根据合同应增加和扣减的其他金额。

② 进度付款证书。监理人在收到承包人进度付款申请单以及相应的支持性证明文件后的14天内完成核查，提出发包人到期应支付给承包人的金额以及相应的支持性材料。经发包人审查同意后，由监理人向承包人出具经发包人签认的进度付款证书。

监理人有权扣发承包人未能按照合同要求履行任何工作或义务的相应金额，如扣除质量不合格部分的工程款等。

通用合同条款规定，监理人出具的进度付款证书，不应视为监理人已同意、批准或接受了承包人完成的该部分工作，在对以往历次已签发的进度付款证书进行汇总和复核中发现错、漏或重复的，监理人有权予以修正，承包人也有权提出修正申请。经双方复核同意的修正，应在本次进度付款中支付或扣除。

③ 进度款的支付。发包人应在监理人收到进度付款申请单后的28天内，将进度应付款支付给承包人。发包人不按期支付的，按专用合同条款的约定支付逾期付款违约金。

（5）施工安全管理

1）发包人的施工安全责任。

① 发包人应按合同约定履行安全管理职责，授权监理人按合同约定的安全工作内容监督、检查承包人安全工作的实施，组织承包人和有关单位进行安全检查。发包人应对其现场机构全部人员的工伤事故承担责任，但由于承包人原因造成发包人人员工伤的，应由承包人承担责任。

② 发包人应负责赔偿工程或工程的任何部分对土地的占用所造成的第三者财产损失，以及由于发包人原因在施工场地及其毗邻地带造成的第三者人身伤亡和财产损失。

2）承包人的施工安全责任。

① 承包人应按合同约定的安全工作内容，编制施工安全措施计划报送监理人审批，按监理人的指示制订应对灾害的紧急预案，报送监理人审批，承包人还应按预案做好安全检查，配置必要的救助物资和器材，切实保护好有关人员的人身和财产安全。

② 施工过程中负责施工作业安全管理，特别应加强易燃易爆材料、火工器材、有毒材料、腐蚀性材料和其他危险品的管理，加强爆破作业和地下工程施工等危险作业的管理。严格按照国家安全标准制定施工安全操作规程，配备必要的安全生产和劳动保护设施，加强对现场人员的安全教育，并发放安全工作手册和劳动保护用具。合同约定的安全作业环境及安全施工措施所需费用已包括在相关工作的合同价格中。因采取合同未约定的安全作业环境及安全施工措施而增加的费用，由监理人按商定或确定的方式予以补偿。

③ 承包人对其履行合同所雇佣的全部人员（包括分包人人员）的工伤事故承担责任，但由于发包人原因造成承包人人员的工伤事故，应由发包人承担责任。由于承包人原因在施工场地及其毗邻地带造成的第三者人员伤亡和财产损失，由承包人负责赔偿。

3）安全事故处理程序。

① 通知。施工过程中发生安全事故时，承包人应立即通知监理人，监理人应立即通知发包人。

② 及时采取减损措施。工程事故发生后，发包人和承包人应立即组织人员和设备进行紧急抢救和抢修，减少人员伤亡和财产损失，防止事故扩大，并保护事故现场。需要移动现场物品时，应做出标记和书面记录，妥善保管有关证据。

③ 报告。工程事故发生后，发包人和承包人应按国家有关规定，及时如实地向有关部门报告事故发生的情况，以及正在采取的紧急措施。

（6）变更管理

施工过程中出现的变更包括监理人指示的变更和承包人申请的变更两类。监理人可按通用条款约定的变更程序向承包人做出变更指示，承包人应遵照执行。没有监理人的变更指示，承包人不得擅自变更。

1）变更的范围和内容。标准施工合同通用合同条款规定的变更范围包括以下内容。

① 取消合同中任何一项工作，但被取消的工作不能转由发包人或其他人实施。

② 改变合同中任何一项工作的质量或其他特性。

③ 改变合同工程中的基线、标高、位置或尺寸。

④ 改变合同中任何一项工作的施工时间或改变已批准的施工工艺或顺序。

⑤ 为完成工程需要追加的额外工作。

2）监理人指示变更。监理人根据工程施工的实际需要或发包人要求实施的变更，可以进一步划分为直接指示的变更和与承包人协商后确定的变更两种情况。

① 直接指示的变更。直接指示的变更属于必须实施的变更，如按照发包人的要求提高质量标准、出现设计错误需要进行的设计修改、协调施工中的交叉干扰等情况。此时，不需征求承包人意见，监理人经过发包人同意后发出变更指示要求承包人完成变更工作。

② 与承包人协商后确定的变更。此类情况属于可能发生的变更，与承包人协商后再确定是否实施变更，如增加承包范围外的某项新增工作或改变合同文件中的要求等。

● 监理人首先向承包人发出变更意向书，说明变更的具体内容、完成变更的时间要求等，并附必要的图纸和相关资料。

● 承包人收到监理人的变更意向书后，如果同意实施变更，则向监理人提出书面变更建议。提交建议书的内容包括拟实施变更工作的计划、措施、竣工时间等内容，以及费用和（或）工期要求。若承包人收到监理人的变更意向书后认为难以实施此项变更，也应立即通知监理人，说明原因并附详细依据，如不具备实施变更项目的施工资质、无相应的施工机具等原因或其他理由。

● 监理人审查承包人的建议书。承包人根据变更意向书要求提交的变更实施方案可行并经发包人同意后，监理人发出变更指示。如果承包人不同意变更，监理人与承包人和发包人协商后可撤销、改变或不改变变更意向书。

3）承包人申请变更。承包人提出的变更可能涉及建议变更和要求变更两类。

① 承包人建议的变更。承包人对发包人提供的图纸、技术要求以及其他方面，提出了可能降低合同价格、缩短工期或者提高工程经济效益的合理化建议，均应以书面形式提交监理人。合理化建议书的内容应包括建议工作的详细说明、进度计划和效益以及与其他工作的协调等，并附必要的设计文件。

监理人与发包人协商是否采纳承包人提出的建议。建议被采纳并构成变更的，监理人向承包人发出变更指示。

承包人提出的合理化建议使发包人获得了降低工程造价、缩短工期、提高工程经济效益等实际利益的，应按专用合同条款中的约定给予奖励。

② 承包人要求的变更。承包人收到监理人按合同约定发出的图纸和文件，经检查认为其中存在属于变更范围的情形，如提高了工程质量标准、增加了工作内容、工程的位置或尺寸发生变化等，可向监理人提出书面变更建议。变更建议应阐明要求变更的依据，并附必要的图纸和说明。

监理人收到承包人的书面建议后，应与发包人共同研究，确认存在变更的，应在收到承包人书面建议后的 14 天内做出变更指示。经研究后不同意变更的，由监理人书面答复承包人。

4）变更估价。

① 变更估价的程序。承包人应在收到变更指示或变更意向书后的 14 天内，向监理人提交变更报价书，详细列出变更工作的价格组成及其依据，并附必要的施工方法说明和有关图纸。变更工作如果影响工期，承包人应提出调整工期的其体细节。

监理人收到承包人变更报价书后的 14 天内，根据合同约定的估价原则，商定或确定变更价格。

② 变更的估价原则：

● 已标价工程量清单中有适用于变更工作的子目，采用该子目的单价计算变更费用。

● 已标价工程量清单中无适用于变更工作的子目，但有类似子目，可在合理范围内参照类似子目的单价，由监理人商定或确定变更工作的单价。

● 已标价工程量清单中无适用或类似子目的单价，可按照成本加利润的原则，由监理人商定或确定变更工作的单价。

5）不利物质条件的影响。不利物质条件属于发包人应承担的风险，是指承包人在施工场地遇到的不可预见的自然物质条件、非自然的物质障碍和污染物，包括地下和水文条件，但不包括气候条件。

承包人遇到不利物质条件时，应采取适应不利物质条件的合理措施继续施工，并通知监理人。监理人应当及时发出指示，构成变更的，按变更对待。监理人没有发出指示的，承包人因采取合理措施而增加的费用和工期延误，由发包人承担。

（7）不可抗力

1）不可抗力是指承包人和发包人在订立合同时不可预见，在工程施工过程中不可避免发生并不能克服的自然灾害和社会性突发事件，如地震、海啸、瘟疫、水灾、暴动、战争和专用合同条款约定的其他情形。

2）不可抗力发生后的管理。

① 通知并采取措施。合同一方当事人遇到不可抗力，使其履行合同义务受到阻碍时，应立即通知合同另一方当事人和监理人，书面说明不可抗力和受阻碍的详细情况，并提供必要的证明。不可抗力发生后，发包人和承包人均应采取措施尽量避免和减少损失的扩大，任何一方没有采取有效措施导致损失扩大的，应对扩大的损失承担责任。

如果不可抗力的影响持续时间较长，合同一方当事人应及时向合同另一方当事人和监理人提交中间报告，说明不可抗力和履行合同受阻的情况，并于不可抗力结束后28天内提交最终报告及有关资料。

② 不可抗力造成的损失。通用合同条款规定，不可抗力造成的损失由发包人和承包人分别承担。

● 永久工程、已运至施工场地的材料和工程设备的损坏，以及因工程损坏造成的第三者人员伤亡和财产损失由发包人承担。

● 承包人设备的损坏由承包人承担。

● 发包人和承包人各自承担其人员伤亡和其他财产损失及其相关费用。

● 停工损失由承包人承担，但停工期间应监理人要求照管工程和清理、修复工程的金额由发包人承担。

● 不能按期竣工的，应合理延长工期，承包人不需支付逾期竣工违约金。发包人要求赶工的，承包人应采取赶工措施，赶工费用由发包人承担。

3）因不可抗力解除合同。合同一方当事人因不可抗力导致不可能继续履行合同义务时，应当及时通知对方解除合同。合同解除后，承包人应撤离施工场地。

合同解除后，已经订货的材料、设备由订货方负责退货或解除订货合同，不能退还的货款和因退货、解除订货合同发生的费用，由发包人承担，因未及时退货造成的损失由责任方承担。合同解除后的付款，监理人与当事人双方协商后确定。

（8）索赔管理（该部分内容详见项目五任务三）

（9）违约责任

1）承包人的违约。

① 承包人的违约情况：

● 私自将合同的全部或部分权利转让给其他人，将合同的全部或部分义务转移给其他人。

● 未经监理人批准，私自将已按合同约定进入施工场地的施工设备、临时设施或材料撤离施工场地。

- 使用不合格材料或工程设备，工程质量达不到标准要求，又拒绝清除不合格工程。
- 未能按合同进度计划及时完成合同约定的工作，已造成或预期造成工期延误。
- 缺陷责任期内未对工程接收证书所列缺陷清单的内容或缺陷责任期内发生的缺陷进行修复，又拒绝按监理人指示进行修补。
- 承包人无法继续履行或明确表示不履行或实质上已停止履行合同。
- 承包人不按合同约定履行义务的其他情况。

② 承包人违约的处理。发生承包人不履行或无力履行合同义务的情况时，发包人可通知承包人立即解除合同。对于承包人违反合同规定的情况，监理人应向承包人发出整改通知，要求其在指定的期限内改正，承包人应承担其违约所引起的费用增加和（或）工期延误。监理人发出整改通知 28 天后，承包人仍不纠正违约行为，发包人可向承包人发出解除合同通知。

③ 因承包人违约解除合同。合同解除后，发包人可派人员进驻施工场地，另行组织人员或委托其他承包人施工。发包人因继续完成该工程的需要，有权扣留、使用承包人在现场的材料、设备和临时设施。这种扣留不是没收，只是为了后续工程能够尽快顺利开始。发包人的扣留行为不免除承包人应承担的违约责任，也不影响发包人根据合同约定享有的索赔权利。

合同解除后的结算：

- 监理人与当事人双方协商承包人实际完成工作的价值，以及承包人已提供的材料、施工设备、工程设备和临时工程等的价值。协商不一致时，由监理人单独确定。
- 合同解除后，发包人应暂停对承包人的一切付款，查清各项付款和已扣款金额，包括承包人应支付的违约金。
- 发包人应按合同的约定向承包人索赔由于解除合同给发包人造成的损失。
- 合同双方确认上述往来款项后，发包人出具最终结清付款证书，结清全部合同款项。
- 发包人和承包人未能就解除合同后的结清达成一致，按合同约定解决争议的方法处理。

承包人已签订其他合同的转让。因承包人违约解除合同，发包人有权要求承包人将其为实施合同而签订的材料和设备的订货合同或任何服务协议转让给发包人，并在解除合同后的 14 天内，依法办理转让手续。

2）发包人的违约。

① 发包人的违约情况：

- 发包人未能按合同约定支付预付款或合同价款，或拖延、拒绝批准付款申请和支付凭证，导致付款延误。
- 发包人原因造成停工的持续时间超过 56 天以上。
- 监理人无正当理由没有在约定期限内发出复工指示，导致承包人无法复工。
- 发包人无法继续履行或明确表示不履行或实质上已停止履行合同。
- 发包人不履行合同约定的其他义务。

② 发包人违约的处理：

- 承包人有权暂停施工。除了发包人不履行合同义务或无力履行合同义务的情况外，承包人向发包人发出通知，要求发包人采取有效措施纠正违约行为。发包人收到承包人通知后的 28 天内仍不履行合同义务，承包人有权暂停施工，并通知监理人，发包人应承担由此增加的费用和（或）工期延误，并支付承包人合理利润。

承包人暂停施工 28 天后，发包人仍不纠正违约行为，承包人可向发包人发出解除合同通知。但承包人的这一行为不免除发包人应承担的违约责任，也不影响承包人根据合同约定享有的索赔权利。

- 违约解除合同。属于发包人不履行或无力履行义务的情况的，承包人可书面通知发包人解除合同。

③ 因发包人违约解除合同：

- 解除合同后的结算。发包人应在解除合同后 28 天内向承包人支付下列金额：合同解除日以前所完成工作的价款；承包人为该工程施工订购并已付款的材料、工程设备和其他物品的金额（发包人付款后，该材料、工程设备和其他物品归发包人所有）；承包人为完成工程所发生的，而发包人未支付的金额；承包人撤离施工场地以及遣散承包人人员的赔偿金额；由于解除合同应赔偿的承包人损失；按合同约定在合同解除日前应支付给承包人的其他金额。发包人应按上述约定支付上述金额并退还质量保证金和履约担保，但有权要求承包人支付应偿还给发包人的各项金额。

- 承包人撤离施工现场。因发包人违约而解除合同后，承包人尽快完成施工现场的清理工作，妥善做好已竣工工程和已购材料、设备的保护与移交工作，按发包人要求将承包人设备和人员撤出施工场地。

3. 竣工和缺陷责任期阶段的合同管理

（1）竣工验收管理

1）单位工程验收。

① 单位工程验收的情况。合同工程全部完工前进行单位工程验收和移交，可能涉及以下三种情况：一是专用合同条款内约定了某些单位工程分步移交；二是发包人在全部工程竣工前希望使用已经竣工的单位工程，提出单位工程提前移交的要求，以便获得部分工程的运行收益；三是承包人从后续施工管理的角度出发而提出单位工程提前验收的建议，并经发包人同意。

② 单位工程验收后的管理。验收合格后，由监理人向承包人出具经发包人签认的单位工程验收证书。单位工程的验收成果和结论作为全部工程竣工验收申请报告的附件。移交后的单位工程由发包人负责照管。除了合同约定的单位工程分步移交的情况外，如果发包人在全部工程竣工前，使用已接收的单位工程运行影响了承包人的后续施工，发包人应承担由此增加的费用和（或）工期延误，并支付承包人合理利润。

2）施工期运行。合同工程尚未全部竣工，其中某项或某几项单位工程已竣工或工程设备安装完毕，需要投入施工期的运行时，须经检验合格确保安全后，才能在施工期投入运行。除了专用合同条款约定由发包人负责试运行的情况外，承包人应负责提供试运行所需的人员、器材和必要的条件，并承担全部试运行费用。施工期运行中发现工程或工程设备损坏和存在缺陷时，由承包人进行修复，并按照缺陷原因由责任方承担相应的费用。

3）工程的竣工验收。

① 承包人提交竣工验收申请报告，当工程具备以下条件时，承包人可向监理人报送竣工验收申请报告：

● 除监理人同意列入缺陷责任期内完成的尾工（甩项）工程和缺陷修补工作外，承包人的施工已完成合同范围内的全部单位工程以及有关工作，包括合同要求的试验、试运行以及检验和验收均已完成，并符合合同要求。

● 已按合同约定的内容和份数备齐了符合要求的竣工资料。

● 已按监理人的要求编制了在缺陷责任期内完成的尾工（甩项）工程和缺陷修补工作清单以及相应施工计划。

● 监理人要求在竣工验收前应完成的其他工作。

● 监理人要求提交的竣工验收资料清单。

② 监理人审查竣工验收申请报告。监理人审查报告的各项内容，认为工程尚不具备竣工验收条件时，应在收到竣工验收申请报告后的 28 天内通知承包人，指出在颁发接收证书前承包人还需进行的工作内容。承包人完成监理人通知的全部工作内容后，应再次提交竣工验收申请报告，直至监理人同意为止。

监理人审查后认为已具备竣工验收条件，应在收到竣工验收申请报告后的 28 天内提请发包人进行工程验收。

③ 竣工验收。

● 竣工验收合格时，监理人应在收到竣工验收申请报告后的 56 天内，向承包人出具经发包人签认的工程接收证书。以承包人提交竣工验收申请报告的日期为实际竣工日期，并在工程接收证书中写明。实际竣工日用以计算施工期限，与合同工期对照判定承包人是提前竣工还是延误竣工。

● 竣工验收基本合格但提出了需要整修和完善要求时，监理人应指示承包人限期修好，并缓发工程接收证书。经监理人复查整修和完善工作达到了要求，再签发工程接收证书，竣工日仍为承包人提交竣工验收申请报告的日期。

● 竣工验收不合格时，监理人应按照验收意见发出指示，要求承包人对不合格工程认真返工或进行补救处理，并承担由此产生的费用。承包人在完成不合格工程的返工或补救工作后，应重新提交竣工验收申请报告。重新验收如果合格，则工程接收证书中注明的实际竣工日，应为承包人重新提交竣工验收申请报告的日期。

④ 发包人延误进行竣工验收的处理。发包人在收到承包人竣工验收申请报告 56 天后未进行验收，视为验收合格。实际竣工日期以提交竣工验收申请报告的日期为准，但发包人由于不可抗力不能进行验收的情况除外。

4）竣工结算。

① 承包人提交竣工付款申请单。工程进度款的分期支付是阶段性的临时支付，因此在工程接收证书颁发后，承包人应按专用合同条款约定的份数和期限向监理人提交竣工付款申请单，并提供相关证明材料。付款申请单应说明竣工结算的合同总价、发包人已支付承包人的工程价款、应扣留的质量保证金、应支付的竣工付款金额。

② 监理人审查。竣工结算的合同价格，应为通过单价乘以实际完成工程量的单价子目款、采用固定价格的各子项目包干价、依据合同条款进行调整（变更、索赔、物价浮动调整等）构成的最终合同结算价。监理人对竣工付款申请单如果有异议，有权要求承包人进行修正和提供补充资料。监理人和承包人协商后，由承包人向监理人提交修正后的竣工付款申请单。

③ 签发竣工付款证书。监理人在收到承包人提交的竣工付款申请单后的 14 天内完成核查，将核定的合同价格和结算尾款金额提交发包人审核并抄送承包人。发包人应在收到后 14 天内审核完毕，由监理人向承包人出具经发包人签认的竣工付款证书。

监理人未在约定时间内核查，又未提出具体意见的，视为承包人提交的竣工付款申请单已经监理人核查同意。

发包人未在约定时间内审核又未提出具体意见，监理人提出发包人到期应支付给承包人的结算尾款视为已经发包人同意。

④ 支付。发包人应在监理人出具竣工付款证书后的 14 天内，将应支付款支付给承包人。发包人不按期支付，还应加付逾期付款的违约金。如果承包人对发包人签认的竣工付款证书有异议，发包人可出具竣工付款申请单中承包人已同意部分的临时付款证书，存在争议的部分，按合同约定的争议条款处理。

5）竣工清场。

① 承包人的清场义务。工程接收证书颁发后，承包人应对施工场地进行清理，直至监理人检验合格为止。

- 施工场地内残留的垃圾已全部清除出场。
- 临时工程已拆除，场地已按合同要求进行清理、平整或复原。
- 按合同约定应撤离的承包人设备和剩余的材料，包括废弃的施工设备和材料，已按计划撤离施工场地。
- 工程建筑物周边及其附近道路、河道的施工堆积物，已按监理人指示全部清理。
- 监理人指示的其他场地清理工作已全部完成。

② 承包人未按规定完成的责任。承包人未按监理人的要求恢复临时占地，或者场地清理未达到合同约定，发包人有权委托其他人恢复或清理，所发生的金额从拟支付给承包人的款项中扣除。

（2）缺陷责任期管理

1）缺陷责任。

① 缺陷责任期自实际竣工日期起计算。在全部工程竣工验收前，已经过发包人提前验收的单位工程，其缺陷责任期的起算日期相应提前。

② 工程移交发包人运行后，缺陷责任期内出现的工程质量缺陷可能是承包人的施工质量原因，也可能属于非承包人应负责的原因导致，应由监理人与发包人和承包人共同查明原因，分清责任。对于工程主要部位属于承包人责任的缺陷工程修复后，缺陷责任期相应延长。

③ 任何一项缺陷或损坏修复后，经检查证明其影响了工程或工程设备的使用性能，承包人应重新进行合同约定的试验和试运行，试验和试运行的全部费用应由责任方承担。

2）监理人颁发缺陷责任期终止证书。缺陷责任期满，包括延长的期限终止后 14 天内，由监理人向承包人出具经发包人签认的缺陷责任期终止证书，并退还剩余的质量保证金。颁发缺陷责任期终止证书，意味着承包人已按合同约定完成了施工、竣工和缺陷修复责任的义务。

3）最终结清。缺陷责任期终止证书签发后，发包人与承包人进行合同付款的最终结清。结清的内容涉及质量保证金的返还、缺陷责任期内修复非承包人缺陷责任的工作、缺陷责任期内涉及的索赔等。

①承包人提交最终结清申请单。承包人按专用合同条款约定的份数和期限向监理人提交最终结清申请单，并提供缺陷责任期内的索赔、质量保证金应返还的余额等的相关证明材料。如果质量保证金不足以抵减发包人损失时，承包人还应承担不足部分的赔偿责任。

发包人对最终结清申请单内容有异议时，有权要求承包人进行修正和提供补充资料。承包人再向监理人提交修正后的最终结清申请单。

②签发最终结清证书。监理人收到承包人提交的最终结清申请单后的14天内，提出发包人应支付给承包人的价款送发包人审核并抄送承包人，发包人应在收到后14天内审核完毕，由监理人向承包人出具经发包人签认的最终结清证书。

监理人未在约定时间内核查，又未提出具体意见，视为承包人提交的最终结清申请单已经监理人核查同意。发包人未在约定时间内审核又未提出具体意见，监理人提出应支付给承包人的价款视为已经发包人同意。

③最终支付。发包人应在监理人出具最终结清证书后的14天内，将应支付款支付给承包人。发包人不按期支付，还需将逾期付款违约金支付给承包人。承包人对最终结清证书有异议的，按合同争议条款处理。

④最终结清申请单生效。承包人收到发包人最终支付款后，最终结清申请单生效。最终结清申请单生效即表明合同终止，承包人不再拥有索赔的权利。如果发包人未按时支付，承包人仍可就此事项进行索赔。

4. 施工分包合同管理

(1) 施工分包合同概述

工程项目建设过程中，承包人会将承包范围内的部分工作采用分包形式交由其他企业完成，如设计分包、施工分包、材料设备供应的供货分包等。分包工程的施工，既是承包范围内必须完成的工作，又是分包合同约定的工作内容，涉及两个同时实施的合同，履行的管理更为复杂。

1）专业分包与劳务分包。

①施工分包合同示范文本。承包人与发包人订立承包合同后，基于某些专业性强的工程施工以及自己的施工能力受到限制可进行专业分包，或考虑减少本项目投入的人力资源以节省施工成本可进行劳务分包。为规范上述行为，建设部和国家工商行政管理总局联合颁布了《建设工程施工专业分包合同（示范文本）》（GF—2003—0213）和《建设工程施工劳务分包合同（示范文本）》（GF—2003—0214）。专业分包合同由协议书、通用条款和专用条款三部分组成。由于劳务分包合同相对简单，仅是一个标准化的合同文件，对具体工程的分包约定采用填空的方式明确即可。

②专业分包与劳务分包的主要区别。专业分包由分包人独立承担分包工程的实施风险，用自己的技术、设备、人力资源完成承包的工作。劳务分包的分包人主要提供劳动力资源，使用常用（或简单）的自有施工机具完成承包人委托的简单施工任务。他们的主要差异表现为以下几个方面条款的规定。

• 分包人的收入。专业分包规定为分包合同价格，即分包人独立完成约定的施工任务后，有权获得的包括施工成本、管理成本、利润等的全部收入。劳务分包规定为劳务报酬，即配合承包人完成全部施工任务后应获得的劳务酬金。劳务报酬的约定可以采用以下三种方式之一：固定劳务报酬（含管理费）；不同工种劳务的计时单价（含管理费），按确认的工时计算；约定不同工作成果的计件单价（含管理费），按确认的工程量计算。

通常情况下，不管约定为何种形式的劳务报酬，均为固定价格，施工过程中不再调整。

● 保险责任。专业分包合同规定，分包人必须为从事危险作业的职工办理意外伤害保险，并为施工场地内自有人员生命财产和施工机械设备办理保险，支付保险费用。劳务分包合同则规定，劳务分包人不需单独办理保险，其保险应获得的权益包括在发包人或承包人投保的工程险和第三者责任险中，分包人也不需支付保险费用。

● 施工组织。专业分包合同规定，分包人应编制专业工程的施工组织设计和进度计划，报承包人批准后执行。承包人负责整个施工场地的管理工作，协调分包人与施工现场承包人的人员和其他分包人施工的交叉配合，确保分包人按照经批准的施工组织设计进行施工。劳务分包合同规定，分包人不需编制单独的施工组织设计，而是根据承包人制定的施工组织设计和总进度计划的要求施工，劳务分包人在每月底提交下月施工计划和劳动力安排计划，经承包人批准后严格实施。

● 分包人对施工质量承担责任的期限。专业分包工程通过竣工验收后，分包人对分包工程仍需承担质量缺陷的修复责任，缺陷责任期和保修期的期限按照施工总承包合同的约定执行。劳务分包合同规定，全部工程竣工验收合格后，劳务分包人对其施工的工程质量不再承担责任，承包人承担缺陷责任期和保修期内的修复缺陷责任。

2）分包工程施工的管理职责。

① 发包人对施工专业分包的管理。发包人不是分包合同的当事人，对分包合同的权利、义务如何约定也不参与意见，与分包人没有任何合同关系。但作为工程项目的投资方和施工合同的当事人，发包人对分包合同的管理主要表现为对分包工程的批准。接受承包人投标书内说明的某工程部分准备分包，即同意此部分工程由分包人完成。如果承包人在施工过程中欲将某部分的施工任务分包，仍需经过发包人的同意。

② 监理人对施工专业分包的管理。监理人接受发包人委托，仅对发包人与第三者订立合同的履行负责监督、协调和管理，因此对分包人在现场的施工不承担协调管理义务。然而，分包工程仍属于施工总承包合同的一部分，仍需履行监督义务，包括对分包人的资质进行审查，对分包人使用的材料、施工工艺、工程质量进行监督，确认完成的工程量等。

③ 承包人对专业分包的管理。承包人作为两个合同的当事人，不仅对发包人承担整个合同工程按预期目标实现的义务，而且对分包工程的实施负有全面管理责任。承包人派驻施工现场的项目经理对分包人的施工进行监督、管理和协调，承担如同主合同履行过程中监理人的职责，包括审查分包工程进度计划、分包人的质量保证体系、分包人的施工工艺和工程质量等。

（2）施工分包合同的订立

按照《建设工程施工专业分包合同（示范文本）》（GF—2003—0213）专用条款的规定，订立分包合同时需要明确的内容主要包括：

1）分包工程的范围和时间要求。通过招标选择的分包人，工作的内容、范围和工期要求已在招标投标过程中确定，若是直接选择的分包人，以上内容则需明确写明。对于分包工程拖期违约应承担赔偿责任的计算方式和最高限额，也应在专用条款中约定。

2）分包工程施工应满足施工总承包合同的要求。为了能让分包人合理预见分包工程施工中应承担的风险，以及保证分包工程的施工能够满足总承包合同的要求，承包人应让分包人充分了解总承包合同中除了合同价格以外的各项规定，使分包人履行并承担与分包工程有关的承包人的所有义务与责任。当分包人提出要求时，承包人应向分包人提供一份总承包合同（有关承包工程的价格内容除外）的副本或复印件。

无论是承包人通过招标选择的分包人还是直接选定分包人，签订的合同均属于当事人之间的市场行为，因此分包合同的承包价款不是简单地从总承包合同中切割。专业分包合同中明确规定，分包合同价款与总承包合同相应部分价款无任何连带关系，因此总承包合同中涉及分包工程的价款无须让分包人了解。

3）承包人为分包工程施工提供的协助条件。

① 提供施工图纸。分包工程的图纸来源于发包人委托的设计单位，可以一次性发放或分阶段发放，因此承包人应依据主合同的约定，在分包合同专用条款内列明向分包人提供图纸的日期和套数，以及分包人参加发包人组织图纸会审的时间。

专业工程施工经常涉及使用新工艺、新设备、新材料、新技术，可能出现分包工程的图纸不能完全满足施工需要的情况。如果承包人按照总承包合同的要求，委托分包人在其设计资质等级和业务允许的范围内，在原工程图纸的基础上进行施工图深化设计时，设计的范围及发生的费用，应在专用条款中约定。

② 施工现场的移交。在专用条款内约定，承包人向分包人提供施工场地应具备的条件、施工场地的范围和提供时间。

③ 提供分包人使用的临时设施和施工机械。为了节省施工总成本，允许分包人使用承包人为本工程实施而建立的临时设施和某些机械设备，如混凝土搅拌站、提升装置或重型机械等。分包人使用这些临时设施和工程机械，有些是免费使用，有些是需要付费使用，因此在专用条款内需约定承包人为分包工程的实施提供的机械设备和设施，以及费用的承担。

（3）施工分包合同履行管理

1）承包人协调管理的指令。承包人负责整个施工场地的管理工作，协调分包人与同一施工场地的其他分包人及承包人自己施工可能产生的交叉干扰，确保分包人按照批准的施工组织设计进行施工。

① 承包人的指令。由于承包人与分包人同时在施工现场进行施工，因此承包人的协调管理工作主要通过发布一系列指令来实现。承包人随时可以向分包人发出分包工程范围内的有关工作指令。

② 发包人或监理人的指令。发包人或监理人就分包工程施工的有关指令和决定应发送给承包人。承包人接到监理人就分包工程发布的指令后，将其要求列入自己的管理工作范围，并及时以书面确认的形式转发给分包人令其遵照执行。

为了准确地区分合同责任，分包合同通用条款内明确规定，分包人应执行经承包人确认和转发的发包人和监理人就分包范围内有关工作的所有指令，但不得直接接受发包人和监理人的指令。分包人接到监理人的指令后不能立即执行，需得到承包人同意才可实施。合同内做出此项规定的目的：一是分包工程现场施工的协调管理由承包人负责，如果分包人同时接到监理人和承包人发出的两个有冲突的施工指令，则会造成现场管理的混乱；二是监理人的指令可能需要承包人对总包工程的施工与分包工程的施工进行协调后才能有序进行；三是分包人只与承包人存在合同关系，执行未经承包人确认的指令而导致施工成本增加和工期延误时，无权向承包人提出补偿要求。

2）计量与支付。

① 工程量计量。无论监理人参与或不参与分包工程的工程量计量，承包人均需在每一计量周期通知分包人共同对分包工程量进行计量。分包人收到通知后不参加计量，承包人的计量结果有效，作为分包工程价款支付的依据。承包人不按约定时间通知分包人，致使分包人未能参加计量，计量结果无效，分包人提交的工程量报告中列举的工程量应作为分包人获得工程进度款的依据。

② 分包合同工程进度款的支付。承包人依据计量确认的分包工程量乘以总承包合同相应的单价计算的金额，纳入支付申请书内。承包人获得发包人支付的工程进度款后，再按分包合同约定单价计算的款额支付给分包人。

3）变更管理。分包工程的变更可能来源于监理人通知并经承包人确认的指令，也可能是承包人根据施工现场实际情况自主发出的指令。变更的范围和确定变更价款的原则与总承包合同的规定相同。分包人应在工程变更确定后 11 天内向承包人提出变更分包工程价款的报告，经承包人确认后调整合同价款；若分包人在双方确定变更后 11 天内未向承包人提出变更分包工程价款的报告，视为该项变更不涉及合同价款的调整。

4）分包工程的竣工管理。

① 竣工验收。

• 发包人组织验收。分包工程具备竣工验收条件后，分包人向承包人提供完整的竣工资料及竣工验收报告。双方约定由分包人提供竣工图的，应在专用条款内约定提交的日期和份数。

承包人应在收到分包人提供的竣工验收报告之日起 3 日内通知发包人进行验收，分包人应配合承包人进行验收。发包人未能按照总承包合同及时组织验收时，承包人应按照总承包合同规定的发包人验收的期限及程序自行组织验收，并视为分包工程竣工验收通过。

• 承包人验收。根据总承包合同无需由发包人验收的部分，承包人应按照总承包合同约定的程序自行验收。

• 分包工程竣工日期的确定。分包工程竣工日期为分包人提供竣工验收报告之日；需要修复的，为修复后竣工之日。

② 分包工程的移交。

• 分包工程的竣工结算。分包工程竣工验收报告经承包人认可后 14 天内，分包人向承包人递交分包工程竣工结算报告及完整的结算资料。承包人收到分包人递交的分包工程竣工结算报告及结算资料后 28 天内进行核实，给予确认或者提出明确的修改意见。承包人确认竣工结算报告后 7 天内向分包人支付分包工程竣工结算价款。

• 分包工程的移交。分包人收到竣工结算价款之日起 7 天内，将竣工工程交付承包人。总体工程竣工验收后，再由承包人移交给发包人。

5）索赔管理。分包合同履行过程中，当分包人认为自己的合法权益受到损害，不论事件起因于发包人或监理人的责任，还是承包人应承担的义务，他都只能向承包人提出索赔要求，并保存影响事件发生后现场的情况记录。

① 应由发包人承担责任的索赔事件。分包人遇到不利外部条件等根据总包合同可以索赔的情况时，分包人可按照总包合同约定的索赔程序通过承包人提出索赔要求，承包人分析事件的起因和影响，并依据两个合同判明责任后，在收到分包人索赔报告后 21 天内给予分包人明确的答复，或要求进一步补充索赔理由和证据。如果认为分包人的索赔要求合理，及时按照主合同规定的索赔程序以承包人的名义就该事件向监理人递交索赔报告。

承包人依据总包合同向监理人递交任何索赔意向通知和索赔报告要求分包人协助时，分包人应提供书面形式的相应资料，以便承包人能遵守总承包合同有关索赔的约定。如果分包人未予积极配合，使得承包人涉及分包工程的索赔未获成功，则承包人可在应支付给分包人的工程款中，扣除本应获得的索赔款项中适当比例的部分，即承包人受到的损失向分包人索赔。

② 应由承包人承担责任的事件，索赔原因往往是由于承包人的违约行为或分包人执行承包人指令导致。分包人按规定程序提出索赔后，承包人与分包人依据分包合同的约定通过协商解决。

(4) 监理人对专业分包合同履行的管理

鉴于分包工程的施工涉及两个合同，监理人只需依据总承包合同的约定进行监督和管理。

1）对分包工程施工的确认。监理人复核分包工程时，在取得发包人同意的基础上，负责对分包人承担相应工程施工要求的资质、经验和能力进行审查，确认是否批准承包人选择的分包人。为了整体工程的施工协调，指示分包人进场开始分包工程施工的时间。

2）施工工艺和质量。

① 由于专业工程施工往往对施工技术有专业的要求，监理人审查承包人的施工组织设计时，应特别关注分包人拟采用的施工工艺和保障措施是否切实可行，涉及危险性较大部位的施工方法更应进行严格审查，以保证专业工程的施工达到合同规定的质量要求。

② 监理人在对分包工程进行旁站、巡视过程中，发现分包人忽视质量的行为和存在安全隐患的情况，应及时书面通知承包人，要求其监督分包人纠正。

③ 总承包合同规定为分部移交的专业工程施工完毕，监理人应会同承包人和分包人进行工程预验收，并参加发包人组织的工程验收。

3）进度管理。虽然由承包人负责分包工程施工的协调管理，并对分包工程的施工进度进行监督，但如果分包工程的施工影响到发包人订立的其他合同的进行时，监理人需对承包人发出相关指令进行相应的协调。如分包工程施工与合同进度计划偏离较大而干扰了施工现场其他承包人的施工；分包工程施工进度过慢影响到后续设备安装工程按计划实施等情况。

4）支付管理。监理人按照总承包合同的规定对分包工程计量时，应要求承包人通知分包人共同进行计量。审查承包人的工程进度款时，要核对分包工程的合格工程量与计量结果是否一致。对于分包人按照监理人的指示在分包工程使用计日工时，也应依据总包合同对计日工的规定，每天检查设备、人员的投入和产出情况。

5）变更管理。监理人对分包工程的变更指示应发给承包人，由其协调和监督分包人执行。分包工程施工的变更完成后，按照总承包合同的规定对变更工程进行估价。

6）索赔管理。监理人不应受理分包人直接提交的索赔报告，分包人的索赔应通过承包人的索赔来完成。监理人审查承包人提交的分包工程索赔报告时，按照总承包合同的约定区分合同责任。有些情况下，分包人受到的损失既有发包人应承担的风险或责任，同时有承包人协调管理不利的影响，监理人应合理区分责任的比例，以便确定工期顺延的天数和补偿金额。

对于分包人因非自身原因受到损失时，可能对承包人的施工也产生不利影响的情况，监理人同样应在合理判定责任归属的基础上，按照实际情况做出索赔处理决定。

二、任务内容

根据项目五任务二【相关知识】，参照全国房屋建筑工程施工管理资料表 *（可在本书配套资源中下载）*，填写施工合同管理资料。

1）施工组织设计报审表。

2）施工进度计划报审表。

3）施工控制测量成果报验表。

4）分包单位资格报审表（略）。

5）工程开工报审表。

6）工程开工令。

7）旁站记录。

8）工程材料构配件或设备报审表。

9）隐蔽工程、检验批、分项工程、实验室证明资料报审报验表。

10）工程计量报审表。

11）工程款支付报审表。

12）工程款支付证书。

13）工程暂停令。

14）工程复工报审表。

15）工程复工令。

16）工程临时或最终延期报审表。

17）工程变更单。

18）单位工程竣工验收报审表。

三、任务实施

根据项目五任务二【相关知识】，结合下面的案例，参照全国房屋建筑工程施工管理资料表 *（可在本书配套资源中下载）*，编制施工合同管理资料。

案例与工作任务：

某理工大学六号教学楼工程，总建筑面积 11000m²，地下 1 层，地上 11 层，框架结构。

该工程项目建设单位（发包人）为某理工大学。该工程项目于 2023 年 6 月 8 日完成施工招标，中标人为某建工集团。监理单位为某信诚监理有限公司。

2024 年 6 月 18 日，某理工大学（发包人）与某建工集团（承包人）签订了某理工大学六号教学楼建设工程施工合同。签约合同价格为 38326050 元人民币；合同工期为 420 日历天；该工程不允许分包；工程质量执行《建筑工程施工质量验收统一标准》（GB 50300—2013）及相关法规，符合设计要求，一次性验收合格并通过备案。

发包人驻工地代表为吕教良伟，承包人项目经理为代学炳德，总监理工程师为周用志力。

1）2023 年 6 月 24 日，某理工大学完成发包人施工准备阶段义务，向某建工集团提供施工场地、地下管线设施、测量基准等资料。6 月 28 日，某建工集团向某信诚监理有限公司提交施工组织设计、质量管理体系、安全文明施工及环境保护措施计划、施工控制测量成果，计划于 2023 年 7 月 8 日开工。6 月 29 日，经监理人审查，批准了上述报审材料，下达了工程开工令。

工作任务：请填写施工组织设计报审表、施工进度计划报审表、施工控制测量成果报验表、工程开工报审表、工程开工令。

2）2023 年 7 月 9 日 8：00 至 18：00，监理人对基槽开挖工程实施了旁站监理，承包人严格按照施工组织设计施工方案施工，现场管理有序，操作规范，施工正常进展。

工作任务：请填写旁站记录。

3）2023 年 7 月 16 日，承包人供应钢筋材料进入施工现场，试验合格，拟用于基础工程，向监理人报送了工程材料报审表。

工作任务：请填写工程材料构配件或设备报审表。

4）2023 年 8 月 26 日，承包人完成了基础工程钢筋工程工作，并进行了自检，自检合格，资料齐全，向监理人报送了隐蔽工程报验报审表；8 月 26 日当日，监理人对该工程进行了检查，验收合格。

工作任务：请填写隐蔽工程、检验批、分项工程、实验室证明资料等的报审报验表。

5）2023 年 9 月 2 日，承包人向监理人报送了 8 月份工程量计量报审表，8 月份所完成的基础工程量统计表和质量合格证明资料齐全，监理人于当日审查同意。

工作任务：请填写工程计量报审表。

6）2023 年 9 月 6 日，承包人向监理人报送了工程款支付报审表，就 8 月份所完成的基础工程，请发包人于 2023 年 9 月 20 日前付款，金额为 2625150 元。经监理人审查，承包人应得款为 2625150 元，本期应扣款为 78754.5 元。专业监理工程师、总监理工程师、发包人（建设单位）代表均同意。9 月 6 日，总监理工程师签发了工程款支付证书。

工作任务：请填写工程款支付报审表、工程款支付证书。

7）2023 年 10 月 10 日，因混凝土养护措施不当，监理人向承包人下达了工程暂停令，要求承包人于当日 10：00 起暂停主体部位施工，并要求立即改正不当措施，严格按照有关规范施工。2023 年 10 月 11 日，承包人向监理人报送了工程复工报审表，经自改，主体部位已满足复工条件，申请于 2023 年 10 月 12 日复工。当日，经审核，监理人和发包人均同意复工，总监理工程师签发了工程复工令。

工作任务：请填写工程暂停令、工程复工报审表、工程复工令。

8）2023 年 11 月 23 日，承包人向监理人报送了工程延期报审表，称根据合同"不可抗力"条款，因为环境保护大气治理停工的原因，承包人申请工程最终延期 15 日历天。当日，监理人审核同意延长工期 15 日历天，工程竣工日期从合同约定的 2024 年 9 月 8 日延迟到 2024 年 9 月 23 日。发包人亦于当日审批同意。

工作任务：请填写工程延期报审表即工程临时或最终延期报审表。

9）2024 年 5 月 20 日，发包人向承包人提出工程变更单，称由于安全原因，提出屋面女儿墙增高 200mm 的变更，附有变更内容、设计图、会议纪要，明确工程量增加、费用增加、工期增加。5 月 22 日，发包人、设计人、承包人、监理人都在该工程变更单上签署了同意意见。

工作任务：请填写工程变更单。

10）2024 年 6 月 8 日，承包人向监理人报送了单位工程竣工验收报审表，称已按合同要求完成六号教学楼工程土建工程，自检合格，请求验收，附有工程质量验收报告等资料。6 月 12 日，监理人经过预验收，认为该工程合格，可以组织正式验收，并于当日签署意见。

工作任务：请填写单位工程竣工验收报审表。

四、任务总结

【知识总结】

1）介绍了施工准备阶段的合同管理内容。
2）讲授了施工阶段安全、质量、进度、工程款项、变更等施工合同管理知识。
3）讲授了竣工阶段和缺陷责任期阶段施工合同管理知识。
4）介绍了施工分包的合同管理内容。

【任务成果】

编制了施工合同管理有关资料。

五、巩固与练习

1. 引例解析

施工合同管理是工程项目管理的重要工作，贯穿施工项目的始终。施工合同管理涉及发包人、承包人和监理人，内容繁杂。但施工合同管理的时间主线应清晰（是施工准备、施工、竣工验收、缺陷责任期等阶段进程）；具体工作内容应清楚（是施工安全、质量、进度、工程款、变更、分包、索赔、违约责任处理等方面内容）。

因此，发包人、承包人、监理人要做好施工合同管理工作，要做好施工准备、施工、竣工验收、缺陷责任期等阶段的安全、质量、进度、工程款、变更、分包、索赔、违约责任处理等方面的合同管理工作。

练习题

2. 练习

六、交流与拓展

了解施工合同管理中有关安全、质量、进度、工程款、变更、竣工验收等常用合同资料，并学习填报要求和注意事项。

任务三　施 工 索 赔

 引例

> 承包商白云建筑公司（乙方）承揽了蓝天汽车制造厂的土方与基础处理工程，双方签订了施工合同。承包商在合同中标明有松软石的地方没有遇到松软石，因而工期提前了1个月。但在合同中另一未标明有坚硬岩石的地方遇到了工程地质勘察没有探明的孤石。由于排除孤石拖延了一定的时间，部分施工任务不得不赶在雨季进行。施工过程中遇到数天季节性大雨后又转为特大暴雨引起山洪暴发，造成现场临时道路、管网和施工用房等设施以及已施工的部分基础被冲坏，施工设备损坏，运到现场的部分材料被冲走，乙方数名施工人员受伤，雨后乙方用了很多工时清理现场和恢复施工条件。为此，乙方按照索赔程序提出了延长工期和费用补偿要求。
>
> 你认为乙方可以提出哪些索赔？提出的索赔要求能否成立？为什么？

一、任务准备

【任务依据】

1.《中华人民共和国民法典》

第八百零三条：发包人未按照约定的时间和要求提供原材料、设备、场地、资金、技术资料的，承包人可以顺延工程日期，并有权请求赔偿停工、窝工等损失。

第八百零四条：因发包人的原因致使工程中途停建、缓建的，发包人应当采取措施弥补或者减少损失，赔偿承包人因此造成的停工、窝工、倒运、机械设备调迁、材料和构件积压等损失和实际费用。

第八百零五条：因发包人变更计划，提供的资料不准确，或者未按照期限提供必需的勘察、设计工作条件而造成勘察、设计的返工、停工或者修改设计，发包人应当按照勘察人、设计人实际消耗的工作量增付费用。

2.《建设工程施工合同（示范文本）》（GF—2017—0201）

通用合同条款第19条对施工索赔的处理程序及期限做出了明确规定。

【相关知识】

施工索赔是合同管理的重要组成部分。施工索赔在建筑市场上是承包商保护自身正当权益、提高企业经济效益的重要手段。

施工索赔

1. 施工索赔的概念

索赔是指在合同履行过程中，发生了并非己方责任，但是却造成了己方损失的事件，当事人可以根据事实证据，依据法律法规、合同规定及惯例，向另一方当事人请求补偿。

施工索赔是指在施工合同履行过程中，一方当事人对并非己方责任造成的己方损失，或承担了合同规定之外的工作付出额外的支出，根据事实证据，依据法律法规、合同规定及惯例，向另一方当事人提出的经济上或时间上的补偿要求。

在工程建设的各个阶段，都有可能发生索赔，但在施工阶段索赔发生较多。对施工合同的双方来说，索赔是维护双方合法利益的合法手段。承包商可以向业主提出索赔，业主也可以向承包商提出索赔。在工程建设过程中，业主对承包商原因造成的损失可通过追究违约责任解决，也可以通过冲账、扣拨工程款、没收履约保函、扣质量保证金等方式来实现自己的索赔要求。在施工索赔实践中，一般把承包人向发包人提出的赔偿或补偿要求称为"索赔"，而把发包人向承包人提出的赔偿或索赔要求称为"反索赔"。

2. 索赔的作用

（1）有利于促进双方加强管理，严格履行合同，维护市场正常秩序

合同一经签订，合同双方即产生权利和义务关系。这种权益受法律保护，这种义务受法律制约。索赔是合同法律效力的具体体现，如果没有索赔和关于索赔的法律规定，则合同形同虚设，对双方都难以形成约束。索赔对违约者能够起到警示作用，使他考虑到违约的后果，以尽力避免违约事件发生。所以，索赔有助于工程承发包双方更紧密的合作，有助于合同目标的实现。

（2）有助于维护合同当事人的正当权益

索赔是一种保护自己、维护自己正当利益、避免损失、增加利润的手段。如果承包商不能进行有效的索赔，损失得不到合理的、及时的补偿，会影响生产经营活动的正常进行。

3. 索赔的分类

工程施工过程中发生索赔所涉及的内容是广泛的，索赔从不同的角度、按不同的方法和标准有许多分类的方法，通常可作如下分类。

（1）按索赔事件所处合同状态分类

1）正常施工索赔：是指在正常履行合同中发生的各种违约、变更，以及因不可预见因素、加速施工、政策变化等引起的索赔。

2）工程停、缓建索赔：是指已经履行合同的工程因不可抗力、政府法令、资金或其他原因必须中途停止施工所引起的索赔。

3）解除合同索赔：是指因合同中的一方严重违约，致使合同无法正常履行的情况下，合同的另一方行使解除合同的权力所产生的索赔。

（2）按合同有关当事人的关系分类

1）承包商向业主的索赔：是指承包商在履行合同中因非己方责任事件产生的工期延误及额外支出后向业主提出的赔偿要求。这是施工索赔中经常发生的情况。

2）总承包单位向其分包单位或分包单位之间的索赔：是指总承包单位与分包单位或分包单位之间为共同完成工程施工所签订的合同、协议在实施中的相互干扰事件影响利益平衡，其相互之间发生的赔偿要求。

3）业主向承包商的索赔：是指业主向不能有效地管理、控制施工全局，不能按期、按质、按量地完成合同内容的承包商提出损失赔偿要求。

4）承包商同供货商之间的索赔。

5）承包商向保险公司、运输公司的索赔等。

（3）按照索赔的目的分类

1）工期索赔：是指承包商对施工中发生的非己方责任事件造成计划工期延误后向业主提出的赔偿要求。

2）费用索赔：是指承包商对施工中发生的非己方责任事件造成的合同价以外的费用支出向业主方提出的赔偿要求。

（4）按照索赔的处理方式分类

1）单项索赔：是指某一事件发生对承包商造成工期延长或额外费用支出时，承包商可对这一事件的实际损失在合同规定的索赔有效期内提出的索赔。这是常用的一种索赔方式。

2）综合索赔：又称总索赔、一揽子索赔，是指承包商将施工过程中发生的多起索赔事件综合在一起，提出的总索赔。

（5）按引起索赔的原因分类

1）业主或业主代表违约索赔。

2）工程量增加索赔。

3）不可预见因素索赔。

4）不可抗力损失索赔。

5）加速施工索赔。

6）工程停建、缓建索赔。

7）解除合同索赔。

8）第三方因素索赔。

9）国家政策、法规变更索赔。

4. 索赔的程序

《建设工程施工合同（示范文本）》（GF—2017—0201）对索赔的程序和时间有明确而严格的限定。以承包人向发包人的索赔程序为例，根据合同约定，承包人认为有权得到追加付款和（或）延长工期的，应按以下程序向发包人提出索赔。

（1）承包人的索赔

1）承包人应在知道或应当知道索赔事件发生后 28 天内，向监理人递交索赔意向通知书，并说明发生索赔事件的事由；承包人未在前述 28 天内发出索赔意向通知书的，丧失要求追加付款和（或）延长工期的权利。

2）承包人应在发出索赔意向通知书后 28 天内，向监理人正式递交索赔报告；索赔报告应详细说明索赔理由以及要求追加的付款金额和（或）延长的工期，并附必要的记录和证明材料。

3）索赔事件具有持续影响的，承包人应按合理时间间隔继续递交延续索赔通知，说明持续影响的实际情况和记录，列出累计的追加付款金额和（或）工期延长天数。

4）在索赔事件影响结束后 28 天内，承包人应向监理人递交最终索赔报告，说明最终要求索赔的追加付款金额和（或）延长的工期，并附必要的记录和证明材料。

（2）对承包人索赔的处理

1）监理人应在收到索赔报告后 14 天内完成审查并报送发包人。监理人对索赔报告存在异议的，有权要求承包人提交全部原始记录副本。

2）发包人应在监理人收到索赔报告或有关索赔的进一步证明材料后的 28 天内，由监理人向承包人出具经发包人签认的索赔处理结果。发包人逾期答复的，则视为认可承包人的索赔要求。

3）承包人接受索赔处理结果的，索赔款项在当期进度款中进行支付；承包人不接受索赔处理结果的，进入争议处理环节。

5. 索赔的依据

合同一方向另一方提出的索赔要求，应该出具一份具有说服力的证据资料作为索赔的依据，这也是索赔能否成功的关键因素。由于索赔的具体事由不同，所需的论证资料也有所不同。索赔依据一般包括：

(1) 招标文件

招标文件是承包商投标报价的依据，它是工程项目合同文件的基础。招标文件中一般包括施工图纸、施工技术规范、工程量清单、工程范围说明、现场水文地质资料等文本，都是招标工程的基础资料。它们不仅是承包商参加投标竞争和编制报价的依据，也是索赔时计算附加成本的依据。

(2) 投标书

投标书是承包商依据招标文件并进行工地现场勘察后编制投标文件、计价的成果资料，是投标竞争中标的依据。在投标报价文件中，承包商对各生产要素的综合单价进行了分析计算，在中标及签订合同协议书以后，成为正式合同文件的组成部分，也成为索赔的基本依据。

(3) 合同协议书及其附属文件

合同协议书是明确双方责、权、利，具有法律约束力的文件，可以将协议书作为索赔依据。

(4) 往来信函

在合同实施期间，合同双方有大量的往来信函。这些信函都具有合同效力，是结算和索赔的依据资料。如监理工程师（或业主）的工程变更指令、口头变更确认函、加速施工指令、工程单价变更通知、对承包商问题的书面回答等。这些信函（包括邮件）可能繁杂零碎而且数量巨大，但应仔细分类存档。

(5) 会议纪要

在工程项目从招标到建成移交的整个期间，合同双方要召开许多次的会议，讨论解决合同实施中的问题。所有会议的记录，都要形成会议纪要，如标前会议纪要、工程协调会议纪要、工程进度变更会议纪要、技术讨论会议纪要、索赔会议纪要等。

对于重要的会议纪要，要建立审阅制度，即由制作纪要的一方写好纪要稿后，送交对方（以及有关各方）传阅核签，如有不同意见，可在纪要稿上修改，也可规定一个核签的期限（如7天），如纪要稿送出后7天以内不返回核签意见，即认为同意。这对会议纪要的合法性是很必要的。

(6) 施工现场记录

承包商施工管理水平的一个重要标志是看他是否建立了一套完整的现场记录制度，并持之以恒地贯彻到底。这些资料的具体项目很多，主要的有施工日志、施工检查记录、工时记录、质量检查记录、施工设备使用记录、材料使用记录、施工进度记录等。有的重要记录文本，如质量检查、验收记录，还应有工程师或其代表的签字认可。工程师同样要有自己完备的施工现场记录，以备核查。

（7）工程财务记录

在工程实施过程中，对工程成本的开支和工程款的历次收入，均应做详细的记录，并及时归档。这些财务资料有工程进度款每月的支付申请表，工人劳动计时卡和工资单，设备、材料和零配件采购单，付款收据，工程开支月报等。在索赔计价工作中，工程财务记录十分重要，应注意积累和分析整理。

（8）现场气象记录

水文气象条件对工程实施的影响甚大，它经常引起工程施工的中断或工效降低，有时甚至造成在建工程的破损。许多工期索赔与气象条件有关。施工现场应注意记录气象资料，如每月降水量、风力、气温、洪水位、施工基坑地下水状况等。如遇到地震、海啸、飓风等特殊自然灾害，更应注意随时详细记录。

（9）市场信息资料

大中型工程项目，一般工期长达数年，对物价变动等报道资料，应系统地搜集整理。这些信息资料，不仅对工程款的调价计算是必不可少的，对索赔亦同样重要。如工程所在国官方出版的物价报道、外汇兑换率行情、工人工资调整决定等。

（10）政策法令文件

应搜集工程所在国的政府或立法机关公布的有关工程造价的决定或法令，如货币兑换限制指令、外汇兑换率的决定、调整工资的决定、税收变更指令、工程仲裁规则等。由于工程的合同条件是以适应工程所在国的法律为前提的，因此该国的这些法令对工程结算和索赔具有决定性的意义，应该引起高度重视。对于重大的索赔事项，如涉及大宗的索赔款额，或遇到复杂的法律问题时，还需要聘请律师专门处理这方面的问题。

6. 索赔的计算

施工索赔报告最主要的内容是合同论证和索赔计算。合同论证部分的任务是解决索赔权是否成立的问题，索赔计算部分的任务则是确定应得到多少索赔款额或工期补偿。前者是定性的，后者是定量的。索赔计算是索赔管理的一个重要组成部分，包括工期索赔的计算和费用索赔的计算。

（1）工期索赔的计算

1）工程拖期的种类及处理措施。工程拖期可分为如下两种情况：

① 由于承包商的原因造成的工程拖期，定义为工程延误，承包商须向业主支付误期损害赔偿费。工程延误也称为不可原谅的工程拖期，如承包商内部施工组织不当、设备材料供应不及时等。这种情况下，承包商无权获得工期延长。

② 由于非承包商原因造成的工程拖期，定义为工程延期，则承包商有权要求业主给予工期延长。工程延期也称为可原谅的工程拖期，它是由于业主、监理工程师或其他客观因素造成的，承包商有权获得工期延长，但是否能获得经济补偿要视具体情况而定。因此，可原谅的工程拖期又可分为：可原谅并给予补偿的拖期，是指承包商有权同时要求延长工期和经济补偿的延误，拖期的责任者是业主或监理工程师；可原谅但不给予补偿的拖期，是指可给予工期延长，但不能对相应的经济损失给予补偿的延误，这往往是由于客观因素造成的拖延。上述两种情况下的工期索赔可按表5-1进行处理。

表 5-1　工期索赔处理原则

索赔事项	是否可原谅	拖期原因	责任者	处理原则	索赔结果
工程进度拖延	可原谅	修改设计 施工条件变化 业主原因拖期 工程师原因拖期	业主	可给予工期延长，可补偿经济损失	工期+经济补偿
		异常恶劣气候 工人罢工 天灾	客观原因	可给予工期延长，不补偿经济损失	工期
	不可原谅	工效不高 施工组织不好 设备材料供应不及时	承包商	不延长工期，不补偿经济损失，向业主支付误期损害赔偿费	索赔失败；无权索赔

2）共同延误下工期索赔的处理方法。承包商、监理工程师、业主或某些客观因素均可造成工程拖期。但在实际施工过程中，工程拖期经常是由上述两种以上的原因共同作用产生的，称为共同延误。关于业主延误与承包商延误同时存在的共同延误，一般认为按双方过错的大小及所造成影响的大小进行比例分担。如果该延误无法分解开，不允许承包商获得经济补偿。

3）工期补偿的计算。工程承包实践中，对工期补偿的计算有下面几种方法。

① 工期分析法，即依据合同工期的网络计划或横道图计划，考察承包商按监理工程师的指示，完成因各种原因增加的工程量所需用的工时，算出实际工期以确定工期补偿量。

② 实测法，即承包商按监理工程师的书面工程变更指令，完成变更工程所用的实际工时。

③ 类推法，即按照合同文件中规定的同类工作进度计算工期补偿量。

④ 工时分析法，即某一工种的分项工程项目发生延误事件后，按实际施工的程序统计出所用的工时总量，然后按延误期间承担该分项工程工种的全部人员投入来计算要延长的工期。

（2）费用索赔的计算

在施工索赔中，索赔款额的计价方法甚多。每个工程项目的索赔款计价方法，也往往因索赔事项的不同而相异。

1）实际费用法。实际费用法亦称实际成本法，是施工索赔计价时常用的计价方法。实际费用法计算的原则是以承包商为某项索赔工作所支付的实际开支为根据，向业主要求经济补偿。每一项施工索赔的费用，仅限于由于索赔事项引起的、超过原计划的费用，即额外费用，也就是在该项工程施工中所发生的额外人工费、材料费和设备费，以及相应的管理费。这些费用即是施工索赔所要求补偿的经济部分。

用实际费用法计价时，在直接费（人工费、材料费、设备费等）的额外费用部分的基础上，再加上应得的间接费和利润，即是承包商应得的索赔金额。因此，实际费用法客观地反映了承包商的额外开支或损失，为经济索赔提供了精确而合理的证据。

由于实际费用法所依据的是实际发生的成本记录或单据，所以在施工过程中系统而准确地积累记录资料，是非常重要的。这些记录资料不仅是施工索赔所必不可少的，亦是工程项目施工总结的基础性依据。

2）总费用法。总费用法即总成本法，是指当发生多次索赔事项以后，重新计算出该工程项目的实际总费用，再从这个实际总费用中减去投标报价时的估算总费用，即为要求补偿的索赔总款额，即

$$索赔款额=实际总费用-投标报价估算总费用$$

在施工索赔工作中，不少人对采用总费用法持批评态度。因为实际发生的总费用中，可能包括了由于承包商的原因（如施工组织不善，工效太低，浪费材料等）所增加的费用；同时，投标报价时的估算费用却因想竞争中标而偏低。因此，这种方法只有在实际费用难以计算时才使用。

3）修正的总费用法。修正的总费用法是对总费用法的改进，即在总费用计算的基础上，对总费用法进行相应的修改和调整，去掉一些不确切的因素，使其更合理。

用修正的总费用法进行修改和调整的内容，主要有：将计算索赔款的时段仅局限于受到外界影响的时间（如雨季），而不是整个施工期；只计算受影响时段内的某项工作所受影响的损失，而不是计算该时段内所有施工工作所受的损失；在受影响时段内受影响的某项工程施工中，使用的人工、设备、材料等资源均有可靠的记录资料，如监理工程师的施工日志，现场施工记录等；与该项工作无关的费用，不列入总费用中；对投标报价时的估算费用重新进行核算，按受影响时段内该项工作的实际单价进行计算，乘以实际完成的该项工作的工程量，得出调整后的报价费用。

经过上述各项调整修正后的总费用，已能够相当准确地反映出实际增加的费用，可作为给承包商补偿的款额。据此，按修正的总费用法支付索赔款的公式为

$$索赔款额=某项工作修正后的实际总费用-该项工作的报价费用$$

修正的总费用法，同未经修正的总费用法相比较，有了实质性的改进，使它的准确程度接近于"实际费用法"，容易被业主及监理工程师所接受。

4）分项法。分项法是按每个索赔事件所引起损失的费用项目分别分析计算索赔值的一种方法。

分项法计算通常分三步：

第一步：分析每个或每类索赔事件所影响的费用项目，不得有遗漏。这些费用项目通常应与合同报价中的费用项目一致。

第二步：计算每个费用项目受索赔事件影响后的数值，通过与合同价中的费用值进行比较，即可得到该项费用的索赔值。

第三步：将各费用项目的索赔值汇总，得到总费用索赔值。

分项法中的索赔费用主要包括该项工程施工过程中所发生的额外人工费、材料费、施工机械使用费、相应的管理费以及应得的间接费和利润等。由于分项法所依据的是实际发生的成本记录或单据，所以施工过程中，对第一手资料的收集整理就显得非常重要了。

5）合理价值法。合理价值法是一种按照公正调整理论进行补偿的方法，亦称按价偿还法。

在施工过程中，当承包商完成了某项工程但发生经济亏损时，他有权根据公正调整理论要求经济补偿。但是，可能该工程项目的合同条款对此没有明确的规定或者由于合同已被终

止，在这种情况下，承包商按照合理价值法的原则仍然有权要求对自己已经完成的工作取得公正合理的经济补偿。

对于合同范围以外的额外工程或者施工条件完全变化了的施工项目，承包商亦可根据合理价值法的原则，得到合理的索赔款额。

一般认为，如果该工程项目的合同条款中有明确的规定，即可按此合同条款的规定计算索赔款额，而不必采用合理价值法来索赔经济补偿。

在施工索赔实践中，按照合理价值法获得索赔比较困难。这是因为工程项目的合同条款中没有经济亏损补偿的具体规定，而且工程已经完成，业主和监理工程师一般不会轻易地再予以支付。在这种情况下，一般是通过调解机构或通过法律判决途径，按照合理价值法原则判定索赔款额，解决索赔争议。

在工程承包施工阶段的技术经济管理工作中，施工索赔管理是一项艰难的工作。要想在施工索赔工作中取得成功，需要具备丰富的工程承包施工经验以及相当高的经营管理水平。在索赔工作中，要充分论证索赔权，合理计算索赔值，在合同规定的时间内提出索赔要求，编写好索赔报告并提供充分的索赔证据，力争友好协商解决索赔。在索赔事件发生后要按时提出单项索赔，力争单独解决、逐月支付，把索赔款的支付纳入按月结算支付的轨道，同工程进度款的结算支付同步处理。必要时可采取一定的制约手段，促使索赔问题尽快解决。

二、任务内容

1）列举施工中常见的索赔事件。

2）编写索赔报告。

三、任务实施

1. 施工中常见的索赔事件

(1) 施工现场条件变化引起的索赔

在工程施工中，施工现场条件变化对工期和造价的影响很大。不利的自然条件及人为障碍，经常导致设计变更、工期延长和工程成本大幅度增加。

不利的自然条件是指施工中遇到的实际自然条件比招标文件中所描述的更为困难和恶劣，这些不利的自然条件或人为障碍增加了施工的难度，导致承包人必须花费更多的时间和费用，在这种情况下，承包人可提出索赔要求。

1）招标文件中对现场条件的描述失误。在招标文件中对施工现场存在的不利条件虽已经提出，但描述严重失实，或位置差异极大，或其严重程度差异极大，从而使承包商原定的实施方案变得不再适合或根本没有意义。承包人可提出索赔。

2）有经验的承包商难以合理预见的现场条件。在招标文件中根本没有提到，而且按该项工程的一般工程实践完全是出乎意料的不利的现场条件。这种意外的不利条件，是有经验的承包商难以预见的情况。如在挖方工程中，承包方发现地下古代建筑遗迹或文物，遇到高腐蚀性水或毒气等，处理方案导致承包商工程费用增加、工期增加，承包人可提出索赔。

(2) 业主违约引起的索赔

1）业主未按工程承包合同规定的时间和要求向承包商提供施工场地、创造施工条件。

如未按约定完成土地征用、房屋拆迁、清除地上地下障碍，不能保证施工用水、用电、材料运输、机械进场、通信联络需要，没有办理施工所需各种证件、批件及有关申报批准手续，没有提供地下管网线路资料等。

2）业主未按工程承包合同规定的条件提供材料、设备，或业主所供应的材料、设备与合同约定不符，单价、种类、规格、数量、质量等级与合同不符，到货日期与合同约定不符等。

3）监理工程师未按规定时间提供施工图纸、指示或批复。

4）业主未按规定向承包商支付工程款。

5）监理工程师的工作不适当或失误，如提供数据不正确、下达错误指令等。

6）业主指定的分包商违约，如工程质量不合格、工程进度延误等。

上述情况的出现，会导致承包商的工程成本增加和（或）工期的增加，承包商可以提出索赔。

（3）变更指令与合同缺陷引起的索赔

1）变更指令索赔：在施工过程中，监理工程师发现设计、质量标准或施工顺序等问题时，往往发出变更指令增加新工作、更换建筑材料、暂停施工或加速施工等。这些变更指令会使承包商的施工费用增加或工期延长，承包商可就此提出索赔要求。

2）合同缺陷索赔：合同缺陷是指所签订的工程承包合同进入实施阶段，才发现合同本身存在问题。如合同条款中有错误、用语含糊、不够准确等，难以分清甲乙双方的责任和权益；合同条款中存在着遗漏，对实际可能发生的情况未做预料和规定，缺少某些必不可少的条款或合同条款之间存在矛盾。这时，按惯例要由监理工程师做出解释。但是，若此解释使承包商的施工成本和工期增加，则属于业主方面的责任，承包商有权提出索赔要求。

（4）国家政策、法规变更引起的索赔

国家政策、法规，地方条例等发生了变更，导致承包商成本增加，承包商可以提出索赔。

（5）物价上涨引起的索赔

由于物价上涨的因素，人工费、材料费、机械费增加，工程成本大幅度上升，承包商可提出索赔要求。

（6）因施工临时中断和工效降低引起的索赔

由于业主和监理工程师原因造成的临时停工或施工中断，以及根据业主和监理工程师的不合理指令施工造成了工效的大幅度降低，从而导致费用支出增加，承包商可提出索赔。

（7）业主不正当地终止工程而引起的索赔

由于业主不正当地终止工程，承包商有权要求补偿损失，其数额是承包商在被终止工程上的人工、材料、机械设备的全部支出，以及各项管理费用、保险费、贷款利息、保函费用的支出（减去已结算的工程款），并有权要求赔偿其盈利损失。

（8）特殊风险（业主风险）引起的索赔

根据合同条款应由业主承担的风险导致承包商的费用损失增大时，承包商可据此提出索赔，如战争、叛乱、暴动；核辐射、核泄漏；声速或超声速飞行器所产生的压力波；骚乱或混乱；由于业主提前使用或占用工程的未完工交付的任何部分发生损坏；纯粹是由于工程设计所产生的事故或损坏，并且设计不是由承包商设计或负责；自然力所产生的作用，而对于此种自然力，即使是有经验的承包商也无法预见、无法抗拒、无法保护自己和使工程免遭损失等，均属于业主应承担的风险。

许多合同规定，承包商不仅对因特殊风险造成的工程、业主或第三方财产的破坏和损失及人身伤亡不承担责任，而且业主应保护和保障承包商不受特殊风险后果的损害，并免于承担由此而引起的与之有关的一切索赔、诉讼及其费用。同时，承包商还应当得到由此损害引起的任何永久性工程及其材料的付款及合理的利润，以及一切修复费用、重建费用及特殊风险导致的费用增加。如果由特殊风险引起合同终止，承包商除可以获得应付的一切工程款和损失费用外，还可以获得施工机械设备的撤离费用和人员遣返费用等。

2. 编写索赔报告

合同实施阶段，在每一个索赔事件发生后，承包商都应抓住索赔机会，并按合同条件的具体规定和施工索赔的惯例，尽快协商解决索赔事项。施工索赔，一般包括发出索赔意向通知、收集索赔证据并编制和提交索赔报告、评审索赔报告、索赔谈判、解决索赔争端等工作。

（1）索赔中使用的表格

索赔时，可以按照《建设工程监理规范》（GB/T 50319—2013）中的表格开展索赔工作。向对方提出索赔意向时，可填报索赔意向通知书，见表 5-2；需要向对方提出费用索赔时，可填报费用索赔报审表，见表 5-3；需要向对方提出工期索赔时，可填报工程临时/最终延期报审表，见表 5-4。

表 5-2　索赔意向通知书

工程名称：＿＿＿＿＿＿＿＿　　　　　　　　　　编号：＿＿＿＿＿＿＿＿

致：＿＿＿＿＿＿＿＿＿＿＿＿＿＿＿

　　根据建设工程施工合同＿＿＿＿＿＿＿＿＿＿＿＿＿＿＿＿＿＿（条款）的约定，由于发生了事件，且该事件的发生非我方原因所致。为此，我方向＿＿＿＿＿＿＿＿＿＿＿＿（单位）提出索赔要求。

　　附件：索赔事件资料

提出单位（盖章）＿＿＿＿＿＿
负 责 人（签字）＿＿＿＿＿＿
年　月　日

表 5-3　费用索赔报审表

工程名称：＿＿＿＿＿＿＿＿　　　　　　　　　　编号：＿＿＿＿＿＿＿＿

致：＿＿＿＿＿＿＿＿＿＿＿（项目监理机构）

　　根据施工合同＿＿＿＿＿＿条款，由于＿＿＿＿＿＿＿＿＿＿＿＿的原因，我方申请索赔金额（大写）＿＿＿＿＿＿＿＿＿＿＿＿＿请予以批准。

　　索赔理由：＿＿＿＿＿＿＿＿＿＿＿＿＿＿＿＿＿＿＿＿＿＿＿＿＿＿＿＿＿＿＿＿
　　　　　　　＿＿＿＿＿＿＿＿＿＿＿＿＿＿＿＿＿＿＿＿＿＿＿＿＿＿＿＿＿＿＿＿
　　　　　　　＿＿＿＿＿＿＿＿＿＿＿＿＿＿＿＿＿＿＿＿＿＿＿＿＿＿＿＿＿＿＿＿

　　附件：□ 索赔金额计算
　　　　　□ 证明材料

施工项目经理部（盖章）＿＿＿＿＿＿
项目经理（签字）＿＿＿＿＿＿
年　月　日

（续）

审核意见：□ 不同意此项索赔

　　　　　□ 同意此项索赔，索赔金额为（大写）＿＿＿＿＿＿＿＿＿＿＿＿＿＿＿＿＿＿。

　　　　　同意/不同意索赔的理由：＿＿＿＿＿＿＿＿＿＿＿＿＿＿＿＿＿＿＿＿＿＿＿

　　　　　＿＿＿＿＿＿＿＿＿＿＿＿＿＿＿＿＿＿＿＿＿＿＿＿＿＿＿＿＿＿＿＿＿＿

　　　附件：□ 索赔审查报告

　　　　　　　　　　　　　　　　　　　　　　项目监理机构（盖章）

　　　　　　　　　　　　　　　　　　　　　　总监理工程师（签字、加盖执业印章）＿＿＿＿＿＿

　　　　　　　　　　　　　　　　　　　　　　　　　　　年　　　月　　　日

审批意见：

　　　　　　　　　　　　　　　　　　　　　　建设单位（盖章）＿＿＿＿＿＿

　　　　　　　　　　　　　　　　　　　　　　建设单位代表（签字）＿＿＿＿＿＿

　　　　　　　　　　　　　　　　　　　　　　　　　　　年　　　月　　　日

　　注：本表一式三份，项目监理机构、建设单位、施工单位各一份。

表 5-4　工程临时/最终延期报审表

工程名称：＿＿＿＿＿＿＿＿＿＿＿＿＿　　　　　编号：＿＿＿＿＿＿＿

　　致：＿＿＿＿＿＿＿＿＿＿＿＿＿＿＿＿（项目监理机构）

　　根据施工合同＿＿＿＿＿＿＿＿＿（条款），由于＿＿＿＿＿＿＿原因，我方申请工程临时/最终延期＿＿＿

（日历天），请予批准。

　　附件：□工程延期依据及工期计算：

　　　　　□证明材料：

　　　　　　　　　　　　　　　　　　　　　　施工项目经理部（盖章）＿＿＿＿＿＿

　　　　　　　　　　　　　　　　　　　　　　项目经理（签字）＿＿＿＿＿＿

　　　　　　　　　　　　　　　　　　　　　　　　　　　年　　　月　　　日

审核意见：□ 同意工程临时/最终延期＿＿＿（日历天）。工程竣工日期从施工合同约定＿＿＿年＿＿＿月＿＿＿日延迟

到＿＿＿年＿＿＿月＿＿＿日。

　　　　　□ 不同意延期，请按约定竣工日期组织施工

　　　　　　　　　　　　　　　　　　　　　　项目监理机构（盖章）＿＿＿＿＿＿

　　　　　　　　　　　　　　　　　　　　　　总监理工程师（签字、加盖执业印章）＿＿＿＿＿＿

　　　　　　　　　　　　　　　　　　　　　　　　　　　年　　　月　　　日

审批意见：

　　　　　　　　　　　　　　　　　　　　　　建设单位（盖章）＿＿＿＿＿＿

　　　　　　　　　　　　　　　　　　　　　　建设单位代表（签字）＿＿＿＿＿＿

　　　　　　　　　　　　　　　　　　　　　　　　　　　年　　　月　　　日

　　注：本表一式三份，项目监理机构、建设单位、施工单位各一份。

（2）索赔报告的编制

　　索赔报告的具体内容，与索赔事项的性质和特点相关。但一份完整的索赔报告的必要内容和文字结构主要包括以下 5 个方面。

　　1）总论部分。每个索赔报告的首页，应该是该索赔事项的一个综述。它概要地叙述发生索赔事项的日期和过程，说明承包商为了减轻该索赔事项造成的损失而做过的努力，索赔事项给承包商的施工增加的额外费用或工期延长的天数，以及自己的索赔要求。在上述论述之后附上索赔报告编写人、审核人的名单，注明职称、职务及施工索赔经验，以表示该索赔报告的权威性和可信性。总论部分应简明扼要。

2）合同引证部分。合同引证部分是索赔报告关键部分之一，它的目的是让承包商论述自己有索赔权，这是索赔成立的基础。合同引证的主要内容是该工程项目的合同条件以及有关此项索赔的法律规定，说明自己理应得到经济补偿或工期延长，或二者均应获得。因此，施工索赔人员应通晓合同文件，善于在合同条件、技术规程、工程量表以及合同函件中寻找索赔的法律依据，使自己的索赔要求建立在合同、法律的基础上。

对于重要的条款引证，如不利的自然条件或人为障碍（施工条件变化）、合同范围以外的额外工程、特殊风险等，应在索赔报告中做详细的论证叙述，并引用有说服力的证据资料。因为索赔双方在这些方面经常会有不同的观点，对合同条款的含义有不同的解释，往往是施工索赔争议的焦点。

在论述索赔事项的发生、发展、处理和最终解决的过程时，承包商应客观地描述事实，避免采用抱怨或夸张的措辞，以免使监理工程师和业主产生反感或怀疑。而且，这样的措辞往往会使索赔工作复杂化。

综合上述，合同引证部分一般包括以下内容：

① 概述索赔事项的处理过程。

② 发出索赔通知书的时间。

③ 引证索赔要求的合同条款，如不利的自然条件、合同范围以外的工程、特殊风险、工程变更指令、工期延长、合同价调整等。

④ 指明所附的证据资料。

3）索赔款额计算部分。在论证索赔权以后，应计算索赔款额，具体分析论证合理的经济补偿款额。索赔款额计算是索赔报告的主要部分，也是经济索赔报告的第三部分。

款额计算的目的是以具体的计价方法和计算过程说明承包商应得到的经济补偿款额。如果说合同引证部分的目的是确立索赔权，则款额计算部分的任务是决定应得的索赔款。在款额计算部分中，索赔工作人员首先应注意采用合适的计价方法。至于采用哪一种计价方法，应根据索赔事项的特点及自己掌握的证据资料等因素来确定。其次，应注意每项开支的合理性，并指出相应的证据资料的名称及编号（这些资料均列入索赔报告中）。只要计价方法合适，各项开支合理，则计算出的索赔总款额就有说服力。

索赔款计价的主要组成部分：由于索赔事项引起的额外开支的人工费、材料费、设备费、工地管理费、总部管理费、投资利息、税收、利润等。每一项费用开支，应附以相应的证据或单据。

款额计算部分在写法结构上最好首先写出计价的结果，即列出索赔总款额汇总表。然后，再分项论述各组成部分的计算过程，并指出所依据的证据资料的名称和编号。在编写款额计算部分时，切忌采用笼统的计价方法和不实的开支款项。有的承包商对计价采取不严肃的态度，没有根据地扩大索赔款额，采取漫天要价的策略。这种做法是错误的，是不能成功的，有时甚至增加了索赔工作的难度。

款额计算部分的篇幅可能较大，因为应论述各项计算的合理性，详细写出计算方法，并引证相应的证据资料，并在此基础上累计出索赔款总额。通过详细的论证和计算，使业主和监理工程师对索赔款的合理性有充分的了解，这对索赔要求的迅速解决很有帮助。

总之，一份成功的索赔报告应注意事实的正确性，论述的逻辑性，善于利用成功的索赔案例来证明此项索赔成立；要逐项论述、层次分明、文字简练、论理透彻，使阅读者感到清楚明了、合情合理、有理有据。

4）工期延长论证部分。承包商在施工索赔报告中进行工期延长论证的目的，首先是为了获得工期的延长，以免承担误期损害赔偿费的经济损失；其次，在工期延长的基础上探索获得经济补偿的可能性。因为如果投入了很多的资源，就有权要求业主对其附加开支进行补偿。对于工期索赔报告，工期延长论证是第三部分。

在索赔报告中论证工期延长的方法主要有横道图表法、关键路线法、进度评估法、顺序作业法等。

在索赔报告中，应该对工期延长、实际工期、理论工期等内容进行详细论述，说明自己要求工期延长（天数）或加速施工费用（款数）的根据。

5）证据部分。证据部分通常以索赔报告附件的形式出现，它包括了该索赔事项所涉及的一切有关证据资料以及对这些证据的说明。

证据是索赔文件的必要组成部分，要保证索赔证据翔实可靠，助力索赔取得成功。索赔证据资料的范围甚广，它可能包括工程项目施工过程中所涉及的有关政治、经济、技术、财务等许多方面的资料。这些资料，合同管理人员应该在整个施工过程中持续不断地搜集整理、分类储存，最好是存入计算机中以便随时进行查询、整理或补充。

所搜集的诸项证据资料并不是都要放入索赔报告的附件中，而是针对索赔文件中提到的开支项目，有选择、有目的地列入，并进行编号，以便审核查对。

在引用每个证据时，要注意该证据的效力或可信程度。为此，对重要的证据资料最好附以文字说明，或附以确认函件。例如，对一项重要的电话记录，仅附上自己的记录是不够有力的，最好附上经过对方签字确认过的电话记录；或附上发给对方的要求确认该电话记录的函件，即使对方当时未复函确认或予以修改，亦说明责任在对方，因为未复函确认或修改的函件视为默认。

除文字报表形式的证据资料以外，对于重大的索赔事项，承包商还应提供直观的记录资料，如录像、摄影等证据资料。

总之，一份完整的索赔报告包括总论部分、合同引证部分、索赔款额计算部分、工期延长论证部分、证据部分。只有论据充分、条例清晰、计算准确、提交及时，才更有可能获得索赔。

例：项目背景材料。

索赔事项概述：2017 年 2 月 13 日，当我公司准备春节后开始投入大量工人赶工时，由于贵公司对质监、安监备案手续及施工许可证至今尚未办理而不能继续施工，故贵方于 2017 年 2 月 14 日对我公司项目部下达了停工通知，致使我公司的所有计划必须重新调整，同时导致我公司在人、材、物等多方面的损失，众多劳务分包合同及材料采购合同构成违约而承担违约责任，造成公司多项直接和间接损失。贵公司于 2017 年 3 月 26 日通知我公司复工。

索赔报告编制
案例背景材料

索赔要求：甲方单方违约未按合同要求提供图纸，相关备案材料不完整，致使我方不能进行正常开工，故提出索赔。

根据以上资料编制一份索赔报告。根据上述资料，结合所学知识，编制本工程索赔报告如下：

工程索赔报告
一、总 论

1. 工程概况（略）。

2. 构成施工项目费用索赔条件的事件包括下列方面：

（1）人工费。包括违约劳务分包费、额外支付的钢筋制作人工费用、按照劳务合同支付给劳务人员的补偿金及路费。

（2）材料费。包括租赁材料（钢管、模板）费用、超过租赁期发生的租赁费损失、周转材料租赁合同违约金。

（3）机械台班费。

（4）机械闲置折旧费。搅拌机、挖掘机、运输车、小型挖机闲置折旧损失。

（5）施工机械损失（塔式起重机）。①2017年7月1日前，为了按计划完成施工任务而采用塔式起重机的垂直运输使用费（含实际停用等待费和违约金）；②2017年2月25日前，为了按计划完成施工任务而采用挖掘机的费用；③因施工延期致使塔式起重机、挖掘机租赁合同延期违约损失；④因施工延期致使机械租赁费用及延期违约损失。

（6）原材料价格上涨费。停工期间及工期延期期间原材料价格大幅上涨的差价。

（7）工地管理费。工地管理费是指我公司由贵方原因导致的停工期间及工期延期支付的工地管理费。包括管理人员工资、现场日常生活费用、水电费用、临时设施投资损失及生活用品损失等。

（8）停工产生的钢筋锈蚀处理费用。

（9）停工期间产生的水电费用。

（10）赶工费用。赶工费用是指贵方延期3个多月才交付主车间及原料车间图纸（网络图关键线路），我方为尽量缩短工期采取必要的措施进行赶工所需的费用。

二、索赔根据部分

索赔事件发生情况：我公司从2016年11月25日正式进场施工至2017年3月28日，除我公司与监理工程师及贵公司正常往来的工作联系外，三方没有任何分歧意见，特别是我公司在接到贵方的相关指令后，均在合理范围内予以处理，没有任何违约。但贵方经我方多次催促下，仍未按合同提供施工图及施工许可证等资料，导致我公司在施工组织和材料准备、人员安排等方面没有任何时间和机会避免和减少损失，致使我公司损失惨重。

索赔要求的合同依据：由于贵方的××有限公司新建厂区工程未予办理质监和安监备案手续，未办理施工许可证，且未能及时提供对施工进度起关键影响的主车间、原料车间图纸，并于2017年2月14日由于贵方施工手续不全的原因要求我方停工，故本项目的索赔合同依据有：

（1）合同协议书。

（2）停工联系单。

（3）复工联系单。

（4）变更图纸。

三、计算部分（工期和费用）

索赔总额：依据本事件产生的原因和涉及的范围，我公司按照建筑行业施工索赔惯例及××有限公司新建厂区工程项目部实际损失，将索赔总额分为10大项，共计索赔总额为：

1941411.3元。

1. 各项计算单列如下（详细计算清单见索赔计算书）：

（1）停工人工费损失合计：544800元。

（2）周转材料租金损失：85052元。

（3）停工机械台班损失：10065元。

（4）停工机械台班闲置折旧费：24432.6元。

（5）停工塔式起重机租赁费用：29467元。

（6）停工期间原材料价格快速上涨增加费用：650928元。

（7）工程管理费用、经营费用损失：188666.7元。

（8）停工致使钢筋锈蚀产生的除锈损失：20000元。

（9）停工期间产生的水电费用：208000元。

（10）工程赶工增加费用：180000元。

（1）～（10）共计：1941411.3元。

2. 各项计算依据及证据：

（1）停工人工费损失：544800元。

按照签署的劳务分包协议及协议工资标准230元/工的45%，支付必须生活费用按每人每天100元补助。

证据：劳务分包协议书。

（2）周转材料租金损失：85052元。

主车间、机修配件车间，按墙面面积18元/m²计算，圆筒仓、休息室、编织袋库、原料车间、成品车间、办公楼、综合楼、门卫室按建筑面积30元/m²计算。脚手架租赁损失按每天计取（2017年2月14日～2017年3月26日），详见计算式。

证据：租赁合同。

（3）停工机械台班损失：10065元。

证据：现场机械图片。

（4）停工机械台班闲置折旧费：24432.6元。

证据：现场机械图片。

（5）停工塔式起重机租赁费用：29467元。

1#塔式起重机租赁费为5000元/月，2#塔式起重机租赁费为4500元/月，人工工资为每人4500元/月，补助生活费为300元/月。

证据：租赁合同。

（6）停工期间原材料价格快速上涨增加费用：650928元。

证据：①购销合同；②市场信息价。

（7）工程管理费用、经营费用损失：188666.7元。

包括工程管理费用、经营费用、管理人员工资、后勤人员费用、生活伙食费用。

证据：①工资发放明细表；②财务报表（工程管理费用汇总，各项经营费用汇总）。

（8）停工致使钢筋锈蚀产生的除锈损失：20000元。

证据：现场图片。

（9）停工期间产生的水电费用：208000元。

证据：水电缴费单。

（10）工程赶工增加费用：<u>180000</u>元。

证据：施工进度计划表。

合计：（1）+（2）+（3）+（4）+（5）+（6）+（7）+（8）+（9）+（10）= 1941411.3 元。

大写：壹佰玖拾肆万壹仟肆佰壹拾壹元叁角。

四、证据部分

1. 证据。本索赔的证据有：

（1）标准、规范及有关技术文件。

（2）所有与工程施工相关的合同书（材料购销、设备租赁、劳务合同及领取补偿费登记表等）。

（3）我公司有关的财务报表。

（4）合同文本。

（5）现场往来文件。

2. 对证据的说明

（1）对作为本索赔证据使用的标准、规范及有关技术文件按照国家标准、行业标准及招标投标文书确定的标准执行，本索赔证据中没有提供相应标准文本。

（2）涉及财务问题方面的证据，鉴于财务保密规定，只提供综合报表，不提供列支明细。

（3）由于签署劳务合同的劳务人员有100多人，无法提供全部合同文本，仅提供文本之一作为证据，其余文本保存在公司，可以查阅。

（4）对于基础井点降水因停工延期产生的费用在井点降水报价中另行计算，不在此索赔费用中。

四、任务总结

【知识总结】

1）学习了施工索赔的概念。

2）讲述了索赔的作用、分类、程序、依据、计算。

3）讲解了索赔报告的编制原理。

【任务成果】

1）分析了施工中常见的索赔事件。

2）根据所学内容编制了一份索赔报告。

【注意事项】

编制索赔报告应注意的要点：

1）内容符合实际。

2）论据充分，有说服力。

3）计算无误。

4）内容充实，条例清晰，有逻辑性。

五、巩固与练习

1. 引例解析

乙方可以就部分事件提出工期索赔和费用索赔，具体分析如下：

1）对处理孤石引起的索赔，这是预先无法估计的地质条件变化，属于甲方应承担的风险，应给予乙方工期顺延和费用补偿。

2）对于天气条件引起的索赔应分两种情况处理：

① 对于前期的季节性大雨，这是一个有经验的承包商预先能够合理估计的因素，应在合同工期内考虑，由此造成的时间和费用损失不能给予补偿。

② 对于后期特大暴雨引起的山洪暴发，应按不可抗力处理由此引起的索赔问题。被冲坏的部分材料、清理现场和恢复施工条件等经济损失由甲方承担；损坏的施工设备、受伤的施工人员以及由此造成的人员窝工和设备闲置等经济损失应由乙方承担，工期顺延。

练习题

2. 练习

3. 问答题

1）索赔的作用是什么？

2）施工中常见的索赔事件有哪些？

3）哪些资料可以作为索赔的依据？

项目五任务三
简答题

4. 案例分析

【案例1】

背景材料：某工程基坑开挖后发现地下地质情况和发包人提供的地质资料不符，有古河道，须将河道中的淤泥清除并对地基进行二次处理。为此，业主以书面形式通知施工单位停工10天，并同意合同工期顺延10天。为确保继续施工，要求工人、施工机械等不要撤离施工现场，但在通知中未涉及由此造成施工单位停工损失如何处理。施工单位认为对其损失过大，意欲索赔。

问题：1）施工单位的索赔能否成立，索赔证据是什么？

2）由此引起的损失费用有哪些？

3）如果提出索赔要求，应向业主提供哪些索赔文件？

【案例2】

背景材料：某建筑公司（乙方）于某年4月20日与某厂（甲方）签订了修建建筑面积3000m² 工业厂房的施工合同，乙方编制的施工方案和进度计划已获得监理工程师批准。该工程的基坑开挖土方量为4500m³，假设直接费单价为4.2元/m³，综合费率为直接费的20%。该基坑施工方案规定：土方工程租赁1台斗容量为1m³的反铲挖掘机施工（租赁费450元/台班）。甲、乙双方合同约定5月11日开工，5月20日完工。在实际施工中发生了如下几项事件：

1）因租赁的挖掘机大修，晚开工2天，造成人员窝工10个工日。

2）施工过程中，因遇软土层，接到监理工程师5月15日停工的指令，进行地质复查，配合用工15个工日。

3）5月19日接到监理工程师发出的于5月20日复工的复工令，同时提出基坑开挖深度加深2m的设计变更通知单，由此增加土方开挖量900m³。

4）5月20日~22日，因罕见大雨迫使基坑开挖暂停，造成人员窝工10个工日。

5）5月23日用30个工日修复冲坏的道路，5月24日恢复挖掘工作，最终基坑于5月30日开挖完毕。

项目五任务三案例分析

问题：1）上述哪些事件建筑公司可以向甲方要求索赔，哪些事件不可以要求索赔，并说明原因。

2）每项索赔事件的工期索赔各是多少天？总计工期索赔是多少天？

3）假设人工费单价为60元/工日，因增加用工所需的管理费为增加人工费的30%，则合理的费用索赔总额是多少？

六、交流与拓展

如果业主和承包商通过谈判不能协商解决索赔，就可以将争端提交给监理工程师解决，监理工程师在收到有关解决争端的申请后，在一定时间内要做出索赔决定。业主或承包商如果对监理工程师的决定不满意，可以申请仲裁或诉讼。争议发生后，在一般情况下，双方都应继续履行合同，保持施工连续，保护好已完工程。只有当出现单方违约导致合同确已无法履行，双方协议停止施工；调解要求停止施工，且为双方接受；仲裁机关或法院要求停止施工等情况时，当事人方可停止履行施工合同。

参 考 文 献

[1] 刘钦. 工程招投标与合同管理 [M]. 4 版. 北京：高等教育出版社，2021.
[2] 夏昭萍，王燕，钱达友. 建设工程招投标与合同管理 [M]. 2 版. 武汉：中国地质大学出版社，2018.
[3] 冯伟，张俊玲，李娟. BIM 招投标与合同管理 [M]. 北京：化学工业出版社，2018.
[4] 中华人民共和国住房和城乡建设部，国家工商行政管理总局. 建设工程施工合同（示范文本）：GF—2017—0201 [S]. 北京：中国建筑工业出版社，2017.
[5] 房屋建筑和市政工程标准施工招标资格预审文件编制组. 房屋建筑和市政工程标准施工招标资格预审文件（2010 年版）[S]. 北京：中国建筑工业出版社，2010.
[6] 中华人民共和国住房和城乡建设部，中华人民共和国国家质量监督检验检疫总局. 建设工程工程量清单计价规范：GB 50500—2013 [S]. 北京：中国计划出版社，2013.
[7] 林密. 工程项目招投标与合同管理 [M]. 北京：中国建筑工业出版社，2013.
[8] 周艳冬. 建筑工程招投标与合同管理 [M]. 3 版. 北京：机械工业出版社，2021.
[9] 中国建设监理协会. 建设工程合同管理 [M]. 北京：中国建筑工业出版社，2022.